广东省优秀社会科学家文库（系列一）

黄淑娉自选集

黄淑娉◎著

·广州·

图书在版编目（CIP）数据

黄淑娉自选集/黄淑娉著．—广州：中山大学出版社，2015.11
［广东省优秀社会科学家文库（系列一）］
ISBN 978-7-306-05450-0

Ⅰ．①黄…　Ⅱ．①黄…　Ⅲ．①人类学—文集　Ⅳ．①Q98-53

中国版本图书馆CIP数据核字（2015）第224490号

出 版 人：徐　劲
策划编辑：嵇春霞
责任编辑：徐诗荣
封面设计：曾　斌
版式设计：曾　斌
责任校对：廖丽玲
责任技编：何雅涛
出版发行：中山大学出版社
电　　话：编辑部 020-84110283，84111997，84113349，84110779
　　　　　发行部 020-84111998，84111981，84111160
地　　址：广州市新港西路135号
邮　　编：510275　　传　真：020-84036565
网　　址：http：//www.zsup.com.cn　E-mail：zdcbs@mail.sysu.edu.cn
印 刷 者：广州家联印刷有限公司
规　　格：787mm×1092mm　1/16　14.5印张　237千字
版次印次：2015年11月第1版　2015年11月第1次印刷
定　　价：60.00元

黄淑娉

1930年8月生。中山大学人类学系教授，博士生导师。从事人类学、民族学领域教学研究50余年，曾任中山大学人类学系系主任、中国民族学学会副会长。出版了12本著作，发表了60多篇学术论文。1998年，合著《文化人类学理论方法研究》获教育部普通高等学校第二届人文社会科学研究成果奖二等奖，获广东高校人文社会科学研究成果奖一等奖，为重建我国人类学做出了重要贡献。2003年，专著《广东族群与区域文化研究》获教育部第三届中国高校人文社会科学研究优秀成果奖二等奖，是第一部以人类学方法研究广东省内族群与区域文化的著作。

“广东省优秀社会科学家文库”（系列一）

“广东省优秀社会科学家文库”（系列一）

出版说明

哲学社会科学是人们认识和改造世界、推动社会进步的强大思想武器，哲学社会科学的研究能力是文化软实力和综合国力的重要组成部分。广东改革开放30多年所取得的巨大成绩离不开广大哲学社会科学工作者的辛勤劳动和聪明才智，广东要实现“三个定位、两个率先”的目标更需要充分调动和发挥广大哲学社会科学工作者的积极性、主动性和创造性。省委、省政府高度重视哲学社会科学，始终把哲学社会科学作为推动经济社会发展的重要力量。省委明确提出，要打造“理论粤军”、建设学术强省，提升广东哲学社会科学的学术形象和影响力。2015年11月，中共中央政治局委员、广东省委书记胡春华在广东省社会科学界联合会、广东省社会科学院调研时强调：“要努力占领哲学社会科学研究的学术高地，扎扎实实抓学术、做学问，坚持独立思考、求真务实、开拓创新，提升研究质量，形成高水平的科研成果、优势学科、学术权威、领军人物和研究团队。”这次出版的“广东省优秀社会科学家文库”，就是广东打造“理论粤军”、建设学术强省的一项重要工程，是广东社科界领军人物代表性成果的集中展现。

这次入选“广东省优秀社会科学家文库”的作者，均为广东省首届优秀社会科学家。2011年3月，中共广东省委宣传部和广东省社会科学界联合会启动“广东省首届优秀社会科学家”

评选活动。经过严格的评审，于当年7月评选出广东省首届优秀社会科学家16人。他们分别是（以姓氏笔画为序）：李锦全（中山大学）、陈金龙（华南师范大学）、陈鸿宇（中共广东省委党校）、张磊（广东省社会科学院）、罗必良（华南农业大学）、饶芃子（暨南大学）、姜伯勤（中山大学）、桂诗春（广东外语外贸大学）、莫雷（华南师范大学）、夏书章（中山大学）、黄天骥（中山大学）、黄淑娉（中山大学）、梁桂全（广东省社会科学院）、蓝海林（华南理工大学）、詹伯慧（暨南大学）、蔡鸿生（中山大学）。这些优秀社会科学家，在评选当年最年长的已92岁、最年轻的只有48岁，可谓三代同堂、师生同榜。他们是我省哲学社会科学工作者的杰出代表，是体现广东文化软实力的学术标杆。为进一步宣传、推介我省优秀社会科学家，充分发挥他们的示范引领作用，推动我省哲学社会科学繁荣发展，根据省委宣传部打造"理论粤军"系列工程的工作安排，我们决定编选16位优秀社会科学家的自选集，这便是出版"广东省优秀社会科学家文库"的缘起。

本文库自选集编选的原则是：（1）尽量收集作者最具代表性的学术论文和调研报告，专著中的章节尽量少收。（2）书前有作者的"学术自传"或者"个人小传"，叙述学术经历，分享治学经验；书末附"作者主要著述目录"或者"作者主要著述索引"。（3）为尊重历史，所收文章原则上不做修改，尽量保持原貌。（4）每本自选集控制在30万字左右。我们希望，本文库能够让读者比较方便地进入这些岭南大家的思想世界，领略其学术精华，了解其治学方法，感受其思想魅力。

16位优秀社会科学家中，有的年事已高，有的身体欠佳，有的工作繁忙，但他们对编选工作都非常重视。大部分专家亲自编选，亲自校对；有些即使不能亲自编选的，也对全书做最后的审订。他们认真严谨、精益求精的精神和学风，令人肃然起敬。

在编辑出版过程中，除了16位优秀社会科学家外，我们还得到中山大学、华南理工大学、暨南大学、华南师范大学、华南农业大学、广东外语外贸大学、广东省社会科学院、中共广东省委党校等有关单位的大力支持，在此一并致以衷心的感谢。

广东省优秀社会科学家每三年评选一次。“广东省优秀社会科学家文库”将按照“统一封面、统一版式、统一标准”的要求，陆续推出每一届优秀社会科学家的自选集，把这些珍贵的思想精华结集出版，使广东哲学社会科学学术之薪火燃烧得更旺、烛照得更远。我们希望，本文库的出版能为打造“理论粤军”、建设学术强省做出积极的贡献。

“广东省优秀社会科学家文库”编委会

2015年11月

目录

学术自传 / 1

从异文化到本文化
　　——我的人类学田野调查回忆 / 1
论人类学的产生和发展 / 21
人类学的社会进化观及其批评的辨析 / 32
评西方“马克思主义”人类学 / 45
民族识别及其理论意义 / 56
费孝通先生对中国人类学的理论贡献 / 68
图腾的意义
　　——读列维-斯特劳斯《今日图腾制度》/ 86
略论亲属制度研究
　　——纪念摩尔根逝世一百周年 / 98
拉祜族的家庭制度及其变迁 / 109
论环状联系婚与母方交错表婚 / 120
寻找失去的文化
　　——玛卡印第安保留地考察记 / 132
重访山犁畲村　再谈民族认同 / 140
重访红罗 / 149
台山市附城镇香雁湖管理区南隆村黄氏宗族调查 / 161
田野调查与历史研究 / 180
人类学汉人社会研究：学术传统与研究进路
　　——黄淑娉教授访谈录 / 196

附录　黄淑娉主要著述目录 / 212

学术自传

◎黄淑娉

《黄淑娉自选集》是笔者在我国实行改革开放政策以来发表的部分人类学、民族学文章的结集。

《从异文化到本文化——我的人类学田野调查回忆》概括叙述了笔者从20世纪50年代初开始从事人类学、民族学调查研究50余年的历程。前40年研究少数民族，后10余年研究汉族。先后在壮、傣、侗、黎、苗、瑶、畲、纳西、彝、布朗、基诺、拉祜、蒙古等少数民族地区和汉族地区研究民族文化。

人类学作为一门学科，一百多年前诞生于西方，20世纪初传入中国。学术界对西方文化人类学的理论，在新中国成立前基本上全盘接受，新中国成立后在苏联民族学、人类学理论影响下又基本上全盘否定。改革开放后，百废待兴，提出了人类学是什么、我们是否需要人类学等问题，要进行实事求是的科学评介。《论人类学的产生和发展》《人类学的社会进化观及其批评的辨析》和《评西方"马克思主义"人类学》就是为此而作的。

为了重建中国人类学，必须重新研究学科的理论。1996年出版了笔者与龚佩华合著的《文化人类学理论方法研究》。该书对文化人类学从学科诞生至当代人类学思潮的各个学派及其主要代表人物的理论和方法论，逐一介绍评论，批判地吸收，撷其精华以供借鉴，联系中国实际阐述研究心得。该书于2013年出版第4版，被认为为重建我国人类学做出了重要贡献。

本自选集着重介绍了人类学的进化学派。进化学派与人类学学科同时产生，美国的路易斯·亨利·摩尔根与英国的泰勒等被称为"人类学之父"。摩尔根的成就实际上远在其他人之上。摩尔根于1877年出版了《古代社会》，提出了社会进化观、氏族制度学说和亲属制度研究理论。他的亲属制度研究理论是他的社会进化理论的组成部分，认为家族是社会制度的产物，家庭起初是唯一的社会关系。他的亲属制度研究被认为是独创性的，没有先行者为他开路。马克思对《古代社会》做了详细摘要和批注。恩格斯根据马克思的思想和自己的研究，以唯物史观阐释摩尔根的研究成果，写了《家庭、私有制和国家的起源》。他指出历史中的决定性因素，一方面是生活资料的生产，另一方面是人类自身的生产，即种的蕃衍；一定历史时代和一定地区内的人们生活于其下的社会制度受着两种生产的制约，一方面受劳动发展阶段的制约，另一方面受家庭发展阶段的制约。

笔者评述了两位享誉世界的人类学大师：费孝通和列维－斯特劳斯。指出费孝通对人类学的理论贡献，一是提出中华民族多元一体格局是中华民族关系过程的概括；二是将中国传统文化研究与人类学研究相结合，发展了功能派文化理论；三是提出全球化过程的"文化自觉"，阐述有着不同传统文化的人们如何和平共处；四是提出社会研究理论。费孝通天赋超人，才思敏捷，文章极富文采，深受弟子们敬仰。

杰出的法国人类学家列维－斯特劳斯的结构分析理论提供了新的研究思路，研究社会现象之间的关系，寻找现象的深层结构以解释现象。他思路开阔，极富想象力，把错综复杂的事物变得条理清晰。他的结构主义图腾观给人类学对观念体系的研究开拓了新的视野，但其否定图腾制度是宗教制度则很难解释存在的客观事实。

我国的民族是经过识别研究之后由国家确定的。费孝通、林耀华先生都曾撰文论述我国的民族识别工作。笔者从 1952 年秋季开始参加民族识别调查研究，长达 4 年。

《民族识别及其理论意义》一文，讲述研究者在实践中如何根据中国的情况运用斯大林的民族理论。根据斯大林的民族定义，民族是人们在历史上形成的一个有共同语言、共同地域、共同经济生活以及表现在共同文化上的共同心理素质的稳定的共同体。

民族共同体是在共同地域上形成的，但在发展过程中则不断变化。例如，溯源于今湘西、黔东地区的苗族，在 3 世纪初不断流动，分布在 7 个省约 200 个县，居住分散并没有影响这个业已形成稳定的民族共同体的发展。有的族体推动了共同语言，如畲族，今散居在 5 省 80 多个县。在广东海丰等地畲语与瑶语相近，而 5 省占畲族人口 99% 以上的畲民使用近似汉语客家方言的语言。畲族并不因接受了客家话而丧失了自己的民族特点。他们始终保持对始祖盘瓠的信仰，祖图、族谱、山歌、服饰、祭祀等，对于维系和加强畲族的民族意识起着重要作用，虽长期在汉文化的强大包围之中但未被汉族同化。

笔者认为，一个民族有别于另一个民族的最本质的特征是文化。共同文化特点和民族自我意识是构成民族的最主要特征。《重访红罗》一文表明笔者对这一问题的研究更加深化。

1955 年 3 月至 5 月，笔者随杨成志教授调查了广东 7 个县的 12 个畲族村。48 年之后，2003 年 8 月，笔者与两位女博士生一起重访海丰红罗村。目睹红罗的巨大变化，笔者从中得到启示，探讨为什么一个生活在深山里、人数很少的畲族群体，能够作为一个族的群体延续自身、生存发展，而没有被汉族所同化。《重访山犁畲村　再谈民族认同》一文，讲述畲族民族成分问题可供参照。

红罗村坐落在高山深处，全村 8 户，住茅草棚。1958 年在政府帮助下两次在山腰处建村，仍然难以发展。1955 年全村只有 8 户、37 人（男 23、女 14）。1999—2001 年，政府投资 200 万元建红罗新村，至 2003 年有 27 户、183 人。红罗在山上建村至少有 300 年历史。新中国成立前没有将他们编入户籍，不供赋，生活极其贫困，8 户人家总共只有 3 头牛。

红罗畲族人口稀少，与汉族通婚是必然趋势。20 世纪 60 年代开始从惠东娶进 3 个汉族女子，至 2003 年已娶进 23 人。畲族同胞认为娶汉族女子对孩子成长有利，孩子从小会汉语，与汉人通婚能够加强与外面的联系，有利于各自的发展。

笔者探讨了与汉族通婚会不会被汉人同化的问题。村民认为他们不会因与汉族人通婚变成汉族人。娶进来的汉族女子一两年内就学会畲语，此后逐渐融入畲族社会。人们深深认识保持、传承自己的民族语言对民族生存发展的重要性，这是不受汉族人同化的根本性措施。

《拉祜族的家庭制度及其变迁》一文，叙述笔者对云南澜沧县糯福区南段等地拉祜家庭制度的调查研究，认为拉祜族的婚姻居住形式和世系制有不同情况，同时存在母系家庭、母系和父系并存的家庭以及父系家庭，并表现出依次发展的序列。其发展序列为：一是男子婚后从妻居，子女从母居，世系从母系；二是从妻居与从夫居并存，母系与父系并存；三是婚后先从妻居，后从夫居，世系从父系；四是从夫居，世系从父系。这种顺序表明了母系制向父系制的发展，而不是相反。

《论环状联系婚与母方交错表婚》一文，研究了国内外古今存在的这两种通婚方式的特点和发展趋势。文中认为，在氏族产生时期父方交错表婚与母方交错表婚同时存在，而趋于向母方交错表婚发展。母方交错表优先婚配是近亲通婚的一种形式。我国西南边疆几个民族实行环状联系婚，不利于民族的发展。必须提倡优生优育，使各民族繁荣昌盛。

《寻找失去的文化——玛卡印第安保留地考察记》记述笔者1992年在美国西北部玛卡印第安保留地参加“波特拉赤”（夸富宴）仪式。人类学家认为印第安文化应以盛行“夸富宴”时期为代表。百年前“夸富宴”的意义在于头人夸富、扩张版图，今天则在于加强民族凝聚力。

《台山市附城镇香雁湖管理区南隆村黄氏宗族调查》是笔者在家乡所做的调查研究，研究侨乡今昔、家族和宗族、作为家族世代奴仆的“细仔”。笔者曾与龚佩华合作出版了《广东世仆制研究》一书。

《田野调查与历史研究》一文围绕笔者的田野调查经历，阐述了作为研究方法的历史人类学。实践证明，中国人类学者将田野调查与历史研究的方法相结合，是对世界人类学的贡献。

《人类学汉人社会研究：学术传统与研究进路——黄淑娉教授访谈录》一文中，笔者阐述中国的人类学要进行对汉族的人类学研究的主张。笔者组织了中山大学人类学系师生等30余人，在广东17个县市进行田野调查，历时5年。重点研究广东汉族三民系和港澳文化及其变迁。笔者主编的《广东族群与区域文化研究》首次以人类学方法研究广东汉族三民系的体质特征、语言、文化特色、家族制度、经济变迁、族群心理等，探讨长期传承下来的文化因素对改革开放以来广东经济迅速发展所起的重要作用。

从异文化到本文化

——我的人类学田野调查回忆

一、人类学视野中的“异文化”与“本文化”

人类学以自己的独特研究方法——田野调查对科学做出了贡献。田野工作就是对所研究的社会做实地调查，这是人类学研究的最基本的方法。人类学者通过田野调查获得第一手资料，结合历史文献、文字记录及考古等有关资料进行研究，解决要研究的问题。

早期西方人类学研究非西方社会，着重研究遗留至近现代的原始文化。非西方社会的文化对西方人类学者来说是异文化。异文化，英文作 other cultures，或作 foreign cultures，等等。“异”是与自己相对的，不同于自己的，即 the other，译作“他者”。异文化不是研究者本身所源自和熟悉的文化，而是其他族群的文化。与异文化相对，本文化指研究者所源自的、长期生活于斯的本土的文化。

人类学传入中国以后，20 世纪前期我国老一辈人类学者讨论中国人类学的研究对象和范围时，认为人类学是研究体质和文化的学科，原始文化应是研究的重点。因此，1949 年以前，受西方传统的影响，我国人类学主要以社会经济发展比较缓慢的少数民族为研究对象。研究者大多数是汉族知识分子，他们研究少数民族的文化，是对异文化的研究。同样，少数民族学者研究汉族或者其他少数民族的文化，也是研究异文化。

在人类学者心目中，“异文化”一词没有歧视之意。早期西方人类学者研究非西方世界、原始部落社会的文化，一般都以同情的目光关注被殖民者统治的民族的命运。许多研究者在离开了他们的调查地点以后，总是禁不住表达对远方文化的怀恋。[①]

1949 年以后相当长的一段时期，我国的人类学者大多数还是汉族人。随着少数民族知识分子的成长，他们或与汉族学者合作，或取代汉族学者研究本文化，这是可喜的现象。20 世纪下半叶，我国的人类学研究仍然以少数民族为主要研究对象，究其原因，除了受旧学术传统习惯的影响之外，还因为必须适应和服从国家民族工作的需要，因而把主要的精力用于研究少数民族。但是从学科的内容和发展来说，民族学、人类学对中国民族的研究都应该包括少数民族和汉族在内，不应有所偏废。作为研究者本身，从学科的需要出发，他们深感研究世界上人口最多的汉族的重要性。

20 世纪 30 年代，吴文藻先生就主张人类学应从研究原始民族扩大到现代民族，我国人类学应研究包括汉族在内的中华民族，认为“要充分了解中国，必须研究中国全部，地理上的中国包括许多非汉民族在内，如能从非汉民族的社会生活上先下手研究，再回到汉族本部时，必可有较客观的观点，同时这种国内不同的社区类型的比较，于了解民族文化上有极大的用处”[②]。吴文藻在燕京大学执教时，邀请拉德克利夫 - 布朗来校讲学，并倡导社区研究，安排学生做田野调查。20 世纪 30 年代，费孝通先生与王同惠女士在广西大瑶山调查写出了《花篮瑶社会组织》[③]，又在江苏吴江县汉族开弦弓村调查写出了《江村经济——中国农民的生活》[④]。林耀华先生于 1935 年调查福建义序的宗族社会，写成《义序的宗族研究》[⑤]；1943 年调查川滇大小凉山彝族地区，出版《凉山彝家》[⑥]；40 年代初写成《金翼——中国家族制度的社会学研究》[⑦]。1934 年，燕京大学

---

① 马林诺夫斯基去世以后，他的夫人出版了马林诺夫斯基的田野日记，其中有责骂他的心爱的土著的文字，为此曾在西方人类学界引起了一场风波。我赞成李亦园教授在《寂寞的人类学生涯》一文中的评论，他认为“其实这也算不了什么，人总是人，人类学家在田野一久，总不免有些牢骚，那就是源之于长久的寂寞之故”。

② 吴文藻为王同惠《花篮瑶社会组织》所写的《导言》，上海：商务印书馆，1936 年。

③ 王同惠：《花篮瑶社会组织》，上海：商务印书馆，1936 年。

④ 费孝通：《江村经济——中国农民的生活》，南京：江苏人民出版社，1986 年。1939 年伦敦英文版。

⑤ 林耀华：《义序的宗族研究》，北京：生活 · 读书 · 新知三联书店，2000 年。

⑥ 林耀华：《凉山彝家》，上海：商务印书馆，1947 年。

⑦ 林耀华：《金翼——中国家族制度的社会学研究》，北京：生活 · 读书 · 新知三联书店，1989 年。

社会学系的一位学生陈礼颂在吴文藻的指导下，在他的家乡广东潮州做田野调查，写成《一九四九前潮州宗族村落社区的研究》[1]。该书对福建义序和潮州斗门乡的研究，真实地描述了华南典型的村落社区，再现了闽粤的宗族社会，尽管晚了半个多世纪才出版，仍然是十分珍贵的人类学田野调查研究成果。此外，还有杨庆堃的《华北一个集市的经济》、杨懋春的《中国的一个乡村：山东台头》等。

上述研究是老一辈学者早期所做的包括对少数民族和汉族的人类学研究的范例，其后的研究成果不胜枚举。1989 年费孝通发表了《中华民族多元一体格局》的重要文章，论述了中华民族的形成过程[2]；1991 年的《中华民族研究新探索》一文还指出民族学的研究对象限于少数民族，不包含对汉族的研究，理论上说不过去[3]。

二、“异文化”调查历程的回顾与反思

我于 1952 年毕业于燕京大学民族学系，当时社会学、人类学已被取消，二者都被认为是资产阶级学科，而苏联一向使用民族学名称，在全面学习苏联的情况下，民族学这个名称可以存在。这样，社会学系改为民族学系（系中另一部分改为劳动学系后合并于中国人民大学）。燕京大学社会学系本来有人类学传统，改称民族学系以后更着重使学生受人类学的训练。20 世纪 50 年代初，学校组织学生在内蒙古自治区的牧区和北京郊区清河汉族农村进行田野调查。从 1950 年夏天的调查算起，20 世纪下半叶的每一个十年，我都曾多次在少数民族地区做调查，90 年代除了调查少数民族之外，主要从事广东汉族的人类学研究，在汉族地区调查，直到 2001 年夏天，参加田野调查工作前后有 50 年。其中前四十年研究异文化，后十年研究本文化。本文回顾个人参加田野调查的历程，将粗浅的体会作一简述，可惜 50 年代和 60 年代的调查资料已于“文化大革命”大浩劫中全部丢失。

我在蒙古、苗、瑶、畲、壮、侗、傣、黎、彝、哈尼、拉祜、纳西

---

① 陈礼颂：《一九四九前潮州宗族村落社区的研究》，上海：上海古籍出版社，1995 年。
② 费孝通：《中华民族多元一体格局》，北京：中央民族学院出版社，1989 年。
③ 费孝通：《中华民族研究新探索》，北京：中国社会科学出版社，1991 年。

(摩梭)、基诺、布朗等十几个少数民族地区做过长期或短期的调查。调查的目的，主要是完成国家交给的任务，特别是在早期；个人或应邀与兄弟单位合作研究课题；指导研究生调查研究和本科生的调查实习。对少数民族的调查实践，使我具体认识我国各族文化的多样性。这里从认识不同人文类型、区分民族的标志以及不同民族文化的交融三个方面，举例加以说明。其实这三者之间的互相联系，并不是说某一个民族的事例只能说明某一个方面，而只是作为例证说明我通过调查实践对这三个方面的体会。

1. 认识少数民族的不同文化类型

我的第一次田野调查是在内蒙古呼纳盟（今呼伦贝尔盟）牧区实习。1950年暑期，燕京大学社会学系和经济学系、清华大学社会学系、北京大学东语系和历史系三校师生25人在林耀华、陈永龄教授率领下进行这次民族调查，历时两个半月。内蒙古已于1945年解放，1947年建立了我国第一个民族自治区。自治区政府对当时全国还未全部解放便到此地来做实地调查的首都高校师生给予特殊的关照，负责全部食宿旅行费用。我们在海拉尔接受了骑马的训练，然后进入草地，呼纳盟是我国著名的牧区。那时还未进行民族识别，调查所到之处实际包括蒙古族、达斡尔族、鄂伦春族、鄂温克族，还访问了红华尔基的俄罗斯族，以调查蒙古族为主。这是我第一次领略草原生态环境和牧区猎区风光，“天苍苍，野茫茫，风吹草低见牛羊”[①]，一切都那么新奇有趣。有时骑马驰骋，更多的是坐两个大轱辘的牛车，两个人一辆，在草地行进时和晚上住宿也都在牛车上。我们住蒙古包，体验游牧民族的生活方式，分组从不同路线进行调查，我在索伦旗和新巴尔虎右旗。我第一次学写民族志，初步学习调查方法，体会党的民族政策，产生对少数民族人民的感情以及学习人类学的浓厚兴趣，表示决心到边疆去。集体撰写的调查报告包括史地、经济、政治、家族、文教等方面内容。这是新中国成立后第一次对呼纳盟境内少数民族所做的调查，具有真实性和资料价值，调查报告在47年以后于1997年由当地出版。[②]

除了内蒙古之行外，以后的半个世纪，我的研究领域一直在南方。在

---

① 《敕勒歌》。

② 燕京、清华、北大1950年暑期内蒙古工作调查团编、呼伦贝尔盟民族事务局整理：《内蒙古呼纳盟民族调查报告》，呼和浩特：内蒙古人民出版社，1997年。

中央民族学院工作的36年中，前期研究中东南地区少数民族，后期研究西南地区少数民族，因此我的调查地点基本在南方。马林诺夫斯基开创了长期的田野调查工作，主张要学会调查对象的语言，在调查点要有两年或更长的时间。要做到深入研究一个族群，这是十分必要的，这也是人类学者应有的基本功的训练。但我在适应各种研究和教学任务需要的情况下，难以达到这一要求，常因此引以为憾。在我调查过的南方十几个少数民族中，有不同的人文类型。从语言系属上看，壮、傣、侗、黎族属汉藏语系壮侗语族，彝、纳西（摩梭）、拉祜、哈尼、基诺属藏缅语族彝语支，苗、瑶、畲族属苗瑶语族，还有属南亚语系孟高棉语族的布朗族。族源、语言、生态环境、经济文化类型、社会文化特点等，都是构成人文类型的重要因素。

1954年在云南参加民族识别调查，其中包括识别彝族系统的族体。当时报上来的自称和他称有70多个，需要调查分布在小凉山和云南中部坝区及南部地区的彝族。我参加了这三个地区的调查，先在原文山、蒙自专区，然后转到下关、祥云、永平、漾濞一带，再赴滇北；在丽江青龙乡中长水纳西族村调查之后，翻山越岭，爬上了名为"对脑壳"的地方，随即顺着陡坡下山，走铁索桥渡过金沙江。金沙江峡谷的壮丽景色，舒缓了旅行中的疲劳。到达永胜县后，做好各种准备上小凉山。此行给我留下了极深的印象。当时川、滇大小凉山彝族社会存在着奴隶制度，还未进行社会改革，小凉山比大凉山还要落后。奴隶主们各自占领着大片山头，各自为政，还未建立共产党领导的政权。调查组由林耀华教授率领进入彝区。根据中央对民族工作慎重稳进的方针，在政府办事处的领导、安排下，我们备办了一些日用品作为礼物，骑马进山。奴隶主杀羊招待，用大铁锅煮砣砣肉，佐以荞麦粑粑，这是彝族的传统美食。主客环火塘成半圆形围坐，一群呷西（家内奴隶）低着头蹲坐地上，主人高兴时扔给他们一块荞麦粑粑。凉山彝族比其他地区的彝族保持更多的民族特色，可以作为例证供比较研究。但在当时的情况下，不可能做详细的社会调查，我们着重了解了他们的生活情况和亲属制度。奴隶主的管家带我们看了奴隶们的住处，养猪的奴隶就在猪圈和猪住在一起，卫生条件之差令人难以忍受。奴隶们在山坡上给主人干活，衣衫褴褛，有些人发育不全，或身有残疾。过去只是从历史书上读到古代希腊、罗马的奴隶制，今天却从20世纪中叶的凉山奴隶制社会看到了活生生的奴隶形象，这些情景使我永远不能忘怀。调查说明凉山地区和云南其他地区的彝族所用老彝文一致。房屋多为土木或木质结构，屋顶双斜面或平顶，有锅庄火塘，黑、红、黄三色的木制漆器用具、服饰、工艺都很有特色。保留族长制，共同祭祀祖先，亲属关系中重长支，房屋由幼子继承，姑舅表优先婚配，行夫兄弟婚，设小木人祖先灵台，多神崇拜，巫师比摩主持宗教活动，流行火把节，有火葬遗迹等。在永胜县调查组还对称为“他鲁”“水田”“里泼”等族体做了调查。

1984年我在西昌开会，有机会随林耀华先生访问大凉山昭觉县的彝族农村。与30年前目睹过的奴隶制社会相对比，感受到凉山巨变，换了人间。

比较研究拉祜族和摩梭人的母系家庭婚姻制度，也是一次难得的机会。1984年，我和研究生胡鸿保（现在是中国人民大学教授）在云南澜沧拉祜族自治县做调查。我们在做一般社会调查的基础上，深入研究母系制问题。拉祜族中自称为“拉祜纳”（黑拉祜）的家庭制度行父系制，学界对于自称为“拉祜西”（黄拉祜）的世系制有不同看法。我们在澜沧县糯福区南段和坝卡乃乡做调查。这里是“拉祜西”分布的中心地区，地处国境边沿，邻接缅甸，群山连绵起伏，村寨建在海拔一千多至两千多米的山巅斜坡上。人们居住在一个偏僻、狭长的地带，与外界极少联系，从一个村寨到另一个村寨要翻山越岭。经研究我们认为“拉祜西”以母系制为主，同时双系制占相当比重（坝卡乃基本是双系制家庭），有少数家庭为父系制。20世纪50年代坝卡乃有150多人的母系大家庭，南段、完卡等地一个村子只有五六所长房，一般有十五六个火塘。劳动时各小家庭分别进行，有共同仓库，收获物共同享用，各小家庭自己煮食。80多岁的老扎努回忆他小时候见过约有70个间隔的长房子。80年代我们调查南段时最大的母系大家庭是扎努、娜波家。这家有23人（在外工作的不计算在内），5对夫妇，住着一所宽大的干栏式房子，房子长十三四米，东头开门，有木梯上楼。西头用板壁隔出一间放置粮食杂物。屋内通道设三个火塘，通道两旁分八格，有通铺式的木板床供住宿，每一格之间没有板壁分隔，只有若干小木桩相间。这里的干栏式建筑为双斜面屋顶，铺草排，房屋四周围以竹排，房檐很长，不同于坝区的竹楼，原因是高山上风雨大。我曾撰写《拉祜族的家庭制度及其变迁》一文，根据历史文献和地方志书追溯遗留至今的拉祜族母系家庭的发展线索，联系实地调查资料说明这里普遍从妻居，世系从母系，财产由女子继承，女子有较高的社会地位；阐述了“拉祜西”家庭制度变迁的两个趋势，一是大家庭向小家庭转变，二是母系制向父系制转变。文中认为“以社会经济发展水平的高下作为参考标尺，拉祜族的婚姻居住形式和世系制的不同情况表现为：第一是男子婚后从妻居，子女从母居，世系从母系；第二是从妻居与从夫居并存，母系与父系并存；第三是婚后先从妻居，后从夫居，世系从父系；第四是从夫居，世系从父系”①。

我们从澜沧取道大理、丽江赴宁蒗彝族自治县。大理、丽江都是30年前调查过的地点，旧地重游，看到了很多变化。在丽江县城看望了同事多年的纳西族周汝诚老先生，请教有关纳西、摩梭人历史的问题。到了宁蒗县城，因公路全线整修不通车，只好请向导带路前往摩梭人地区。前期住在泸沽湖畔的落水乡。登上半山眺望，四面环山的泸沽湖景色美丽绝伦，恬静、自然，不加一点人工雕琢。湖水碧蓝清澈，在长着森林的山脚下，湖水变成紫色，湖畔点缀着一些小村落，下村的湖岸上停放着还没挖好的独木舟。雄伟的狮子山屹立在湖的北部，它是泸沽湖畔和永宁盆地的最高峰，是摩梭人崇拜的女神所在地。湖中有若干小岛，湖心的奈洛普岛犹如一只浮在湖面上的船。无怪乎研究纳西、摩梭人多年的美国学者洛克发出了“一切都是宁静的，真是一个适合神居住的地方”的赞叹②。专家们研究永宁地区的纳西族母系婚姻家庭制度，已出版了论著③。我们的目的是亲临其境，获得感性认识，并将其与拉祜族的母系制作对比。当地群众不满有些研究者对摩梭人婚俗的过分渲染，因而我们的调查不易进行。

---

① 黄淑娉：《拉祜族的家庭制度及其变迁》，载《新亚学术集刊》第6期，香港中文大学，1986年。

② 美国学者约瑟夫·洛克（1884—1962）于20世纪20—40年代在云南研究纳西族二十余年，取得显著成果。期间几次到永宁地区调查，在永宁土司建在泸沽湖湖心奈洛普岛上的别墅里住了几个星期，整理研究资料，度过快乐的时光。见洛克著《中国西南古纳西王国》，刘宗岳译，昆明：云南美术出版社，1999年。

③ 詹承绪、王承权、李近春、刘龙初：《永宁纳西族的阿注婚姻和母系制》，上海：上海人民出版社，1980年；严汝娴、宋兆麟：《永宁纳西族的母系制》，昆明：云南人民出版社，1983年。1997年蔡华出版了《无父无夫的社会——中国的纳人》法文版，不久前笔者读了该书的英文版 A Society without Fathers or Husbands：The Na of China，Zone Books，New York，2001；又读了何钟华：《生存和文化的选择——摩梭母系制及其现代变迁》，昆明：云南教育出版社，2000年；周华山：《无父无夫的国度?》，北京：光明日报出版社，2001年；施传刚：《摩梭是“无父无夫的社会”吗?》，杨春宇、胡鸿保节译，载《世界民族》2002年第2期。

幸有一位中央民族学院的普米族毕业生在永宁中学任教，他经历了许多波折娶了一位漂亮的摩梭姑娘，在他们引领下，我们才得以访问了一些不同类型的家庭，包括当时人口最多的28口人的母系大家庭索那咩家和父系的、一夫一妻制的家庭等。与“拉祜西”相比较，实行走婚的摩梭人的一对配偶结合是松弛的，“拉祜西”的一对配偶已是牢固的结合。我们着重了解摩梭人的走婚在婚姻上产生的问题，如何解决配偶的结合与认同所生子女出现的矛盾；改革开放后在发展生产、发家致富的过程中母系大家庭与小家庭所起的不同作用，母系家庭的发展趋势；等等。

基诺族是国务院1979年公布的我国第55个少数民族。1980年3月，我与庄孔韶（现为中国人民大学教授）、程德祺（在苏州大学任教授，可惜于不久前去世）、王培英（在全国人大民族委员会秘书处工作）三位研究生在西双版纳景洪县基诺山调查。基诺山方圆500里，茂密的原始森林挂着不少“自然保护区”的牌子。但当时基诺公社8570人只有6000多亩水田，每年要烧火山地1万多亩，轮歇耕种，种一年至几年，抛荒13年。过去土地有公有和私有，公有地以姓（大家族）公有为主，私有地不多。公有地由各家号地耕种，或由各姓管场的“乃”分给各家耕种。男子随身带弓箭弩机，猎捕野兽。村寨建于山坡上，几及山巅，山路崎岖，我们去曼雅中寨，需拄木杖上下陡坡并用以防虫蛇。在干栏式竹楼的火塘边，我们受到基诺人的热情款待，品尝用松鼠干、蚂蚁蛋[①]、几种野菜做成的鲜美的佳肴。高山上取水很困难，妇女们将几根大竹筒置箩筐内，到山下泉边取水背上山，勤劳的妇女走在山路上还不忘手持纺锤捻线。自织麻布制作衣服，上衣刺绣红黑相间的图案纹饰，男子15岁行成年礼后穿绣有月亮标徽的上衣。还保留穿大耳孔戴大耳坠、嚼槟榔、黑齿和文身的习俗。

研究者认为基诺族在新中国成立前夕保留浓厚的原始公社制残余，存在农村公社，父系大家族的大房子独具特色。75岁的退休老乡长沙车告诉我们，在迁到中寨前他家住曼雅老寨，长房子有八根中柱，长16米、宽11米，住68人。曾祖父白腊车是家长，也是寨中卓巴（长老）。他有6个儿子，沙车是白腊车第三子车木拉的儿子木拉兹的幼子。基诺族行父子连名制，但儿子多的，后面几个就不连名了。20世纪初，白腊车去世，

① 有一种形体较大的黄蚂蚁，在树上巢居，蚁卵大如黄豆，洗净晾干凉拌吃，或与鸡蛋调在一起煎炒。

大家庭才分了家。长房子以龙帕寨的最为典型，我们的调查主要在龙帕。龙帕在公路边，70 户，300 多人，1962 年从老寨迁来。除旱地、水田外，种茶 1400 多亩，经济收益较好，在老寨时有四姓 11 所大房子，阿车左姓有 4 所，4 家人各 1 所。其中一所有 18 根中柱，长 30 余米、宽 14 米，住 120 多人，有 1 个总火塘，20 多个火塘。至 80 年代初，龙帕只有一所住 7 家人的长形平房。这里成为国内外游客参观的景点。

在村寨广场上可以观看基诺族的古老舞蹈大鼓舞，大木鼓用一段圆木掏空蒙以黄牛皮，是一种神圣器物。传说远古时洪水暴发，人畜无存，玛黑和玛妞兄妹二人钻进一个牛皮大鼓得以幸免，结为夫妻，成为基诺和各民族的祖先。跳大鼓舞时由一男子击鼓，妇女敲锣伴唱，男女老幼踏着鼓点载歌载舞，舞蹈动作原始质朴，气氛热烈动人。过去男女青年婚前有性自由。人死挖独木为棺，或用篾笆编成棺材，土葬，不留坟冢。信原始宗教，祭天神、地神、村神、山神等，认为神、鬼没有好坏之分。巫师“莫撇”和“伯乐颇”主持宗教活动。

我们的调查地点从景洪县基诺山转到勐海县布朗山。基诺山和布朗山同是驰名中外的普洱茶产地。布朗山方圆 1000 里，1980 年时为布朗山公社，1136 户，11690 人，人们都住在山之四周，中心地区人很少。尽管在语言系属上布朗族属孟高棉语族，而基诺族属藏缅语族，但在保留家族公社和农村公社残余方面，两者却可以互相比较。村寨建在海拔 1500～2000 米之间的高山上。22000 亩火山地轮歇耕作，新中国成立前刀耕火种，刀砍火烧戳洞即丢下谷子，现在火烧山后还用锄挖地是个大进步。以前布朗族受傣族农奴主的统治，但在布朗山各族中，布朗族又占优势，占有全部土地。布朗、哈尼、拉祜、汉族等交往用傣语。我们调查的曼峨寨与缅甸为邻，境外的布朗族常用兽皮等来交换农产品。家族称“嘎滚”，土地归家族占有，家族共同商量砍地的方向，烧山后由头人先号地，然后由各家号地耕种。住干栏式竹楼，男女都爱嚼槟榔，妇女以黑齿为美，男子喜欢文身。青年男女婚前自由恋爱，姑娘的父母把火塘烧旺，欢迎小伙子来和女儿在火塘边谈情。婚礼要举行两次，第一次在女家，宴请亲友，男子仍在其父母家生活，仅在夜间到妻家住宿，所生子女由妻家抚养；第二次是正式婚礼，在夫家举行，妻子带着嫁妆和子女前往夫家居住。行母子连名制，将母亲的名字连在孩子的名字之后。受傣族文化影响，用傣文、傣历，信小乘佛教，寨中建有佛寺。仍保留固有的原始宗教，每年集体祭山林、龙树、水神、火神。村寨中央树立一根木桩，周围用石块砌一高台，是全寨最高神灵所在。

我从事原始社会史教学研究多年，关注新中国成立前保留原始公社制残余的民族和史前考古的研究。应中华书局约稿撰写《原始社会史》（林耀华主编，我任副主编），书中在引用我国少数民族有关原始公社制的许多调查资料的同时，也十分注意使用考古资料。编写组于1977年10月至12月到陕西、河南和山东三省进行调查，考察黄河中下游的原始社会和早期奴隶社会的一些主要考古遗址，如西安半坡、临潼姜寨；郑州商城、大何村，安阳殷墟，郸城，新郑郑韩故城，洛阳汉魏故城、偃师二里头，登封告城（阳城）；山东王因、曲阜鲁国古城等，以及各地的博物馆和名胜古迹，得到各有关单位的照顾，还参观了库存的遗物。在50天内集中考察了这么多重要的考古遗址，是一个极为难得的学习机会，我做了详细的记录。本来是业余爱好者，这次考察更激起我对考古学的浓厚兴趣，不仅搜集了丰富的资料应用于书稿的编写，而且对日后思考如何将民族学与考古学结合进行人类学研究有很大的启发。

2. 认识区分不同民族的标志

我从开始参加少数民族调查研究起就在学习认识区分不同民族的标志。

1952年夏天，我参加中央民族事务委员会（以下简称中央民委）中南民族工作视察组（由马杰同志率领）下的民族调查组，在湖南、广西做调查。这时国家已把解决我国有多少民族的问题提上日程。为实现我国各民族一律平等，实行民族区域自治，使各民族共同发展繁荣，必须解决民族成分问题。调查组参加了湘西苗族自治州（后改为湘西土家族苗族自治州）的成立庆典，在凤凰、乾城、古丈等县调查，我做了苗语和仡佬语的比较。不久转赴广西，在靖西县栋蒙壮族村调查。湘、桂两省的调查，要解决的实际上是有关民族的民族文化特点问题。我们将调查结果向中央民委提交了报告，内容包括人口分布、自然环境、人文环境、语言文字、经济生产、生活方式、婚姻家庭、社会组织、政治制度、风俗习惯、宗教信仰等。对于如何认识深受汉文化影响的壮文化，结合调查和历史资料进行探讨，取得了一些认识。为了在1952年年底成立桂西壮族自治区（1956年改为自治州，1958年建立广西壮族自治区），中央民委工作组由叶尚志同志率领，在广西南部宁明、凭祥等地做调查、宣传工作，我跟随前往。我们向群众宣讲壮族是少数民族，讲壮族的历史和文化。那时在壮族知识分子中已有比较明确的民族自我意识，但农村广大壮族群众则说自己是“讲土话的”，这实际上已意识到自己不同于汉人。

参加民族识别研究给了我很多的田野调查机会，学习在调查实践、参与观察中如何认识民族文化特点。这里以对壮侗语族民族的调查为例。

20 世纪 50 年代，我在桂西靖西、宁明、百色和云南文山富宁等壮族地区调查共约 6 个月；60 年代在桂北三江侗族自治县老堡区参加“四清”运动 8 个月，住在侗族老乡家；90 年代又在黔东南凯里、榕江侗族地区调查；70 年代在云南西双版纳傣族自治州调查 8 个月；为带领本科生实习，1991 年在粤北连山壮族地区调查，1993 年在海南黎族地区调查。这几个民族有共同渊源，都是百越民族的后代，在语言、文化上既有相同相似之处又各有自己的不同特点和个性。他们分布在湿热地带，住干栏式房屋可以防潮、透气、易散热，建干栏不用钉子，草木结构用藤、蔑绑扎，全木结构用榫卯衔接。史载百越人楼居，考古发现 7000 多年前的浙江余姚河姆渡新石器时代遗址已有干栏建筑。20 世纪五六十年代时干栏建筑上层住人，下层饲养牲畜或放置杂物，现在另建禽畜栏，下层空置，有的作起居室，或开设小商店。人们以大米为主食，喜欢吃糯米，嗜生食、酸辣、腌制生肉瓜菜，以前喜嚼槟榔。壮、侗族地区普遍流行妇女婚后不落夫家习俗。壮族的二次葬俗盛行至今。过去壮族有寨老制，由寨老头人管理村中事务；信仰多神，崇拜祖先；有大规模的群众性歌圩，赛歌赏歌，流传的刘三姐故事最为动人，多声部合唱的侗族大歌驰名国内外。侗族的鼓楼、风雨桥建筑，是侗族文化的重要标志。

对壮侗语族各民族的田野调查在我心中留下了深深的印记，而对西双版纳傣族文化的调查研究则使我尤为动情。我曾应西双版纳州政府之约，与傣族征鹏同志合作撰写一本反映当地社会经济发展情况的书[①]，有机会跑了景洪、勐海和勐腊三个县大多数的勐，调查了少数民族村寨、工厂、农场、研究所，访问了各个方面的代表人物，如我国著名生物学家蔡希陶、傣族上层人士代表召存信、“摩雅傣”刀素芬、各民族的农民和农村积极分子、上山下乡知识青年等。这里地处亚热带，生态环境独特，被称为天然的动植物王国。但吸引人类学者的不仅是迷人的原始森林和葫芦岛

① 征鹏、方岚：《金太阳照亮了西双版纳》，北京：人民出版社，1978 年。

植物园的热带风光，而且是绚丽多彩的民族文化。傣族竹楼，筒裙和衣饰，傣家风味的烤鱼，“毫多索”（裹蒸在蕉叶里的糯米糍粑），油炸青苔，各种可食野生植物，蚂蚁蛋，无一不独具特色。傣族人善于做小买卖，1977 年我去勐海县勐遮街赶集，周围地区各族群众来赶集的多达五六千人至上万人。人类学者出于学术研究的兴趣，总不免要追寻这里以往存在过的封建农奴制的历史陈迹。小乘佛教始终是全民信仰，村中有佛寺，佛教建筑和佛教艺术十分精美。有丰富的傣仂文史书，用铁笔刻写在贝叶上的贝叶经。吸收中原汉族历法和印度历法形成傣历。文学艺术极富特色，长篇叙事诗特别繁荣，民间有从事创作和演唱的专业艺人，民间歌手“赞哈”深受群众欢迎。澜沧江畔欢乐的泼水节吸引着万千中外宾客，我于 1975 年、1977 年、1980 年三次在这里欢度泼水节。孔雀在傣族人民心目中是美丽、善良和吉祥的象征，孔雀舞表现了傣族的民族性格，节庆时农民在村寨场表演，有孔雀形象的道具，比舞台上的表演显得原始、朴实，如今经艺术加工，孔雀舞闻名国内外。雄壮的大象是忠诚、和平的象征，象脚鼓舞普遍流行，象脚鼓用于舞蹈伴奏，常与铓锣相配合。每当夕阳西下，坝子上常常敲响铓、象脚鼓，这是村民们在翩翩起舞。至今每当我听到铓锣、象脚鼓的乐声，都情不自禁地为我所心折的傣族文化而神往。

我调查过许多个傣族村寨。自治州首府允景洪旁边的曼景兰过去是领主的家奴住寨，新中国成立后以经济发展而闻名；在有孔雀尾巴之称的美丽的橄榄坝，我住过的曼听寨过去是给领主种水果的，现在以它的热带田园风光吸引着来访者；最令我难忘的是曼回。曼回意思是山冲里的寨子，当时是勐罕公社的一个生产队，坐落在群山环抱的小峡谷里，与依山傍水的坝区傣族村寨相比，这里是个小山沟。20 世纪初这里是一片原始森林，后来成为被封建领主诬为“琵琶鬼”逼得走投无路而聚居于此的“琵琶鬼”寨。附近的曼桂、曼空等也都是“琵琶鬼”寨。贫苦人家一旦被诬为“琵琶鬼”，认为是咬人心肝的，就要被没收财产、烧掉房子、赶出村寨，甚至活活烧死。他们受尽歧视、侮辱，被视为最下贱的人，被领主称为“卡”，即奴隶，只能与同是“琵琶鬼”的人通婚。到曼回落脚需给领主交钱、布、猪、鸡等，才能租种领主的地，还要服劳役，曼回是给领主围篱笆、割马草、筑晒台、挑水、砍柴的。咪费老大妈告诉我，她父亲因交不起门户钱被诬为“琵琶鬼”，母亲带着她三年间流落过八个地方，备受残酷迫害，几个寨子的头人联合，要他们选择是杀死、烧死或轮奸致死，幸得穷苦兄弟援救才逃出了虎口。1975 年时的曼回，已是一个繁荣兴旺的边寨，水稻丰收，茶树成林，橡胶树长得壮实，用来制作香料的依兰香香飘千里。[①]

1997 年春，我又有机会到西双版纳和德宏自治州，此行虽是参观访问，走马观花，但也看到了改革开放之后傣族地区的新景象，曼景兰和橄榄坝的变化，傣族佛教文化的保存发展，特别是见到过去做田野调查时结识的老同志和合作伙伴，畅谈感受，为少数民族地区不断前进感到无比欢欣。

我通过对上文已经提到和下文将要提到的若干少数民族进行实地调查，根据实际情况，思考有关区分民族的标志的问题。20 世纪 80 年代，民族学界再次集中讨论有关民族的概念，我曾撰文表达了自己的看法。[②]其后也曾在其他著作中再次申诉自己的观点："构成民族的主要的特征：一是共同语言；二是共同文化特点，共同文化是构成民族的最主要的特征，语言就广义而言也包括在文化之中；三是民族自我意识，而民族自我意识的形成基于共同的文化特点，是具有共同语言和共同文化特点使同一族群的人感到彼此是自己人，意识到或被意识到与周围的群体不同。"[③]我们在民族识别调查研究中，十分重视民族意识，包括被识别的族体的自我意识及其周围的族体的民族意识，了解被识别的族体怎样看别人，别人又如何看他们，人们通过什么来区分彼此之间的异同。民族意识是族群边界的一种重要表现，意识到"我们"不同于"他们"。对于民族名称问题，采取"名从主人"的原则，征求群众和上层人物的意见，也是民族意识的体现。

民族、族群、族体（20 世纪 50 年代初简称未确定民族成分的单位为族体）是客观存在，是族的性质的人群；族的文化以族群为载体，都不是抽象之物。民族的共同文化特点是世代传承下来的，人们以此认同本群体并与他群体相区别。一族群与另一族群之间，尤其是相邻族群之间，由

---

① 征途、米峰：《西双版纳纪行》，载《中央民族学院学报》1975 年第 2 期。

② 黄淑娉：《民族识别及其理论意义》，载《中国社会科学》1989 年第 1 期。

③ 黄淑娉主编：《广东族群与区域文化研究》，第 184 页，广州：广东高等教育出版社，1999 年。

于流动分合或长期互相接触等原因，有些文化特质有相同相异之处，是普遍存在的现象。不同民族、不同文化间的互动和交融在民族发展的历史过程中始终存在，随着现代化的进程而更加显著。但一个民族历史上流传的文化特点始终存在，成为这一民族的标志。我们在云南文山、蒙自地区进行民族识别调查，研究结果认为侬、沙、土、天保、黑衣、隆安、土佬等属壮族，普、阿杂、普拉、普哇、母资、土拉巴等属彝族，相邻的两个系统各有自己的民族文化特点，不相混淆，其内容与上文所述的壮族和彝族的特点相符合，但在杂居的地方，两族相互影响，如自称为“土佬”的壮族也过彝族的火把节，而自称“普”的彝族也有壮族的全寨性祭龙、改火葬为土葬。[①]

3. 认识民族文化的交融

如果前面所举的“土佬”和“普”的例子只说明局部，我们还可以把视野放宽。我国不同民族之间、不同民族文化之间的交融从古至今都是普遍存在的，交融可以产生在少数民族之间，或少数民族与汉族之间，少数民族及其文化也被汉族所吸收，但更普遍的是汉文化对少数民族文化的影响。

对畲族的调查使我深有体会。对畲民的民族识别调查是要解决他们是少数民族还是汉族一部分的问题。1953 年 3 月至 6 月，我与施联朱（组长）、陈凤贤（施、陈均为中央民族大学教授）参加福建、浙江畲民调查组，在闽西过去畲族的聚居地寻找畲族的踪迹，但在长汀、上杭、龙岩等地都找不到畲族村落。我们重点调查了闽南漳平县山羊嶇、闽北罗源县八井乡和浙江景宁县东同村等畲族村。闽、浙畲民都传说祖居地在凤凰山。1955 年 3 月至 7 月，我跟随杨成志先生到广东，与中央统战部及当地的同志一起在罗浮山区、莲花山区和凤凰山区，调查了博罗县嶂背、增城县下水、海丰县红罗、惠阳县南洋和磜下，以及潮安县的山犁、李公坑、石鼓坪和凤坪等畲族村。海丰、惠阳、博罗、增城自称为“贺爹”的语言属苗瑶语族，他们占畲族人口不到 1%。粤东凤凰山区及闽、浙、赣、皖的畲族人占畲族总人口的 99% 以上，使用各地一致的语言，近似汉语客家方言，小部分词语受该地区汉语方言的影响。畲族先民于隋唐时期就聚

---

① 见中共云南省委边疆工作委员会编印：《云南省民族识别研究第一阶段工作初步总结》，1954 年。

居在粤东，后来在闽、赣、粤交界地区与客家人共同居住，很可能在宋、元时期就接受了从中原南来的客家先民的语言，以后向闽、浙等地迁徙。他们受汉文化影响比较深，在各个方面表现了畲、汉文化的交融。各地畲村建有祠堂，仿照汉族祠堂建筑，祠堂内不供祖先牌位，只供香炉，二月、八月在祠堂祭祖时张挂绘有祖先盘瓠的祖图。有讳名排行和法名，受道教影响。有些地区保留独特衣饰，大多数地区则与汉人同。畲族在发展过程中，一方面受汉文化特别是客家文化的影响，另一方面顽强地保留自己的一些文化特点，以盘瓠文化为核心。始祖盘瓠传说、祖图、龙犬图腾、祖杖、高皇歌、妇女头饰、禁吃狗肉习俗等，在维系畲族民族意识上起着重要的作用。1995 年年初，我重访 40 年前调查过的潮安山犁村，看到这里经济、文化发展了，建起一座三层楼的畲族小学，人民生活大大改善，但本民族传统文化也进一步淡化。[①]

对两个地方瑶族的调查形成鲜明对比，但同样看到受汉文化的影响。1988 年夏季，我与中山大学人类学系龚佩华教授赴广西贺县沙田乡瑶族马窝村调查。村子建于山腰上，全村 41 户，261 人。这里的瑶族属土瑶，新中国成立前备受歧视，在深山生存，躲避汉人，保护自己。即使到了 20 世纪 80 年代末，仍然很少与外面联系，实行土瑶集团内部通婚。他们顽强地保留自己的传统文化，特异的装束和习俗，信仰盘瓠，崇拜自然物。尽管如此，仍然受到道教和佛教的影响。1989 年秋季，我随中山大学人类学系 1986 级本科生在粤西阳春县实习调查。阳春有瑶山 108 座，实习地点永宁铁垌麦姓瑶族属排瑶，1989 年 2 月才获得省政府批准承认为瑶族。他们约在 400 年前迁到此地，长期与汉人杂居，互相通婚，讲当地客家方言，只有少数老人会讲一些排瑶话，服饰一如汉人。比较特殊的是他们信盘古王，信猎神，20 世纪 30 年代有挨歌堂习俗。宗族活动明显地受周围汉族的影响，崇拜祖先，佛道合一，道教为主。

在偏僻的少数民族聚居山区，同样可以看到不同民族文化的交融。1991 年夏季，我和龚佩华为研究“黔东南多民族杂居区的文化变迁”课题，在黔东南苗族侗族自治州做田野调查。重点调查雷山县西江和凯里市郊的金井两个苗寨，进行比较研究。雷公山区号称千家苗寨的西江寨，地

---

① 黄淑娉：《重访山犁畲村　再谈民族认同》，载广东省民族研究学会、广东省民族研究所编：《广东民族研究论丛》第八辑，广州：广东人民出版社，1995 年。

处偏僻，一直保留浓厚的传统文化。人们说苗语，大多不通汉语。妇女盛装时头戴银角，仅头饰就有几斤重，衣裙上都有精工刺绣。适应山坡地势居住吊脚楼。烹制的酸汤鱼味道鲜美。喜欢以酒待客，贵宾来访，用牛角盛酒迎于寨外，一路敬酒，称为十二道拦路酒。仍盛行谈情择偶的“游方”并采取“抢婚”的结婚方式，婚后行“坐家”俗。我们在西江过“吃新节”，晚上听到在“游方”的青年男女在山坡上对歌。这里还保留古老的“鼓社”组织，每13年举行一次“鼓社节”（旧称吃牯脏）。1978年公路修通，改革开放进一步引入外来文化，人们从物质生活到思想意识都发生了变化。自治州首府凯里市郊的金井寨，改革开放后经济发展较快，商品经济意识大大加强，年轻人都会汉语，西江苗族还保存的民族文化特点许多在金井已经消失。由于不同的环境条件，金井受外来文化快一些，西江慢一些，一般都采取新旧文化结合的方式。

我们从雷山县转赴榕江县，在侗族聚居的车江坝寨头村调查。坝区的侗族比深山的侗族接受更多的汉文化，各村有土地庙，不少的房子依照汉人房屋式样建造。我们的房东姓石，堂屋供石氏祖先神位，上书“左昭”“右穆”。我们看到一所侗族新居，依照汉式房屋建造，厨房设汉式炉灶，但在旁边另建一个二尺高的平台，上设三脚架火塘，女主人在火塘边干着她的活。距寨头村2公里处为六百塘，337户，1168人，以侗族为主的少数民族占总人口的97.6%。中间有一条汉人街，53户，107人，占总人口的2.4%，其中汉人40多户，少数为苗、侗、壮等族，另有几户汉人在侗族村中落户。六百塘周围没有汉人聚居，这少数汉人被包围在侗族的汪洋大海之中。街上汉人有不同姓氏，先后来到此地，比如周姓是清朝雍正年间来的。新中国成立前只有少数人种田，大多数人做小买卖，一条窄小街道两旁的房屋既是住房也是店铺，用于买卖米、烟、酒、杂货等。由于路远交通不便，群众不到榕江县城赶集，愿意到这里来买东西，这里成为方圆20多公里少数民族农民购物的一个中心。至今还看到，大多数人家门前都开窗子，伸出一个小平台做小买卖用。改革开放之后，除了几户开小店之外，大多从事农业，讲究科学种田，有几户由此发家。1991年办农技校，吸收周围少数民族青年学习；新盖了一幢几层楼的小学校舍，各民族儿童都可以来上学。这些被包围在侗族聚居区之中的汉人也和侗族通婚，学习侗族习俗，但始终没有被侗化，而是成为先进文化科学的传播者。这主要是社会、经济发展上的原因，不同民族、不同文化在交融过程中，先进文化总是处于优势。

三、回归“本文化”，拓展新视野

西方人类学者近二十年来提倡人类学本土化，从异文化研究回归到本土社会和本文化的研究，吸收异文化的研究成果，对西方本土文化的观念加以反思，研究本文化。

如前文所述，中国人类学者也是从研究异文化开始的，但从异文化到本文化的经验不同于西方。从20世纪二三十年代开始，我国学者的人类学研究就包括少数民族和汉族在内。马林诺夫斯基在1938年曾预言费孝通的《江村经济》是“人类学实地调查和理论工作发展中的里程碑”，因为它使人类学从对“未开化状态的研究”进入到“较先进文化”的研究，从“异文化”研究走向“本文化”研究。[①]

我国几十个少数民族和汉族在长期的历史发展过程中形成中华民族的整体，各民族之间，尤其是少数民族与汉族之间有着密不可分的联系。如果只研究少数民族而不研究汉族，许多问题就弄不清楚，反之也是如此。对少数民族的调查研究使我深感汉族人类学研究的重要性。1987年我被调到中山大学人类学系，这里地处改革开放前沿，有必要也有条件重点研究人类学理论和方法，研究广东的汉族，并联系现实问题进行应用研究。20世纪最后十年，当我从研究异文化转到研究本文化时，发觉先前对少数民族的田野调查和研究为我的汉民族研究打下了很好的基础。学习了如何认识一个民族的文化特色，积累了资料和经验，对人类学理论有进一步的体会。我深感必须学习理论并应用于实践，在实践中加深对理论的认识，要保持开放的心态，不断学习新的知识，进行反思，才能有所前进。我和龚佩华合作撰写的《文化人类学理论方法研究》[②] 反映了我们关于研究人类学必须重视学习理论、更要联系实际进行田野调查的认识。

近十年来我主持完成的两个课题，一是广东族群与区域文化研究，二是广东世仆制研究，都是以研究汉族为主的。参加前一课题研究的以中山大学人类学系的部分师生为主，还包括兄弟校系及其他专业的师生和外国

---

① 费孝通：《江村经济》，第1、3页，南京：江苏人民出版社，1986年。

② 黄淑娉、龚佩华：《文化人类学理论方法研究》，广州：广东高等教育出版社，1996年。

学者共三十余人，在广东17个县市进行了实地调查。运用人类学四领域的理论方法，对广东汉族的广府、潮汕和客家三民系进行综合研究，研究广府人、潮汕人和客家人的体质形态、文化特色及其历史发展和现实变化。探讨改革开放20年来广东经济迅速崛起过程中，历史上传承下来的固有文化因素、人文精神在其中所起的重要作用。[①] 后一课题是与龚佩华合作研究的广东世仆制，过去没有人对此做过系统研究。我们从1993年至2001年间在台山、开平、东莞、南海等地做过多次田野调查，写成了《广东世仆制研究》。书中回顾了前人的有关研究，包括西方人类学者在香港新界和珠江三角洲的田野调查，叙述了广东世仆制的由来，指出世仆制与宗法家族制的关系，结合田野调查与历史文献资料，研究分析世仆制的性质，说明世仆不同于奴隶、家庭奴隶、农奴和佃仆，世仆是世代承袭的宗族家族奴仆。[②]

从研究异文化到研究本文化，也取得一些心得。

第一，现在广东汉族的三个民系及其文化是北方汉人在不同时期迁到广东的不同地区、适应不同的自然环境和人文环境而形成的，三个民系主要以语言、文化相区别，人们以共同的方言、文化特点和群体意识认同为同一群体。我们对三个民系的族群意识、心理状态进行了调查研究。前述根据少数民族的识别研究提出的观点，即区分民族主要以共同语言、共同文化特征和民族自我意识为依据，也适用于区分同一民族的不同地方群体。

研究异文化，研究者感觉比较敏锐，易于认识研究对象的文化特色，包括有形的、可以直接得到的事物，或无形的、抽象的事项。汉族研究者研究本土文化，缺乏接触异文化的新鲜感，眼前的事物司空见惯，一切习以为常，甚至认为汉族没什么民族特点，因而缺乏研究的兴趣和热情。这样往往使研究者裹足不前，延误时机，我有这方面的教训。也许先从异文化着手是一条好途径，再从边疆看本土，有遥远的目光，新颖的视角，多种文化类型的比较，加上知识和经验的积累，发现过去习以为常的见闻蕴含着特有的内涵，方知自己过去认识的肤浅。博大精深的汉文化，有待人

---

① 黄淑娉主编：《广东族群与区域文化研究》及《广东族群与区域文化研究调查报告集》，广州：广东高等教育出版社，1999年。

② 黄淑娉、龚佩华：《广东世仆制研究》，广州：广东高等教育出版社，1996年。

类学者去认识。

第二，族的群体的文化特征是人类群体最显著、最本质的特征，族文化最能显出文化特色以及不同文化的区别。一个人群在一起共同生活，产生了作为交际工具的语言，形成了群体的生活方式，创造了自己的物质文化和精神文化，形成和发展了群体的各种组织和制度，以协调人与人之间的关系，把群体成员聚集在一起。各文化特点的交织成为该群体区别于其他群体的标志。随着群体一代一代地繁衍，文化也一代又一代地传承。族文化对该群体的各个方面有着深刻的影响。族的群体及其文化虽在历史过程中不断发展变动，但其主要内容没有根本变化，除非该群体被同化或消失。各民族文化之间产生交融的现象，正足以说明各个民族的文化有自己的一致性，由于双方接触，不同的文化特点相互影响以至融合。我们面对的是一个文化多元化的世界，这种多元化的文化就是族的文化，研究世界文化的多样性，增进不同国家、民族之间的相互了解，是人类学者承担的任务。

第三，我国几十个少数民族和汉族在长期的历史发展过程中形成中华民族的整体，各民族之间，尤其少数民族与汉族之间有着密不可分的联系。他们在历史上共命运，在社会主义现代化建设中不可分离，在学术研究上如果只研究少数民族不研究汉族，或者只研究汉族不研究少数民族，许多问题就难以解决。

第四，在研究方法上，我国人类学者、民族学者将田野调查与历史研究的方法相结合，是对世界人类学的重要贡献。

汉族人口多，分布广，不同地区有自己的特色。汉文史料浩如烟海，汉族的人类学研究如果只局限于田野调查，不进行历史的研究，往往将社会现象的现状与历史的发展割裂开来，因而不知其所以然，不能了解事物的本质；反之，如果只靠史料而不进行田野调查，就不了解事物的发展，难以称之为人类学的研究。人类学者们提出，研究例如汉族这样的复杂社会，仅仅采取原有的人类学田野调查方法远远不够，必须与历史研究的方法相结合，这是完全正确的。就连西方人类学者莫里斯·弗里德曼（Maurice Freedman）在研究中国东南地区的宗族制度时，也感到不了解中国历史就不能理解中国的宗族组织。其实，我国人类学者研究少数民族时也十分重视历史研究方法，民族识别就要注意研究被识别单位的历史来源，有的学者认为族源是区分民族的条件，有的认为族源虽不一定成为区分民族的特征，但应参酌族源，这有助于进一步了解其文化特征。尽管许多民族没有文字，但有关史料可能在汉文文献中有记载，这是决不能忽视的。

我们在研究广东世仆制时也深深体会到运用人类学田野调查与历史研究相结合的方法的必要性。广东的世仆制存在至1949年。有关世仆的情况不记入正史，极少出现在主人宗族的族谱中，过去不容许世仆修族谱，地方志上的零星记载成为研究的宝贵史料。史学家在研究广东的有关历史问题时涉及世仆，20世纪六七十年代西方人类学者在香港新界地区调查研究几个大宗族时也涉及世仆问题。如果仅靠史料，只能知道某一个历史时期有过世仆，但不知其去向，更不了解其现状。如果仅靠田野调查，虽然可以知道某一个地区还有世仆制的残留，但不了解它的发展变化。研究广东世仆制，田野调查必不可少。通过调查抢救了丧失殆尽的民间活资料，目睹到遗留至20世纪末的世仆制的最后痕迹。我们在田野调查的基础上，追溯广东世仆制的文化根源，分析它与我国古代的奴隶制、封建社会的蓄奴制、岭南地区浓厚的奴隶制残余的联系，探讨珠江三角洲地区长期保留世仆的原因。学者们通常将宗法家族制与世仆制分别论述，而忽略其内在的联系性，我们通过实地调查和历史资料的印证，阐述了世仆制与宗法家族制之间密切不可分的联系。关于世仆的性质，研究者众说纷纭，也是本课题研究的关键问题。在这方面，我们将实地调查作为重要依据，了解世仆制在当代的遗迹，世仆的特点、地位；同时追踪世仆制的发展变化，从历代统治者的法规了解世仆制在贱民等级中的地位；从与我国少数民族新中国成立前存在的社会制度以及国外的有关情况的比较也得到了启发；由此辨明世仆的性质。研究广东世仆制，最令人关注的当然是世仆的最终命运，了解世仆的废除，世仆的解放，这只有在田野调查中才能取得答案。

50年的教学研究生涯中，田野调查的经历最让我难以忘怀。它不仅提供了研究的源泉，促进了教学的提高，更激励了我对人类学事业的毕生追求。我曾为所从事的学科的坎坷命运、为作为人类学者经历过的蹉跎岁月深感惋惜，但对自己走上探索人类学奥秘的田野调查之路始终无怨无悔。

（原载《黄淑娉人类学民族学文集》，北京：民族出版社，2003年）

论人类学的产生和发展

人类学在我国是一门新兴学科。20 世纪 20 年代从西方传入我国后，其发展一度中断，至 80 年代才重现于我国学术界。由于这门学科在世界各国发展的背景不同，在我国又历经坎坷，因而时至今日，对于什么是人类学，人类学是研究什么的等问题，在学术界以至在本门学科研究者中尚存困惑。笔者认为，从人类学的产生和发展过程来理解上述问题，将有助于澄清一些模糊认识。

人类学，英语 anthropology，源于希腊文——anthropos（人）和 logia（研究），意思是人的科学研究。

人类学作为一门独立的学科是近代才形成的。但有关人类学的知识资料则发源很早。在古代，人们已认识到不同的人类群体之间互有差异。古埃及第 19 王朝的金字塔中绘有埃及人、亚洲人或闪米特人、南方黑人、西方白人等不同族体的图像。希罗多德的《历史》一书，生动地记述了西亚、北非和希腊地区许多族体的体形特征、居住环境、语言、习俗、制度和信仰。马可·波罗所写游记盛道东方文物昌明，详尽地描述了中亚、南亚和中国各地区各族人民的社会生活。

在我国浩如烟海的典籍中，人类学资料源远流长，极为丰富。甲骨文记载，殷商时期，我国西部居住着氐羌部落，西北部有舌方、土方、鬼方和芍方，东南部有人方。周代就以语言、服饰、礼仪、习俗为标志来区分华夏与四方的蛮夷戎狄，“五方之民，言语不通，嗜欲不同”[①]。蓄发冠带右衽是华夏族的重要特点，有别于四夷的被发左衽与断发文身。《山海经》记述了先秦以前的古国古族。伟大的历史学家司马迁曾漫游中国，实地考察，他的不朽之作《史记》中的匈奴、西南夷、东越、南越等列传，开创了为我国境内少数民族撰写传记的体例。《二十四史》中绝大部分史书都载有当时国内许多民族的社会制度和文化习俗的资料。此外，还

① 《礼记正义》卷 12，《十三经注疏》上册，第 1338 页。

有记述我国少数民族的专著和地方志书。例如，东汉赵晔《吴越春秋》和袁康《越绝书》记述了吴、越二国兴亡和越族情况；三国吴沈莹《临海水土异物志》记载当时居住在台湾的古越人、高山族的先民；晋常璩《华阳国志》对西南地区巴、蜀、昆、叟、氐、羌、濮、楚等族的活动和文化特点都有记述；唐樊绰《蛮书》记南诏史事和云南各民族的社会生活。还有宋范成大《桂海虞衡志》和周去非的《岭外代答》；元东京《云南志略》；明陈第《东番记》，陈诚和李暹《西域番国志》，钱古训和李思聪《百夷传》；清椿园七十一《西域闻见录》等。

我国的学者、航海家、旅行家很早就把眼光投射到中国以外的世界。司马迁写了朝鲜和大宛、乌孙、康居、奄蔡、大月氏、安息等中亚诸国。历代史书都记载了与我国相邻诸国诸族的历史文化，还流传下来一些著名的旅行传记。如东晋法显《佛国记》、唐玄奘《大唐西域记》、宋赵汝适《诸蕃志》、元汪大渊《岛夷志略》和周达观《真腊风土记》等，都包含许多珍贵的民族志资料。明代航海家郑和七次远航，率船只和军卒“通使”西洋，到过37个国家和地区，三保太监下西洋的壮举比西方哥伦布和达·伽马的航行早半个多世纪。随行人员马欢撰《瀛涯胜览》，费信撰《星槎胜览》，巩珍撰《西洋番国志》，记录了他们所亲历的亚、非各国的地理物产，各族的生产生活、风土民俗。

世界各国从古代到近代所积累的丰富的人类学资料，反映了各个时期人们对不同人类集团的观察和认识，这些认识又启发着人们去思索人类的起源以及人类社会文化的性质和发展等问题。

15、16世纪新航路的发现进一步沟通世界。从18世纪中叶起，由英国开始继而在欧、美主要资本主义国家发生工业革命，资本主义加速发展，各国相继到全世界去建立殖民地，给亚、非、美洲人民带来了殖民奴役。西方所谓“地理大发现”时代就是指的对殖民地的拓殖。殖民地的开拓使欧洲人与非西方文化尤其是各地土著民族的原始文化相接触，使一向与世隔绝、鲜为人知的东南亚矮黑人，黑非洲丛林中的狩猎采集者，澳大利亚和大洋洲岛屿上的土著，以及遍布于南、北美洲的印第安人，都进入了欧洲人的视野。航海家、地理学家、传教士和商人们发现各地土著居民集团习俗歧异，体形、头发、眼睛、肤色不同。这些现象提出了两类问题：一是人类从何而来，为什么有不同形态？二是各种人类集团为什么有不同的生活习尚？人类学就是为解答这些问题而兴起的。为解决前一类问题而有人类体质形态的研究，为探索后一类问题而有人类社会文化的研究。人类学作为独立学科在 19 世纪中叶遂告形成。

为什么人类在追求各种知识的过程中，这么晚才研究自己呢？有的人类学家对这一问题做过详细的阐述，认为从科学史上看，人们最先研究的是距离人类最远，对人类行为所起的决定作用最小的现象。所以物理科学形成得较早，以后是生物科学，再后是社会科学。这是因为，人们认识世界，首先在天体接着在地球物理现象的领域区别自我与非我，以后是在生物学领域的解剖学、生理学、心理学的各类现象中区分出自我与非我。天文与物理现象较之生理和心理过程，对人类行为的决定性影响更间接和微弱。在对人类行为影响最强大最直接的经验领域，科学产生得最迟、成熟得最缓慢。因此，所研究的现象与人类行为密切相关的人类学、社会学等学科，产生得就比较晚。人类所创造的文化，包括传统的生活方式、风尚习俗、典章制度、观念意识等，对人类行为有着直接的、决定性的影响。[①] 人类学是研究自身，即研究人类体质和社会文化的学科，只有一百多年的历史。它诞生不久，恩格斯就指出人类学是“从人和人种的形态学和生理学过渡到历史的桥梁。这还要继续详细地研究和阐明”[②]。

在人类学学科发展的过程中，出现了关于本学科的不同名称，如人类学、文化人类学、民族学、社会人类学、体质人类学。这些不同名称的存在和使用，在对学科内容不甚明了的情况下，容易混淆视听，甚至引起学科分类上的困难，影响学科的发展。经过深入研究，可以认为，使用不同名称与学科本身的发展有关，也与不同时期、不同国家以及研究者的历史文化背景有关。概括地说，所使用的学科名称，或者说人类学的学科分类方法，可分为欧洲大陆式的分类方法与美国式的分类方法两大类。

作为学科的名称，最早使用的是民族学，后来才用人类学。两者曾经互相兼容并包，有时民族学包括人类学，有时人类学包括民族学，有时相提并论，有的地区民族学学科名称逐渐为人类学所取代。民族学，英语 Ethnology 源于希腊文 Ethnos 和 Logia，意思是族的研究。这个名词用于科

---

① 参见（美）L. A. 怀特：《文化科学》第五章，杭州：浙江人民出版社，1988 年。

② （德）恩格斯：《自然辩证法》，《马克思恩格斯选集》第 3 卷，第 524 页，北京：人民出版社，1972 年。

学始自19世纪初，法国物理学家让·雅克·昂佩勒在1830年制订科学分类表时，把它划为一个单独学科。人类学一词是1501年德国学者洪德（M. Hundlt）最早使用的，指人体解剖和人的生理研究，不同于后来人类学的含义。1839年巴黎成立了世界上最早的民族学会。该会纲领称民族学研究旨在“鉴别人类种族的要素，其身体构造、知识与道德的特质，语言、历史的传统”。1859年法国人类学会成立，认为人类学研究人类的生命与生活的全部，将民族学附属于人类学。俄国于1845年在地理学会内成立民族学分会，奥地利民族学会成立于1894年，德国于1869年成立人类学、民族学和史前史学会。至今在苏、德、奥等欧洲大陆国家，始终用人类学一词指体质人类学，其研究对象为人类的体质形态；民族学则研究人类的社会文化。英国早在1834年就在伦敦成立了民族学会，至1863年成立伦敦人类学会，人类学才包括体质和文化的研究，1871年两会合并为人类学学院，后来又将研究文化的部分称为社会人类学。美国于1842年在纽约成立民族学学会，1879年建立华盛顿人类学协会，1901年把人类学分为体质和文化两个部分，创立了文化人类学这个名称，1902年成立美国人类学协会。

上述情况说明，人类研究自己本身，包括体质的外表征状和各个不同群体文化之异同，而标志着不同文化的群体主要是以族（Ethnos）相区分的。在本学科诞生地的欧洲，早期以民族学后来又以人类学作为学科名称，包括人类体质和文化的研究，是顺乎自然的事。随着生物科学的发展，特别是1856年在德国尼安德特河谷发现古人类化石及其后古人类化石的不断发现，对人类起源、体质形态和人类种族研究的不断深入，便从人类学中专门分出体质人类学。人类学包括体质和文化两大部分。在学科名称上，或者以人类学一词包括人类体质和文化的研究；或者以人类学一词专指体质人类学，人类群体的社会文化则由民族学来研究。

明确了人类学和体质人类学的概念和这两个名称的使用之后，便可以集中讨论研究人类社会文化的民族学、文化人类学和社会人类学三个名称。如上所述，在欧洲大陆，民族学指研究人类族体的社会和文化的科学。《苏联大百科全书》民族学条认为：“民族学是研究民族的一门社会科学，研究民族的起源、风俗习惯、文化与历史的关系，基本对象是形成该民族面貌的民族日常文化的传统特征。”20世纪20年代以前，民族学、文化人类学和社会人类学三者所包括的内容和应用范围大体上是相同的。

文化人类学一词由美国考古学家、曾任芝加哥自然史博物馆和华盛顿史密森学会人类学部主任的霍姆斯（W. H. Holmes）于1901年所创用，当时旨在研究人类的文化史。1920年以后，美国人类学加入了新的内容，扩大了应用范围，包括四个领域或分支，即体质人类学和文化人类学两部分，而将民族学、考古学（主要是史前考古）和语言人类学包括在文化人类学之内，从而表现出以文化人类学涵盖或取代民族学的倾向。但至今美国政府仍设有民族学局，还有美国民族学会和《民族学》杂志。人类学的这种学科分类对欧洲的一些国家也有一定的影响，他们的民族学包括民族学和体质人类学，民族学下又分狭义的民族学、史前民族学和语言民族学。①

美国文化人类学研究范围扩大到包括民族学、考古学和语言学，有着与美国情况相适应的特定历史背景。20世纪20年代前后，美国的人类学家们对印第安人开展了广泛的民族学调查，在印第安民族志的编写方面做出很大贡献，直接推动了学科的建设。那时人类学还以没有文字的土著群体为研究对象，主要研究原始文化。作为异文化和非西方文化，印第安文化是人类学研究的理想对象。印第安人属蒙古利亚种，体质特征不同于白人，体质人类学自然地要研究印第安土著。对印第安各部落的民族学调查，描绘出各集团的社会面貌和构成文化的各方面的现状，是取得文化资料的最主要来源。考古学通过发掘往日的文化遗物，可以研究在不同的自然和文化条件下社会文化的演变，从历时性方面进行研究，并以年代确凿的资料弥补民族学以共时性研究为主之不足，但是美国人大多是欧洲移民及其后裔，历史不长，考古研究主要还是考印第安人之古，无论是著名的古代印第安玛雅文化、印加文化还是其他的考古发掘和研究，自然地与人类学结了不解之缘。至于将语言学包括在文化人类学当中，或称之为语言人类学，也有着上述的同样原因。印第安语言很复杂，有人说可分为五六十个语系，至少也得分为十几个语系，研究没有文字的印第安文化，语言研究当然成为重要的组成部分。

社会人类学是英国采用的学科命名，1908年由人类学家弗雷泽（J. Frazer）提出，其后为英国几所著名大学所采用。之所以称之为社会人类学，是因为它以着重研究社会组织为其特点。初期主要研究殖民地土

---

① 见《大英百科全书》“人类学”条，1980年，第15版。

著民族的社会组织、政治制度、婚姻家庭、法律、道德、礼仪、宗教等，后来以部落社会的组织制度、社会结构为研究中心。这显然与英国这个老殖民帝国为了进行殖民统治，需要保留土著民族原有的社会组织，利用他们的首领作为代理人进行非直接统治有关。

世界各国对人类学学科的界定和分类多种多样。但不论采取哪一种解释，欧洲大陆所称民族学、美国所称文化人类学和英国所称社会人类学都是互通的。其根据是，它们的研究对象、方法、知识结构和理论体系大体一致。它们都是研究人类群体的社会文化及其发展规律，都强调实地调查、直接观察的方法，进行不同文化的比较研究。在理论体系上它们是相同的，没有文化人类学、民族学和社会人类学的区分，它们共同创立和使用这些理论，各个学派提出的理论都无不是探索文化演变和发展的规律。从事文化人类学、民族学和社会人类学的工作者彼此视作同行。按照带美国色彩的解释，文化人类学的研究范围稍宽一些。民族学以研究民族及其特点为主，文化人类学则不局限于研究族体而是研究人，民族特点问题处于次要地位。近年，还出现社会文化人类学一词，用于指称研究文化的、社会的人类学部分。

至于亚洲国家方面，日本在第二次世界大战以前采用欧洲大陆式，1934 年建立日本民族学会。早在 1884 年就成立的日本人类学会是研究体质的。战后随着美国学术思想的渗透，目前日本同时使用民族学和文化人类学两个用语，学者们根据自己的爱好任选其一。大阪国立民族学博物馆是日本民族学的研究中心，高等学校逐渐用文化人类学来代替民族学，朝鲜、越南采用欧洲大陆式。印度同英国一样使用社会人类学作为学科名称。

20 世纪 20 年代初，通过翻译原著以及当时留学德、法等国学习民族学的老一辈学者如蔡元培等先生的介绍，民族学传入我国，在当时的中央研究院建立了民族学研究机构。1934 年成立中国民族学会。二三十年代留学美、英学习人类学的人逐渐增多，其后我国既用“民族学”也用“人类学”来称呼这一学科。各地相继建立和增设教学、研究机构，北方以中央研究院和燕京大学、清华大学、南开大学、辅仁大学为中心，南方以中山大学、岭南大学、中央大学、金陵大学、厦门大学、复旦大学、四川大学、云南大学等大学为中心，有十几所高等学校开设人类学或民族学课程。1946—1948 年间，暨南大学、清华大学、中山大学、浙江大学四所大学先后成立人类学系。1949 年台湾大学设立考古人类学系（后改称人类学系）。新中国成立初，人类学、社会学被视作资产阶级学科受到批判，此后体质人类学的研究主要在中国科学院古脊椎动物与古人类研究所进行。文化人类学作为学科名称已不见使用。而苏联一向使用民族学名称，在学习苏联的形势下，我国便沿用民族学作为学科名称，人类学则作为专指体质人类学的课程名称而存在着。"文革"期间，民族学也被当作资产阶级学科受到批判。至 1983 年中央民族学院建立民族学系。1981 年中山大学复办人类学系，在学科内容上包括文化人类学（民族学、考古学、语言学）和体质人类学，厦门大学人类学系与台湾大学人类学系都属这一类型。学科名称使用上的不同，表明我国北方采用欧洲大陆式的学科分类，而南方则采用美国式的学科分类，形成了中国人类学、民族学界的新的南北特色。但这种特色与新中国成立前中国人类学的南北特色的内涵不同。20 世纪 30 年代，中央研究院和南方一些大学的人类学家们，主张用人类学方法重建中华民族的文化历史，将实地调查与文献考据的方法相结合，不强调理论方面；以北方的燕京大学社会学系为中心的一些人类学家们，则公开提出人类学中国化的思想，强调用人类学理论研究实际问题，因此遂有南派和北派之称。新中国成立以后，实现了南派和北派风格的结合，既重视理论，也使用历史方法，以马克思主义为指导原则，强调理论联系实际，为社会主义建设服务。今天的新的南北特色，是在这一共同基础上的发展，表明中国人类学扩展了与世界的联系；以研究文化为中心的文化人类学包括民族学、语言学和考古学三部分内容，有利于对文化的深入理解。

每一门学科都有自己的特有的研究对象，进行对某一领域的现象所特有的矛盾的研究。这里不谈体质人类学的研究对象和任务，而着重讨论研究人类社会文化的文化人类学。文化人类学研究人类所创造的物质文化和精神文化的起源、特点及其发展变化的规律，对不同人类群体文化的相似性和相异性做出解释。人们应用人类学的理论方法来研究和解决现代人类社会有关的实际问题。与 19 世纪下半叶资本主义国家的殖民扩张相联系，以及由于对异文化的兴趣，过去文化人类学以研究没有文字的原始民族为主要对象。随着原始民族的逐渐消逝和变化，近几十年的研究已不局限于发展中国家的民族，而是把工业高度发达的现代社会包括在内，尽管美、英等西方人类学家注意的中心还是过去传统上的非洲、大洋洲和亚洲。

文化人类学既然是研究文化现象的科学，则其重要的概念就是文化。关于文化有许多种定义，据美国人类学家 A. L. 克罗伯和 C. 克拉克洪所搜集的资料统计有 160 种以上。人类学上所说的文化，被称为人类学之父的英国人类学家泰勒（E. B. Tylor）在 1871 年下过一个经典性的定义："文化，就其在民族志中的广义而论，是个复合的整体，它包含知识、信仰、艺术、道德、法律、习俗和个人作为社会成员所必需的其他能力及习惯。"[①] 这一定义为文化人类学和民族学界包括不同学派的学者以及其他社会科学家所普遍接受。现代许多人类学家认为，文化是社会成员通过学习从社会获得的传统的生活方式、思维方式和行为特征，是群体（社会）所依赖以起作用的规则。有些学者将其划分为物质文化和精神文化；有的学者则将其划分为物质文化（生产技术、生计知识、生态系统、生活方式、饮食、居住、衣饰等）、社会文化（婚姻家庭制度、社会组织、政治组织、等级和阶级制度等）和精神文化（风俗习尚、法律、道德、行为规范、宗教信仰、民间科艺、心理意识、价值观念等），并认为物质文化属表层或底层，精神文化属深层或上层，社会文化属中层。文化人类学家普遍认为，一种文化或者说某一个人类群体的文化是由各种文化要素所构成的，它是各要素构成的统一体或整合系统，而不是若干文化要素的偶然堆积。在文化要素聚合的长河中，不同的文化要素交互作用，不断加入新的要素，摒弃旧的要素，使文化整体不断发展变化。对文化发展规律的探索，使文化人类学在理论方法上形成了体系，以至 A. L. 克罗伯说，文化人类学家"发现了文化"；L. A. 怀特说，文化科学是在文化人类学领域中发展起来的。

一百多年来，西方人类学各个学派对人类学理论的建立和大量资料的累积都做出了贡献。他们各有立论，各具短长。每一个学派都在前人的基础上提出自己的看法，其中一方面有继承发展，使一些理论概念的表达日益完善和系统化，从某个角度、某个方面补前人之不足，有所创新，有所前进；另一方面也出现了某些倒退现象，如对一些进步的理论观点进行针锋相对的攻击，或者在批评其缺点的同时"把脏水和孩子一起泼掉"。各派理论反映了它产生的时代背景和学术背景，反映了作者本身的立场和世

① E. B. Tylor, Primitive Culture, New York: Harper Torch books, 1958.

界观。

马克思主义和人类学有着密切的关系，从马克思的《人类学笔记》可以看到早期进化学派人类学的著作给予马克思的积极的、重要的影响。恩格斯的不朽著作《家庭、私有制和国家的起源》是利用人类学资料撰写的马克思主义著作，L. H. 摩尔根的人类学名著《古代社会》所提供的科学事实资料补充和证实了马克思、恩格斯的唯物史观。《人类学笔记》和《家庭、私有制和国家的起源》以及马克思、恩格斯的其他有关著作，对人类学的发展产生了深远的影响。西方人类学有一些理论是针对马克思主义而提出的。美国人类学家哈里斯（M. Harris）在《人类学理论的兴起》（1968 年）一书中指出，“文化人类学的发展是对马克思主义的反动”是接近真实情况的。当然这只是就西方人类学发展的一种倾向而言。对于我们来说，运用马克思主义的原则，来鉴别西方人类学各个学派的理论方法，辨别出哪些可供借鉴，哪些应予批判，做到批判地吸收，是摆在我们面前的十分迫切而又繁重的任务。

每一门学科都是适应社会的需要而产生和发展起来的，人类学也不例外。没有社会的实际需要，这门学科就不会存在。人类学是一门实证科学，应用性强，它通常用实地调查的方法取得第一手的经验材料，并与文献资料相结合来对问题进行研究，提出报告和解决问题的意见。不同时代不同国家不同学派的代表人物提出不同的具体研究任务，其共同点都是为当时各个国家的政治和社会需要服务，为解决现实问题服务。比如，英国的社会人类学曾经为英国的殖民政策服务。这个殖民大国在第一次世界大战前夕占领的殖民地达 3350 万平方公里，殖民地人口近 4 亿人，分别相当于本土面积的 100 多倍和本国人口的 9 倍多。为了统治殖民地的居民，进行贸易时，就需要了解不同民族和部落集团固有的文化、社会制度和生活方式。正如英国著名人类学家 A. R. 拉德克利夫 – 布朗在 1929 年指出的，“人类学正愈来愈要求被看成一门关于对落后民族的治理和教育有直接实际价值的研究。对这个要求的认识是最近大英帝国人类学发展的主要原因”[①]。英国在非洲、澳大利亚建立人类学学校，让殖民地的英国官员和传教士接受人类学的训练，人类学知识有助于他们对土著居民的治理。

① A. R. 拉德克利夫 – 布朗：《社会人类学方法》，夏建中译，第 31 页，济南：山东人民出版社，1988 年。

可见，人类学是被殖民统治者利用来为殖民政策服务，不能归咎于学科本身。至于人类学家，他们一方面为时代和阶级立场所局限，往往用自己的专业知识为殖民政策效过力；但另一方面，学者们一般都专心致力于学术研究，同情被压迫人民。如美国杰出的人类学家F. 博厄斯就一向反对种族歧视，强烈反对德国法西斯迫害犹太人。

再以现代美国人类学的发展为例，第二次世界大战期间，人类学家为美国政府"更详尽地认识自己和对手"的政策服务，参与对敌国、同盟国的国民性研究，R. 本尼迪克特研究日本人国民性的《菊与刀》就是这方面的代表作。战后形势变化，殖民地国家纷纷独立，各国人民的民族意识和国家意识增强，研究殖民地民族的园地缩小了，人类学家被迫转向国内社会问题的研究，研究本国的乡村社会和都市社会。人类学迅速发展出许多分支，诸如都市人类学、乡村人类学、政治人类学、经济人类学、工业人类学、教育人类学、医学人类学等等。人类学家们研究国内的民族、种族、印第安保留地、城乡贫困、人口控制、农业发展、现代化工业企业、文教卫生的发展以及都市化、工业化引起的问题等。西方一些人类学家声称要帮助发展中国家，去当地研究工农业生产、医药、教育、社会发展等问题。再看苏联民族学，这一学科对国内各民族的生活和文化进行了深入的研究，为各个时期民族政策的实施服务；在现阶段，着重研究苏联当代民族过程、民族文化过程和民族关系，如各族传统文化、民族特点及其变化以及民族融合过程等。

在我国，从20世纪50年代初起，人类学作为学科名称消失了30年之久，三四十年代已经开始的一些重要的研究，比如对汉族的人类学研究和人类学理论的传播等中断了，但是对少数民族的研究一直在民族学的名义下进行着。民族学虽也经历了曲折的道路，但在为我国社会主义革命和建设服务的过程中，它仍然能够存在并得到一定的发展。这足以证明社会对这门学科的需要，学科为适应社会的需要而发展。中华人民共和国成立后，废除了民族压迫制度，必须确定我国有多少民族，以便进行民族区域自治，使各少数民族得到行使管理本民族内部事务的权利，实现民族平等，这就需要进行民族识别；各民族地区要进行民主改革，需要调查研究各少数民族的社会经济发展阶段、阶级状况和民族关系，提供科学事实依据，以便政府制订适合于各个民族地区实际情况的、向社会主义过渡的不同方针政策和方式。民族学与语言学、考古学等学科的工作者参加了民族识别、少数民族社会历史调查和研究少数民族社会性质的工作，贡献了自己的力量。与此同时，积累了大量的资料，开展了民族文化的各方面课题的研究。

我国目前有56个民族，他们都有悠久的历史和灿烂的文化，是人类学研究的丰富宝藏。新中国成立后，对少数民族的研究特别得到重视，其原因主要是为少数民族地区建设的迫切需要服务，对汉族的研究则还来不及开展。而不论什么原因，没有对世界上人口最多的汉族进行人类学研究是很大的缺陷。在社会主义建设新时期，人类学应为我国包括汉族在内的各民族服务，研究各民族各群体的文化及其发展变化，为政府提供决策的依据。

综观人类学学术史，可以看到，当代文化人类学研究应着眼于为全人类的利益服务。人类文化从起源上说就是多元的，现今世界各民族文化五彩缤纷，人类学研究应使所有民族的优秀文化受到尊重，得到弘扬和繁荣发展。各民族互相学习、吸收对方的优秀文化，而不是将某一种生活方式作为模式向全世界推广。应抛弃某国、某族的中心主义和种族主义。有些地区由于被开发、资源被掠夺而使当地居民的生存遭受威胁，文化遭到破坏，人类学家可以给予帮助，使他们既保存固有的文化特点，又能适应环境的变化。人类自身的生产需要得到有效的控制，人的身体素质、文化素质都要不断改善和提高。因此，加强对人的研究以适应未来的变化，以发挥人的主观能动性，改造世界，改造人本身，人类学担负着重要的责任。

（原载《中山大学学报（社会科学版）》1991年第2期）

人类学的社会进化观及其批评的辨析

19世纪中叶，人类学的进化学派与这个学科同时诞生。进化学派的杰出代表路易斯·亨利·摩尔根在其力作《古代社会》中提出了社会进化观。马克思对此书作了详细摘要和批注[①]，恩格斯根据马克思的思想和自己的研究，以唯物史观阐释摩尔根的研究成果，写了《家庭、私有制和国家的起源》（以下简称《起源》）。《起源》所阐述的重要理论以及摩尔根的社会进化观所受到的批评和攻击从未停息，其中有学术观点的分歧，也反映了资产阶级和无产阶级不同的世界观的斗争。本文就社会进化观及对其批评中的一些重要论点进行评析。

欧洲是人类学的诞生地，进化学派的代表人物，德国人巴斯蒂安（A. Bastian），瑞士人巴霍芬（J. J. Bachofen），英国人麦克伦南（J. F. Mclennan）、拉伯克（J. Lubbock）和梅恩（H. J. S. Maine）等，根据历史文献、神话传说和民族志资料，将现存的原始民族和历史上古代民族的文化现象相比较，对婚姻家庭、世系继嗣、宗教信仰、法律和土地所有权等在历史上的演变，用进化观点进行解释，说明人类文化的进化。

在泰勒（E. B. Tylor）的论著中，文化进化思想和研究方法论得到了进一步的发挥。泰勒给文化下了经典性的定义，运用大量的民族志资料进行跨文化比较。他认为，通过不同地区、不同民族的比较发现文化现象的“反复出现的证据，证明人类生活的现象是由有规律的起因产生的”[②]；“成系列的事实总是按其特有的发展顺序一个挨一个地排列着，它们不会倒过来，按反方向排列”[③]。泰勒还用不同方法论证了文化进化的存在：一是运用比较法比较各种文化特征进行分类，判定文化发展的高低；二是研究文化残存，认为文化现象的残存“成为新文化状态所源出的旧文化

① 见《马克思恩格斯全集》，第45卷，第328～571页，北京：人民出版社，1985年。
② （英）泰勒：《研究文化的科学》，载《民族译丛》1986年第4期，第12页。
③ （英）泰勒：《研究文化的科学》，载《民族译丛》1986年第4期，第13页。

状态的证物和实例"[①]；三是引入了统计学方法研究文化现象的相互关系。

上述代表人物都以人类心理一致说为理论基础。此说源于巴斯蒂安的"本原概念"，认为由于人类有相同的心智过程，因而对相同的情境产生相同的反应。同时，每个民族各有自己的文化特征，因受各自的地理环境影响而反映了地方色彩，此外还有传播的因素。人类心理一致说从理论上使文化进化论站立起来。

摩尔根不局限于论述某些文化现象的进化。他全面地阐述了社会进化思想，其主要理论观点如下：

（1）社会进化观。摩尔根从四方面综合地重构了人类从低级阶段向高级阶段的发展过程。一是发明和发现，以生存技术为基础将人类文化划分为蒙昧、野蛮和文明的时代。二是政治观念的发展，蒙昧和野蛮时代的社会组织以血缘关系为基础，氏族是基本单位，氏族、胞族、部落、部落联盟是顺序相承的有机结构；进入文明时代则是以地域和财产为基础的政治社会即国家。[②] 三是家族观念的发展，从杂交状态产生五种顺序相承的婚姻家庭形态，即血缘家庭、群婚家庭、对偶家庭、父权制家庭和一夫一妻制家庭。四是财产观念的发展，论述了财产如何从公有制转变为私有制；私有财产的存在，是奴隶制、阶级和国家产生的物质基础。摩尔根指出，"社会的瓦解，即将成为以财富为唯一的最终目的的那个历程的终结，因为这一历程包含着自我消灭的因素"[③]。

摩尔根避免了他的同行们将社会现象生物化、忽视物质因素在社会历史过程中的作用等弱点，认为只有物质生产的发展才是社会发展的基础。他认为生存技术的进步在社会发展中起着重要作用，但并不是如有的批评者所说的摩尔根在理论上是"技术决定论"。他是把社会关系和生产的发展相联系的，说"财产的发展当与发明和发现的进步并驾齐驱"，"财产的发展，与发明和发现的增加，与标志着人类进步的几个文化阶段的社会制度的进步，有着密切的联系"[④]。摩尔根用他的社会进化观阐述原始社会的发展进程，在主要方面做出了唯物主义的结论。但他的唯物主义观点

---

① （英）泰勒：《研究文化的科学》，载《民族译丛》1986年第4期，第14页。

② （美）摩尔根：《古代社会》，杨东莼等译，第6页，北京：商务印书馆，1977年。

③ （美）摩尔根：《古代社会》，杨东莼等译，第556页，北京：商务印书馆，1977年。

④ （美）摩尔根：《古代社会》，杨东莼等译，第533页，北京：商务印书馆，1977年。

是不彻底的。他说人类进化有共同途径，但却把共同途径归因于人类心理一致，智力相同，因而说人类的主要制度是从少数原始思想的幼苗发展起来的。

（2）氏族制度学说。摩尔根以易洛魁人和其他印第安人的大量实地调查资料，结合历史文献，揭示了氏族组织的结构，家庭产生晚于氏族，氏族内部禁止通婚是氏族的根本原则。原始社会是没有私有制、阶级、剥削和特权的社会。氏族制度普遍存在，是国家产生以前的社会制度。他以实地调查和古代史资料，证明母系氏族制先于父系氏族制。对此，马克思明确地认为母系氏族制是父系氏族制的基础。①

（3）亲属制度研究。摩尔根是对亲属制度进行科学研究的首创者，其基本观点是认为亲属制度“反映了当时所流行的婚姻形态和家庭形态。不过这两种形态都可能进展到更高的一个阶段而其亲属制度仍保持不变”②。他将亲属制分为类别式和说明式两大类，提出马来亚式、土兰尼亚式和雅利安式三种亲属制顺序相承，与血缘家庭、群婚家庭和一夫一妻制家庭相适应。

马克思和恩格斯对摩尔根的著作给予很高的评价。马克思的《人类学笔记》表现了他对摩尔根著作的热情③，他采纳了摩尔根关于氏族组织及其公有制与婚姻家庭发展形式等重要的理论观点，批评了梅恩、菲尔和拉伯克等人与摩尔根相悖的看法，并在对《古代社会》一书的摘要中把该书的结构进行了改造。摩尔根讲社会进化从人类发明发现的智力发展到政治、家族和财产观念的发展。马克思使这一结构变成从生产技术的发展和家庭形式的变化到私有制、阶级和国家的产生，充分地表达了物质生活资料的生产和人类自身的生产作为历史发展的决定因素，以及生产力决定生产关系、经济基础决定上层建筑等历史唯物主义的基本观点。这一改造使《古代社会》的面貌大为改观，使摩尔根的家庭史发展的论述具有更深刻的含义。

《起源》采用马克思改造过的结构，概括地表明马克思的思想，明确

---

① 《马克思恩格斯全集》，第45卷，第497、634、637、638页，北京：人民出版社，1985年。

② （美）摩尔根：《古代社会》，杨东莼等译，第390页，北京：商务印书馆，1977年。

③ 黄淑娉：《进化学派的人类学与马克思——读马克思人类学笔记》，载《社会科学辑刊》1990年第6期。

地阐述了两种生产的观点，并贯穿到全书之中。摩尔根强调人类的心智能力，经济论证很不充分。恩格斯把经济方面的论证全部重新改写，并着重说明了氏族制度产生、发展、繁荣和瓦解的经济条件，重点论述了原始社会向阶级社会的过渡以及私有制、阶级和国家的产生。

恩格斯对摩尔根的高度评价，在《起源》和其他著作以及书信中都有充分的表述。他指出："摩尔根在美国，以他自己的方式，重新发现了四十年前马克思所发现的唯物主义历史观，并且以此为指导，在把野蛮时代和文明时代加以对比的时候，在主要点上得出了与马克思相同的结果"①；"摩尔根的伟大功绩，就在于他在主要特点上发现和恢复了我们成文历史的这种史前的基础"②。这里说的主要特点，包括发现氏族制度是原始时代社会制度的基本特征、确定母系制氏族先于父系制氏族、建构婚姻家庭发展史、建立原始历史研究的系统等。

摩尔根的社会进化观在研究原始社会领域的主要问题上得出符合唯物主义的结论，但它不是马克思主义。在马克思主义的进化观中，社会进化是和社会革命联系在一起的，社会发展是进化和革命的统一，社会发展的根本原因是生产方式的发展，遵循着生产关系一定要适合生产力性质的规律。进化学派把进化的原因归于人类心理一致，而进化的顶点则是资本主义社会。摩尔根没有看过马克思的书，他赞美资产阶级民主，并不理解无产阶级革命。但他是资产阶级的进步学者，由于他肯于深入实际，进行实地调查，对大量事实材料进行科学分析，因而能够反映客观实际，在主要方面接近历史唯物主义观点。同时，当时的工人运动、欧洲的巴黎公社革命对他的思想有一定影响，使他能够做出以财富为唯一目的的社会之消灭是不可避免的结论。

进化学派的人类学以它作为经验科学提供的研究成果和文化、社会进化观，给予科学社会主义的创始人以积极的、重要的影响。马克思发现了人类历史有其发展规律，也曾以他的科学历史观对原始社会的重大问题做过理论阐述，但当时还缺乏具体资料。摩尔根的著作以充分的事实依据证实和补充了唯物史观，证明了原始社会的存在，私有制、阶级绝非人类与生俱来，可见资本主义不是永恒的制度。

---

① （德）恩格斯：《家庭、私有制和国家的起源》，第3页，北京：人民出版社1972年。

② （德）恩格斯：《家庭、私有制和国家的起源》，第4页，北京：人民出版社1972年。

人类学的进化学派理论在19世纪末以前曾占主要地位。《古代社会》出版之初在美国受到高度赞扬。至19世纪末，西方资本主义发展到了帝国主义时代，曾在资本主义上升阶段受到欢迎的进化理论再也不时兴了。相继兴起的大多数其他学派和许多学者批评、反对摩尔根的学说，美国历史学派（批评学派）以摩尔根的学说为主要批评对象，对之进行了长达数十年的抨击，在人类学领域掀起了强大的反进化论潮流。值得注意的是，那些批评者在半个多世纪以前就提出了的观点（如下文所列）直到今天还被人们所沿用。当然，由于大量新资料的发现，摩尔根的某些材料和理论不可避免地受到质疑。有些不准确的结论应被推翻。但是，由于他的社会进化观和马克思主义经典作家的联系，使他的一些符合马克思主义的重要观点在西方人类学界中直到今天还受到激烈的批评。这些批评也见于我国的学术界中。研究这些批评意见，对其加以辨析，很有必要，也有现实意义。

批评者的意见，主要针对下列几方面：

（1）最主要的反对意见认为，人类历史不受任何规律的支配，文化和社会的进化有顺序、可以划分阶段的说法是不能被接受的。美国著名人类学家博厄斯（F. Boas）进行过许多田野调查，为人类学的发展做出了很大贡献，但他反对进行理论概括，认为不可能找到规律，说“想建立一个适用于任何地方的任何事例，并能解释它的过去与预见未来的概括性结论是徒劳的”[①]。他的弟子们，以罗维（R. H. Lowie）为代表，专门撰写《初民社会》一书，全面批驳《古代社会》，从婚姻、家族、亲属制、氏族制、妇女地位、财产、公社、阶级、政治、法律诸方面，反对社会进化有内在规律。德国神父施密特（W. Schmidt）毕生所写的著作，都是为了说明私有制、国家、一夫一妻制家庭、一神教等在人类社会之初就已存在了。恩格斯的《起源》吸收了摩尔根的材料和论证，根据唯物史观，把原始公社制及其发展、消亡，以及文明时代相继发展的奴隶制、农奴制和雇佣劳动制，提高到社会发展规律来论述，更招致反对者的激烈攻击。有些批评者说《起源》是《古代社会》的翻版。其实，正如一些西方学者所指出的，有些人根本没看到恩格斯的书，也没仔细读过《古代社会》，就乱批评一通。

① F. Boas，Race Language and Culture，New York：Macmillan，1940.

下面几个问题的提出，也都与否定社会有发展规律的观点密切相关。

（2）关于单线进化。摩尔根关于人类社会普遍从发展阶梯的底层开始迈步，通过共同途径进化的思想，被批评者称为单线进化。他们否定进化阶段的序列，认为根本无进化规律可言。功能学派说这是靠臆测构拟历史。其实，摩尔根“将人类的一些主要部落按其相对进步的程度区分为若干显然有别的社会状态”①，根据的是许多民族、部落社会存在的客观事实，以生存技术为标志，按生产发展水平的高低顺序排列，说明社会的进化，不能说是主观臆测。至于这些标志是否完全恰当，则有些批评意见是正确的。比如，把采集、捕鱼、狩猎分列在不同阶段，而狩猎实际早就有，捕鱼则在特定的地理条件下才有可能；将制陶与农业分为前后阶段不恰当，两者应是同时的，陶土不是到处都有；将铁器作为进入文明的标志不尽合适；波利尼西亚人早已超过蒙昧中级阶段；等等。摩尔根在谈到以生存技术作为分期基础时，也说明这是暂时的，他未能把新的技术发明和一个社会阶段精确地结合在一起。他说：“在这方面的研究深度还不足以提供必要的资料”，“如果求其能绝对适用，放之四海而皆准，即使不说这不是绝不可能，也得说这是很难办到的”。② 至于说摩尔根将某一种文化因素与社会的整体相割裂，却是违背事实的。美国人类学家利柯克（E. Leacock）认为，摩尔根的论述建立在对许多部落、民族文化的详细分析上，只有那些仅仅读了《古代社会》头几页的人才那样随声附和。③

批评者批评所谓摩尔根的“单线进化”、恩格斯的“直线进化论”④，认为社会发展不是单线与直线的，而是有许多途径，实际上就是说没有共同途径。对此，一贯维护摩尔根学说的美国人类学家、新进化论派代表人物怀特（L. A. White）提出，20 世纪 40—50 年代进行的所谓单线进化或普遍进化与多元发展进化的争论毫无意义，“据我们所知，从没有人坚持

① （美）摩尔根：《古代社会》，第 9 页，北京：商务印书馆，1977 年。

② （美）摩尔根：《古代社会》，第 8～9 页，北京：商务印书馆，1977 年。

③ （美）伊·利柯克：恩格斯《家庭、私有制和国家的起源》1972 年纽约英文版引言，第 11 页。

④ （英）莫·布洛克：《马克思主义与人类学》，冯利等译，第 17、18、82 页，北京：华夏出版社，1988 年。

说文化上唯有一种线性发展的进化形式”[1]。怀特的学生萨林斯（M. D. Sahlins）指出斯宾塞（H. Spencer）晚年曾发表一个重要观点：“社会进化如同其他进化一样，不是直线而是曲折分化向前发展的。”[2] 斯图尔德（J. Steward）提出各民族社会发展有不同途径的多线进化观点，却忽视了普遍进化的共同发展规律。萨林斯提出了特殊进化和一般进化的观点，试图用一般进化解释早期进化论的进化观，用特殊进化说明不同民族和地区的独特性，二者起互补作用，有一定的道理。我国学者研究我国各民族的历史，发现有些民族在历史上没经过奴隶社会，新中国成立后有些民族由原始社会、奴隶社会直接走向社会主义社会，证明各民族社会的发展有其特殊性，又遵循普遍的发展规律。

西方有些研究马克思主义的人类学家，说马克思、恩格斯根据摩尔根的材料，把原始社会纳入人类历史，因而导致他们做出了一系列无可挽回的错误。[3] 他们说，是恩格斯在《起源》中提出了社会发展有五种形态的理论，后来斯大林进一步确定，而马克思并没有这么讲。他们不顾马克思关于“亚细亚的、古代的、封建的和现代资产阶级的生产方式可以看作是社会经济形态演进的几个时代”[4] 等论述，或对此作一些莫名其妙的解释。有的人还着意寻找所谓马克思与恩格斯在理论上的“分歧”。这些说法显然是错误的。由于进一步研究这个问题将越出本文范围，此处不再赘述。

（3）关于氏族制度理论。反对者的意见集中为两点：一是认为氏族制度不是普遍存在，二是反对母系氏族制先于父系氏族制的论断。

批评者列出不存在氏族制的族群，如因纽特人、楚克奇人、安达曼人、塞芒人和某些印第安部落等。这类情况是存在的。有的由于外来文明的冲击，原有的氏族制瓦解了；有的受生存环境的影响没能形成氏族，如因纽特人。但这些事实推翻不了历史上存在过的氏族制度是国家产生以前社会制度的基本特征的结论。

---

① （美）托·哈定等：《文化与进化》，韩建军等译，第6页，怀特序，杭州：浙江人民出版社，1987年。

② （美）托·哈定等：《文化与进化》，韩建军等译，第19页，杭州：浙江人民出版社，1987年。

③ （英）莫·布洛克：《马克思主义与人类学》，第107页，北京：华夏出版社，1988年。

④ 《马克思恩格斯选集》，第2卷，第83页，北京：人民出版社，1972年。

在人类历史上母系氏族制是否先于父系氏族制，是人类学领域的一个很重要的课题。西方一些人类学家认为，民族志资料提供近代存在的从事采集、狩猎和初期农业的民族有母系、父系、双系或两可继嗣的情况，就足以否定母系制先于父系制。这种看法完全忽略了这些父系、双系和两可继嗣制的历史发展情况，他们很少或没有进行历史研究，将历史和现状割裂开，因而解答不了其前是否有过母系制的问题。历史和民族志资料所证明的是父系氏族制社会中残存母系氏族制的遗迹，而不是倒过来。有的人说易洛魁人由于战争频繁使男子人数剧减，才使得妇女们在生产上和社会上起重要作用，因而由父系制变为母系制。这种情况显然不能成为易洛魁人在几百年间存在发达的母系氏族制的原因。易洛魁人的妇女很自然地作为该社会初期锄耕农业的主要负担者，而战争并不需要全体男子同时出动参战。如果易洛魁人当时处于父系氏族制，那么，即使男子频繁出战也不足以改变世系继嗣制度，更不能轻易地把当时有着庞大人口的易洛魁联盟几个部落的父系氏族制改变为母系氏族制。罗维早在20世纪20年代已经断言，现在也还有些人类学家认为，如果摩尔根的调查不是从美国东部而是从西部开始，将会得出完全不同的结论。这种观点也未能为科学事实所证实，因为在摩尔根进行调查时，多数印第安部落存在或不久前存在过母系氏族制，即使他采取由西到东的行程，也不能抹杀客观存在的事实，其中十分重要的事实是大量存在着由母系氏族制向父系氏族制过渡的种种迹象。摩尔根的理论是就氏族制的起源和发展规律而言的，各个具体社会的情况很复杂，留存到19、20世纪的氏族社会，受周围民族的影响，不一定都先经母系氏族制而后有父系氏族制，何况历史还不免有例外。

母权制这个用词以及强调母系社会中妇女的最高统治是不恰当的。但在母系氏族制社会里，妇女的地位显然比在父系氏族制社会高，她们的意见受到尊重。许多母系氏族社会由男子充当首领，掌握该族群的管理权，固然由于男子适宜于充当军事首领，更重要的是这些男子是他们母亲氏族的一员，他们行使的是母系氏族赋予的权力，这权力由舅传甥，而不是父传子。这正是妇女在社会上的权力和地位的体现。男子们代表母亲们和姐妹们管理氏族、部落的公共事务，在家庭中也是她们的得力助手。

认为母系氏族制的产生与采集和初期锄耕农业经济相适应，并与群婚情况下知母不知父密切相关，这不无道理。早在人类学进化学派的著作发表之前两千多年，我国古籍中就有“昔太古尝无君矣，其民聚生群处，知母不知父，无亲戚兄弟夫妇男女之别，无上下长幼之道”[①]的记载，殷契因其母吞玄鸟卵而生[②]，周弃之母践巨人之迹而孕[③]，史书对我国少数民族的始祖也有类似的记载。各民族中有关早先是男子出嫁而后改变为女子出嫁的记载和口头传说举不胜举。远古时代人们虽缺乏关于人类生育的科学知识，但完全有可能通过长期生活经验的积累认识到生殖的原因。周初已知“男女同姓，其生不蕃”[④]，而且这是前人经验的总结，可以推知“知母不知父”的记载并非没有缘由。

（4）关于亲属制度和婚姻家庭史的发展。批评者对亲属制问题所持的意见主要针对三个方面，一是对亲属制的解释，二是亲属制有无发展顺序，三是亲属制的分类。有人反对摩尔根的亲属称谓基于婚姻的基本观点，认为它仅是亲属间行为态度的表现，是一种对他人的称呼。笔者认为摩尔根的观点是正确的，但还可以补充说明亲属称谓同时也反映亲属间的行为态度。新的资料表明，除此之外还须有新的解释。新的亲属制的发现已使人类学家们提出了新的分类法，做出了新贡献。当代人类学家有的认为亲属制度应有进化顺序，有的反对。摩尔根的亲属制度理论虽受到许多批评，但他所开创的对亲属制度进行科学研究的方法至今仍广泛地为人类学界所沿用。美国著名人类学家伊根（F. Eggan）在《重新评价摩尔根的〈人类家族的血亲和姻亲制度〉》[⑤]一文中指出，“在亲属制度问题上，目前有这么多的争论和讨论，这在某种程度上正说明了摩尔根贡献的重大”，并认为不仅应研究基本类型的各种变异，而且通过语言的社会文化的比较能把这些变异置于某种发展序列之中。

对于摩尔根的婚姻家庭进化史，反对意见最为激烈。笔者曾撰文讨论有关问题，本文不再论述。

美国人类学家保罗·博安南认为，摩尔根的社会科学“尽管在对事实的陈述和解释上有一些错误，但总体却是正确的，因为他的社会科学著作建立了该学科可以遵循前进的途径”。有些人类学家指出，摩尔根的图表上的具体错误不足以使他的图式被推翻。这一评价完全符合实际。

---

① 《吕氏春秋·恃君览》。

② 《史记·殷本纪》。

③ 《史记·周本纪》。

④ 《左传》僖公二十三年。

⑤ Kinship Studies in Morgan Centennal Year，Washington，pp. 13～15，1972.

以上有些分歧意见属于学术上的不同见解，可以讨论研究。但必须指出，批评意见中反对有社会发展规律的总的理论倾向，是同马克思主义的辩证唯物主义与历史唯物主义针锋相对的。其本质是为资本主义制度服务。

有的人把新中国成立以来中国人类学、民族学和原始社会史领域的研究及其成果说成是“套恩格斯《起源》的框框”，“摩尔根模式”，“把《古代社会》奉为经典”，“僵化”，“教条”。这种看法极其片面，说明批评者对这一研究领域没有深入的了解，缺乏实践。新中国成立以来，我国许多人类学、民族学者，尽管马克思主义理论水平不算高，了解外国资料不算多，却也认识到摩尔根等进化学派的理论与马克思、恩格斯的唯物史观的区别。那些批评者认为是当代人类学提出的问题，实际上在20世纪初期就有人陆续提出，并已成为研究者们所长期关注、思考和研究的课题了。我国的研究者们努力学习马克思主义，以《起源》这本用人类学资料撰写的马克思主义著作作为指导理论，同时也把《古代社会》作为一本参考著作。他们用有关理论去和自己研究的社会实际相对照，找出自己的研究结论，其中虽不免有生搬硬套之处，但总的来说这种现象属于个别而不是普遍的。应当着重指出的是，从20世纪50年代初起，研究者们就在我国各民族地区进行了广泛的调查，在占有大量材料的基础上进行分析研究，以客观事实为依据做出科学的结论。绝不像有的人所说的凭主观愿望随意取舍，套进《起源》的框框，证明“摩尔根模式”。他们注意到西方学者的观点和资料，吸取其中合理的成分，而不是简单地引用别人提出的一两条资料就否定一个重要的观点。他们在许多重要问题上提出了有价值的研究成果，不仅提供了丰富的资料，而且在理论上也有建树。下面仅举数例说明。

（1）关于我国少数民族的社会性质的研究，直到目前还被一些西方学者及我国某些学者认为套恩格斯、摩尔根模式，这种批评不符合实际。他们根本不承认有社会经济发展阶段，不承认人类历史发展规律。研究者们以辩证唯物主义和历史唯物主义的观点方法，研究我国五十多个少数民族在1949年前后的社会经济形态，确定其社会性质。这些研究成果为政府制定社会改革的方针政策提供了事实依据，以确定对处于不同情况下的民族采取向社会主义过渡的不同方针。比如，对保存原始公社制及其浓厚残余的少数民族采取向社会主义直接过渡的方针，对存在奴隶制、农奴制的地区采取“和平改革”的方式，等等。40 年来各民族地区的社会主义建设进程证明，这些社会性质研究的结论是正确的，据此研究结论所采取的方针也是正确的。

（2）关于母系氏族制以及母系氏族制向父系氏族制过渡的研究。目前我国大陆存在着的母系制社会，一是云南省宁蒗彝族自治县永宁区的纳西族（摩梭人），一是澜沧拉祜族自治县糯福区自称为“拉祜西”（黄拉祜）的拉祜族。研究者们根据实地调查，对两族保留的从母居、世系从母系的母系制家庭结构提出了不少研究成果，笔者也曾在这两个地区进行过调查研究。永宁纳西族大部分家庭行母系制，小部分母系父系并存而以母系为主，有少数父系家庭。母系家庭是社会的基本单位，由几代母系成员组成，过去家庭人口多，现在最多的有二十多人，平均七八人。女子住母家，在自己母亲或姐妹家居住，男子只在晚上走访女家过婚姻生活。双系并存以及父系家庭的出现，表明母系制向父系制转变的趋向。

拉祜西的母系家庭是男子出嫁到女家，世系从母系，财产由女儿继承，有些村寨双系制占相当比重。父系家庭占少数。20 世纪 40—50 年代普遍存在二十多人的母系大家庭，人数最多的在百人以上。最近 40 年的变化有两个趋势，一是大家庭转变为小家庭，二是母系制逐步向父系制转变。①

（3）关于氏族公社—家庭公社—农村公社发展的研究。摩尔根揭示了氏族制度的结构，俄国学者柯瓦列夫斯基发现了父系家庭公社是母系家庭与一夫一妻制家庭之间的过渡形式，从氏族公社、家庭公社发展到农村公社。马克思对不同形式的原始公社特别是作为演进序列最后阶段的农村公社有深刻的论述，指出原始公社有多种社会结构，“标志着依次进化的各个阶段”②，“农村公社既然是原生的社会形态的最后阶段，所以它同时也是向次生的形态过渡的阶段，即以公有制为基础的社会向以私有制为基础的社会的过渡”③。我国的研究者们以马克思、恩格斯的论述为指导，对边疆的鄂伦春、鄂温克、独龙、怒、傈僳、景颇、佤、基诺、布朗、黎

---

① 黄淑娉：《拉祜族的家庭制度及其变迁》，载《新亚学术集刊》第 6 期，香港中文大学，1986 年。

② 《马克思恩格斯全集》第 19 卷，第 448 页，北京：人民出版社，1965 年。

③ 《马克思恩格斯全集》第 19 卷，第 450 页，北京：人民出版社，1965 年。

等十几个民族的社会经济文化进行了综合调查研究，以大量丰富的活生生的现实资料证实和发展了前人的理论。研究成果显示了各民族中不同程度地保存的氏族公社、家庭公社和农村公社，以及在狩猎、畜牧和农业民族中各种原始公社的不同特色。这些研究从微观上同时也在宏观方面展现了原始公社向阶级社会迈进、公有制向私有制转变的过程。

以云南西北边陲的怒江地区为例。这里的独龙族社会分15个父系氏族，氏族下分若干世系群，各有地域界限，世系群包括几个父系家庭公社，父系家庭公社是社会的基本单位。家庭公社成员包括一个父亲所生的子孙，住在多间隔的长房中，男子娶妻便在长房的一头接出一个房间居住，添置一个火塘。家庭公社内部土地属成员公有，集体劳动，由主妇将食物平均分配，个体家庭尚未从家庭公社中分化出来，火塘是个体家庭的胚胎。与独龙族相邻的怒族社会生产力水平稍高一些，父系家庭公社已经瓦解，土地逐渐被分割开来，由几户小家庭集体占有，共同耕作，形成伙有共耕关系，并进一步形成村中无血缘关系的几户人家伙有共耕，以至最后变为私人占有、个体耕作，一夫一妻制家庭成为社会的基本单位。过去基于血缘关系的氏族公社和家庭公社，已转变为基于地域联系和经济关系的农村公社，同时还有明显的氏族、家庭公社残余。云南西盟佤族的农村公社之上还有部落和部落联盟。对上述十几个民族进行比较研究，可以看到不同类型的原始公社有不同的生产力发展水平，随着生产的发展，劳动由集体变为个体，生产资料和产品从公有变为私有，分配由平等到不平等，租佃、雇佣等剥削关系产生，阶级萌芽。这些以大量客观事实为基础的研究成果只有在马克思主义理论指导下才能取得，同时也是对马克思主义理论的贡献，这也正是持有否定社会发展规律观点的人所不能接受的。

（4）关于家长奴隶制的研究。马克思、恩格斯对家长奴隶制做过原则论述。国外的研究资料很少，因为所持理论观点不同，对土著社会的实际认识不同。我国人类学、民族学者用我国一些民族的实地调查的第一手资料和历史文献，有力地阐明了家长奴隶制在父系氏族公社后期的家庭公社中产生，在农村公社中继续存在，而后进一步发展为阶级社会的奴隶制。云南省独龙族、基诺族有家长奴隶制的萌芽，怒、傈僳、景颇、佤族和西藏东南部僜人的家长奴隶制进一步发展，喜马拉雅山南麓珞巴族的家长奴隶制又比上述民族早发展一步，处于奴隶占有制的前夜。

40年来，我国的人类学、民族学者在马克思主义理论的指导下，研究方向是正确的，所做出的研究成果是丰硕的、有价值的。否定成绩，否定这个方向，将使研究队伍思想混乱，分辨不清是非，从而导致接受错误的理论或思潮的影响，而盲目地追随别人是不可取的。我们要努力学习马克思主义，学习、吸收西方人类学理论方法的正确、合理部分，把中国人类学、民族学研究推向前进。

（原载《中山大学学报（社会科学版）》1992 年第 2 期）

评西方“马克思主义”人类学

第二次世界大战以后，尤其到了20世纪60年代，西方掀起了研究马克思主义的热潮。许多人类学家不仅不公开反对马克思主义，还对马克思主义进行比较深入的研究，因而出现了形形色色的“马克思主义”人类学学派和思潮。有些人用马克思主义观点进行学术研究，更多的人则批评马克思主义。他们自称或被视为马克思主义者，或称新马克思主义者。这反映了马克思主义在世界上的影响，学者们认识到已有的人类学理论在研究社会文化现象上之不足，要寻找新的理论解释。

西方的“马克思主义”人类学学派被认为“发端于法国”，是“发生在马克思主义人类学领域的一场革命”[①]。英、美等国的人类学界也受到影响。通过法国戈德利亚（Maurice Godelier，1934— ）的《马克思主义人类学展望》（1973）和特雷（Emmanuel Terray，1939— ）的《马克思主义与“原始”社会》（1972），以及英国布洛克（Maurice Bloch）的《马克思主义与人类学》（1983）三本书，可以大致了解他们的观点。他们接受马克思主义的一些理论，但也反对马克思主义的一些基本原理。

戈德利亚曾是法国结构主义学派领导人列维－斯特劳斯的助手。他把结构主义人类学思想与马克思主义的辩证唯物主义与历史唯物主义思想捏合起来作为自己的学术旗帜。他认为马克思正是用结构主义的方法，根据深层结构的逻辑来解释资本的，以一方薪酬另一方利润的结构形式出现的可见生产机制后面隐藏着不可见机制，即一方的利润实际上是另一方无偿劳动的一部分，也就是从可见关系的分析进而发现不可见的关系。这与列维－斯特劳斯的结构观念类似，因而把二者联合在一起是可能的。

戈德利亚不像其他人类学家那样否定人类历史上曾有过原始社会，但他强调马克思、恩格斯关于原始社会的部分思想是错误的。比如，由于摩尔根关于原始社会的亲属制度进化学说已过时，因而恩格斯以此为依据所

---

① （英）莫里斯·布洛克：《马克思主义与人类学》，冯利等译，第195页，北京：华夏出版社，1988年。

提出的家庭起源理论就站不住脚。“亲属关系的进化问题因此依然存在，唯有待考古学与民族学新发现与对古代社会亲属分析的理论进展相结合才能解决。这种分析还应与表现出原始社会特征的经济关系、权力形式、思想体系相联系”[1]。他着重研究生产方式的结构，不同生产方式之间的相互关系、思想和观念在社会关系的产生中的作用等。他提出“马克思认为主导的生产方式的瓦解不只是导致单一的一种新生产方式去取代旧的，而是导致多种”[2]，“思想永远不是现象的简单反映”[3]，“思想不只是现实的后设反映”[4]，对经济基础和上层建筑的关系，提出“这种秩序应该怎样理解？是不是应该像马克思的一些方程式表示的或像他的信徒们经常诠释的那样，先后秩序意味着一切不属于经济范畴的社会现象，包括亲属关系、权力形式、各种制度和宗教表达最终都是由生产和社会生活的新物质条件的发展而产生的”[5]。戈德利亚认为马克思对亚细亚生产方式的论述并未过时，马克思从未持有过历史分阶段直线发展的观点；并强调马克思主义人类学的任务是以新知识和新学说为基础，建立有关前资本主义社会的全新的马克思主义理论。

特雷在《马克思主义与“原始”社会》一书中用了一半的篇幅研究L. H. 摩尔根的《古代社会》，提出读这本书可有三种读法：进化论者的、结构主义者的和马克思主义者的，而他自己则用结构主义和功能论的观点来解释它。比如，他认为摩尔根关于人类社会制度的论述是用功能观点分析的，原始社会的氏族、胞族、部落和部落联盟的系列有机结构，酋长制度、家族制度等，都是社会需要的反映。[6] 特雷称赞摩尔根写了《人类家

---

① M. Godelier, Perspectives in Marxist Anthropology, p. 107, Cambridge University Press, Cambridge, 1977.

② （法）莫·戈德列亚：《李维－史特劳斯：马克思及马克思之后？对结构主义和马克思主义方法论的重新估价，一个社会逻辑分析》，第100页，香港中文大学新亚书院，1990年。

③ （法）莫·戈德利亚：《李维－史特劳斯：马克思及马克思之后？对结构主义和马克思主义方法论的重新估价，一个社会逻辑分析》，第106页，香港中文大学新亚书院，1990年。

④ （法）莫·戈德列亚：《李维－史特劳斯：马克思及马克思之后？对结构主义和马克思主义方法论的重新估价，一个社会逻辑分析》，第107页，香港中文大学新亚书院，1990年。

⑤ （法）莫·戈德利亚：《李维－史特劳斯：马克思及马克思之后？对结构主义和马克思主义方法论的重新估价，一个社会逻辑分析》，第104～105页，香港中文大学新亚书院，1990年。

⑥ E. Terray, Marxism and “Primitive” Societies, pp. 45～51, New York: Monthly Review Press, 1972.

庭的血亲和姻亲制度》，但说他不幸的是又写了《古代社会》，使他从结构主义者变成进化论者，因而遭到十分严厉的批评。特雷说摩尔根的词汇中虽无模式、结构和转换组之说，但完全可以在他的理论中找到这些概念，只是他都应用于对社会实体的阐述了。我们认为，这恰好说明结构主义者对社会结构的研究完全脱离社会现象的现实基础，他们研究的不是社会实体，而是隐藏在屏幕背后的深层结构即无意识模式，是脱离实际的抽象之物。

特雷认为，将历史唯物主义用于所谓"原始社会"有困难，因而需要建构非资本主义生产方式的社会结构的科学。要建构原始社会经济形态，首先要列出社会形态中存在的各种生产方式，并以统计数学为据，然后建构生产方式理论。"这样，每一种社会经济形态都将表现为由以这种方法结合起来的、其中有一种是支配性的某某生产方式所组成。就像化学上的分子一样，社会经济形态也因此可以由它的结构、组成要素的性质以及这些要素在整体内的组成方式而定。"① 另一位人类学者雷伊（P. P. Rey）不同意特雷的几种生产方式并列的静态性分析而强调动态，强调社会矛盾，断言应该将马克思主义的阶级观念用于原始社会。

当代法国著名的研究马克思主义的理论家、结构主义马克思主义的代表人物阿尔都塞（L. Althusser）用结构主义观点说明马克思主义的辩证法和关于社会发展的学说，提出了多元决定论。他认为，一种生产方式是由无数关系结构组成的一个总的结构系统，因为概念体系与技术一样，自身也是一个结构组织，社会内部相互"连接"的各种结构彼此发生作用。他的这些观点对人类学产生很大的影响，有些人类学家试图"建构"生产方式，"建构"社会内部各种结构的连接关系。特雷则力图建立一种适合于血缘社会的生产方式，并提出在一个社会中存在着几种生产方式的结合的观点。

阿尔都塞的"多元决定论"认为，社会发展过程中，社会总体的性质虽然归根到底由经济因素决定，但起主导作用的因素却是政治。他的错误在于把社会中具有主要矛盾性质与次要矛盾性质的多种矛盾说成是多元的，认为它们并存、处于平等地位。我们认为，社会现象是复杂的，在每

① E. Terray, Marxism and "Primitive" Societies, p. 179, New York: Monthly Review Press, 1972.

个社会形态中，除了主导的生产方式以外，还有其他生产方式和经济成分是可能的，但只有主导的、占统治地位的生产方式才决定着该社会形态的面貌和性质，不能将处于从属地位的生产方式和主导生产方式相提并论。特雷等实质上是强调原始社会中几种生产方式并存，是“多元”的，不能认为只有“生产的血缘方式”，他的多元虽与阿尔都塞的多元内涵稍有不同，但本质一样。从多元的观点出发，可以把阶级观念扩大到原始社会，雷伊、特雷等人认为人类一切社会都是阶级社会，法国的马克思主义人类学家不接受原始社会与阶级社会之间的界限。他们主张用马克思主义研究资本主义的理论研究原始社会，实质上用以否定马克思、恩格斯对原始社会的研究，认为需要重新创造马克思主义人类学理论。

布洛克于1983年出版的《马克思主义与人类学》一书，断言原始社会“并不是从任何一种特定的历史资料中建构出来的。由于马克思、恩格斯把这一阶段纳入人类‘历史’之中，由此导致了一些完全错误的观点”①，“自从《家庭、私有制和国家的起源》发表以来，马克思主义人类学的历史一直处于艰难而痛苦的过程之中”②。西方人类学家热衷于寻找马克思的《人类学笔记》与恩格斯《家庭、私有制和国家的起源》（以下简称《起源》）的不同观点，争论马克思与恩格斯的分歧究竟有多大。布洛克强调要立足在当代发展水平上来审视马克思、恩格斯的理论在人类学领域中的地位，提出了这样的看法：第一，马克思、恩格斯认为人类历史有发展顺序，而进化论的社会进化顺序思想已为西方人类学家所摒弃；第二，亲属称谓制度不是过去的婚姻制度的确凿证据，摩尔根和恩格斯据此提出的婚姻家庭史假设不能被接受；第三，马克思、恩格斯十分感兴趣的氏族社会阶段及其公有制性质，其证据来源于摩尔根的完全站不住脚的假设，历史上从未存在过没有私有制和个体家庭的血缘群体；第四，没有理由相信母系制先于父系制，《起源》所展示的婚姻家庭的演变历史“正是这部著作迄今一直遭受到异乎寻常的辱骂的原因”③。

---

① （英）莫里斯·布洛克：《马克思主义与人类学》，冯利等译，第17页，北京：华夏出版社，1988年。

② （英）莫里斯·布洛克：《马克思主义与人类学》，冯利等译，第21～22页，北京：华夏出版社，1988年。

③ （英）莫里斯·布洛克：《马克思主义与人类学》，冯利等译，第82、88、130页，北京：华夏出版社，1988年。

布洛克等人强调马克思所设想的进化路线未必就只有一条，而恩格斯提出的却是一种极为严格的直线进化理论。他们把“原始社会完全是由生物意义上的再生产要求所支配着”的观点强加于恩格斯。[①] 他们都谈亚细亚生产方式，布洛克认为可以用马克思使用过的亚细亚生产方式概念来批判主张直线进化的五阶段论。他还认为一些人类学家对“非洲生产方式”的研究可以摆脱五阶段说。关于后者，笔者认为，一些人类学家如苏雷康纳尔（J. Suret – Canale）和 P. 布瓦多等对热带非洲社会的研究[②]，说明了这一地区不同国家和民族发展的多样性，其中一些社会有典型的氏族制度，另一些则具有亚细亚生产方式的特征，正如苏雷康纳尔所称“非洲社会是亚细亚生产方式的一个变种”。这些资料丰富了亚细亚生产方式的内容，客观事实正足以说明马克思主义的社会发展学说的正确性。

上述“马克思主义”人类学学派的观点涉及许多方面，我们只能就其总体的问题进行一些讨论。关键的问题在于否定原始社会作为人类社会历史发展的第一阶段，同时企图用亚细亚生产方式的概念来否定原始社会的存在，实质上否定历史发展规律的统一性。因此，我们在这里要讨论的，一是关于原始社会阶段存在与否的问题，二是关于亚细亚生产方式问题，两者有着密切不可分的联系。

第一，关于原始社会阶段存在与否的问题。

马克思主义认为，人类历史发展的道路是由原始共产主义社会进入阶级社会，再由阶级社会进入共产主义社会；而阶级社会发展的学说，绝不是由于摩尔根的《古代社会》，他们才把原始社会作为人类早期历史的第一阶段，也不是恩格斯，更不是斯大林首先提出五种生产方式。从 19 世纪 40 年代开始，马克思在系统地研究政治经济学的过程中，为准备写《资本论》就研究了资本主义生产以前的各种形式，包括原始公社制的问题。他提出“共产主义是私有财产即人的自我异化的积极的扬弃”，“是人向自身、向社会的（即人的）人的复归”。[③] 马克思和恩格斯在《德意

---

① （英）莫里斯·布洛克：《马克思主义与人类学》，冯利等译，第 82、88、130 页，北京：华夏出版社，1988 年。

② 郝镇华编：《外国学者论亚细亚生产方式》（上、下册），北京：中国社会科学出版社，1981 年。

③ （德）马克思：《1844 年经济学—哲学手稿》，《马克思恩格斯全集》第 42 卷，第 120 页，北京：人民出版社，1965 年。

志意识形态》中第一次详尽地阐述了他们的唯物史观，同时也论述了原始社会的基本面貌。他们指出人类最早的历史活动的三个方面，一是生产满足生活需要的资料，二是由此引起新的需要，三是人本身的增殖。[①] 这一表述与40年后恩格斯在《起源》第一版序言中所表明的，历史中的决定性因素是直接生活的生产和再生产，即生活资料的生产和人类自身的生产，是完全一致的，而绝不是完全由生物学意义上的再生产支配原始社会。他们所阐述的资本主义以前的三种所有制形式，第一种是部落所有制，即原始社会的所有制形式，靠渔猎畜牧最多靠务农为生，生产和分工极不发达。根据后来了解的资料看，他们这时所描述的父权制家庭、家庭中不平等的萌芽、隐藏着奴隶制的部落所有制反映的应是原始社会晚期情况。书中还论述了语言和意识的产生、国家的起源及其本质特征。

马克思考察了印度、俄罗斯、爱尔兰、罗马、日耳曼等的公社之后，曾经做了一系列的论述。1853年，他指出："从很古的时候起，在印度便产生了一种特殊的制度，即所谓村社制度，这种制度使每一个这样的小单位成为独立的组织，过着闭关自守的生活。"[②] 几年以后对原始公社制有了更广泛的理解，他写道："历史却表明，公有制是原始形式（如印度人、斯拉夫人、古克尔特人等等），这种形式在公社所有制形式下还长期起着显著的作用。"[③] 以后又重申了这个观点。[④]

马克思提出亚细亚生产方式，表明他对原始社会的研究比以前大大地深入了一步。在《〈政治经济学批判〉（1857—1858年）草稿》的"资本主义生产以前的各种形式"部分中，"亚细亚的所有制形式"一节论述了亚细亚生产方式的原始性质和阶级社会的性质。在深入研究了包括原始公社制在内的各种生产方式之后，马克思明确地提出："大体说来，亚细亚的、古代的、封建的和现代资产阶级的生产方式可以看作是社会经济形态演进的几个时代。"[⑤] 十年后马克思研读了毛勒关于德国的马尔克、乡村等制度的叙述，致信恩格斯说："我提出的欧洲各地的亚细亚的或印度的

① 《马克思恩格斯全集》第3卷，第31、32页，北京：人民出版社，1965年。
② 《马克思恩格斯全集》第9卷，第147页，北京：人民出版社，1961年。
③ 《马克思恩格斯全集》第12卷，第738页，北京：人民出版社，1962年。
④ 《马克思恩格斯全集》第13卷，第22页，北京：人民出版社，1962年。
⑤ 《马克思恩格斯全集》第2卷，第83页，北京：人民出版社，1972年。

所有制形式都是原始形式，这个观点在这里再次得到了证实。”①

《古代社会》（1877）给马克思、恩格斯提供的资料，最重要的是揭示了原始社会的氏族制度和氏族、部落所有制。柯瓦列夫斯基的《公社土地占有制：其解体的原因、进程和结果》（1879）等书，提供了亚、美、非洲农村公社和土地所有制由公有向私有发展的资料。因而马克思在1881年《给维·伊·查苏利奇的信》中明确地指出了原始公社有不同形式，“这些结构的类型、存在时间的长短彼此都不相同，标志着依次进化的各个阶段”②。他不仅明确了“最初是实行土地共同所有制和集体耕种的氏族公社，氏族公社依照氏族分支的数目而分为或多或少的家庭公社（即南方斯拉夫式的家庭公社）”③，而且指出了农村公社是氏族公社的后继阶段，并总结了农村公社区别于氏族公社的特征，最突出的是从公有向私有过渡的二重性。马克思用“原生的”社会形态指原始社会，“次生的”形态包括建立在奴隶制上和农奴制上的一系列阶级社会，“农业公社是原生的社会形态的最后阶段，即以公有制为基础的社会向以私有制为基础的社会的过渡。不言而喻，次生的形态包括建立在奴隶制上和农奴制上的一系列社会”④。从马克思晚年的这些论述可见，他在读到《古代社会》之前所研究的东方社会及欧洲各地的亚细亚所有制形式，接触的大多是留存在阶级社会（奴隶制或农奴制）的农村公社状况的材料，反映的是原始社会末期农村公社的遗迹。下文还将对此作进一步阐述。

恩格斯的《起源》以马克思的《人类学笔记》为重要依据，恩格斯与马克思的观点没有原则分歧。上面的引述说明马克思本人明确地表述了社会经济形态的历史发展顺序，原始社会是人类社会的第一个社会形态。不论人们对亚细亚生产方式如何理解，原始社会作为人类社会的最早期阶段是否定不了的。五种社会经济形态说是马克思本人提出的，实际也包括了恩格斯的意见。列宁在《论国家》中也强调指出一切人类社会的发展表明了发展的一般规律，“起初是无阶级的社会，即氏族社会，没有贵族的社会；然后是以奴隶制为基础的社会，即奴隶占有制社会”，“在历史

① 《马克思恩格斯全集》第32卷，第43页，北京：人民出版社，1975年。
② 《马克思恩格斯全集》第19卷，第448页，北京：人民出版社，1965年。
③ 《马克思恩格斯全集》第45卷，第242页，北京：人民出版社，1985年。
④ 《马克思恩格斯全集》第19卷，第450页，北京：人民出版社，1965年。

上继这个社会形态而起的另一个形态是农奴制”，“后来……资本主义代替了农奴制”。[①]

原始社会的存在，为史前考古学遗迹、历史文献和世界民族志资料所证实。新中国成立以来对我国几十个少数民族的调查研究，提供了处于原始公社制、奴隶制、封建制的民族社会大量的活生生的资料，说明五种社会形态的概括是科学的。

所谓直线进化论的提法不准确。有些人类学家认为五阶段论就是直线进化论，即每个民族都毫无例外地依次经历五个社会发展阶段。实际上，五种生产方式有普遍意义，不等于否认不同国家和民族在发展形式上的多样性。比如在受外力影响的情况下，有些国家和民族可以超越奴隶制社会阶段而形成封建制，新中国成立后我国有些少数民族就从原始公社制直接向社会主义过渡。

第二，关于亚细亚生产方式的问题。

20世纪二三十年代，学者们曾对亚细亚生产方式问题进行过激烈的争论，六七十年代又在国际学术界展开了辩论，讨论中形成了亚细亚生产方式论和五阶段论两派对立的观点。持亚细亚生产方式观点的：J. 谢诺认为，“亚细亚生产方式是从原始共产主义社会进化来的最普遍的方式，它存在于各种各样的不同地区和由历史及地理所造成的进化速度极不相同的社会”[②]；F. 托凯认为，亚细亚形态的所有制完全适用于中国的周代土地所有制，周代的社会经济“使中国产生了一种介于原始社会和古典社会之间的过渡阶段”[③]；瓦西里也夫认为，马克思分析了三种主要原始公社（即亚细亚的、古典的、日耳曼的），古典型公社形成了典型的古典奴隶制，日耳曼公社导致建立中欧和西欧的封建制，“奴隶制和农奴制实际上是原始社会解体后两个平行的形态，两个平等发展的模式”，亚细亚型公社崩溃后表现为奴隶制和农奴制的不可分割的统一。[④] 持五阶段论观点

---

① 《列宁全集》第29卷，第432～433页，北京：人民出版社，1963年。

② 郝镇华编：《外国学者论亚细亚生产方式》下册，第143页，北京：中国社会科学出版社，1981年。

③ 郝镇华编：《外国学者论亚细亚生产方式》下册，第255页，北京：中国社会科学出版社，1981年。

④ 郝镇华编：《外国学者论亚细亚生产方式》上册，第95、99、104页，北京：中国社会科学出版社，1981年。

的，如 B. H. 尼基福罗夫，明确地论证了“五阶段”分期。[①]

在我国 20 世纪 30 年代上半期的社会论战中，亚细亚生产方式是一个重要问题。1981 年 4 月在天津举行了亚细亚生产方式学术讨论会，学者们发表了不同的意见。关于亚细亚生产方式的含义和性质问题，有原始社会说、奴隶社会说、封建社会说、混合阶段说（兼有原始社会和奴隶社会的内容）、东方特有的阶级社会形态说、经济形式说等。关于亚细亚生产方式和马克思的社会经济形态理论问题，学者们一致强调人类社会的发展有共同的规律，但有不同理解。有的认为不能否定五种生产方式的普遍意义；有的认为五种生产方式没有普遍意义，只有由原始共产主义社会到阶级社会、再由阶级社会进入共产主义社会是共同规律。不论持何见解，都一致认为原始公社制是人类历史的第一个社会形态。[②]

我们认为，原始社会作为人类社会发展史上的第一阶段不容置疑，至于亚细亚生产方式的内涵、资本主义以前的阶级社会经历了几种形态，可以进行讨论。

根据马克思的论述，亚细亚生产方式以农村公社土地所有制为基础，存在着双重的土地所有制，即农村公社的公有制及凌驾于村社之上的以专制君主为代表的国有制，国家是最高的所有者，公社是世袭占有者，不存在土地私有制，公社和社员只有土地的占有权和使用权。村社自给自足，农业和手工业密切结合，将剩余产品通过租税和徭役形式供养以专制君主为首的统治阶级和剥削阶级。这种分散的、闭关自守的村社成为东方专制制度的基础，不论如何改朝换代，内部的经济仍旧没有改变。[③] 前面已提到农村公社的性质，从它具有由公有向私有过渡性质的意义上说，它是次生形态的原始公社，而东方社会的这种农村公社实质上又是原始社会最后阶段农村公社的次生形态，是在阶级社会里保留了源于原始社会的农村公社形态。马克思根据印度、日耳曼等地的农村公社资料，不仅可以从农村公社存留在阶级社会的这一遗迹看到原始社会农村公社的结构，还可以还

① 郝镇华编：《外国学者论亚细亚生产方式》下册，第 377 ～ 379 页，北京：中国社会科学出版社，1981 年。

② 《“亚细亚生产方式”学术讨论会纪要》，载《中国史研究》1983 年第 3 期。

③ 《马克思恩格斯全集》第 23 卷，第 395 ～ 396 页，北京：人民出版社，1972 年；第 46 卷上，第 473 页，北京：人民出版社，1979 年；第 9 卷，第 147 ～ 149 页，北京：人民出版社，1961 年。

原公社的古代原型即氏族公社。马克思在1859年所说的亚细亚生产方式，是在社会经济形态演进的意义上说的，原意应指原始公社制这种生产方式。随着人类学资料的积累日益增多，对原始公社的发展进程有了明确的认识，农村公社便被恰当地定位在原始社会末期；同时，也有确切的用语指称人类社会的第一个阶段，马克思和恩格斯便不再用“亚细亚生产方式”来指称这第一个社会形态。

这里举我国少数民族社会的两个实例。佤族例说明原始社会末期的农村公社，即亚细亚生产方式的农村公社原生形态；傣族例说明留存在农奴制社会的农村公社，即亚细亚生产方式的农村公社的次生形态。

新中国成立前云南西盟地区的佤族，一个村寨是一个农村公社，从事刀耕火种农业，手工业和农业紧密结合，物物交换方式很普遍。佤族村社是地域性组织，不同家族不是出自共同祖先；村社土地大多转化为私有，公有地可自由占有使用；村社是一个经济单位，公共事务所需费用和劳动由各户平均负担；政治活动和主要的宗教活动以村寨为单位进行，头人已出现世袭趋势；寨民有互相帮助和保护的义务，虽因内部贫富分化和某些剥削关系的存在产生矛盾和斗争，但对外则团结性很强。还在父系家族公社时已产生的家长奴隶制继续存在于农村公社中，西盟佤族畜奴户占总户数不超过15%，奴隶数量只占总人口的4%～5%。奴隶劳动未成为社会劳动的基础，对奴隶的压迫、剥削方式较缓和。佤族部落由若干村社组成，部落内各村社之间互不抢掠和猎头，各村社有头人会议，在形式上保留寨民大会。部落内尚未分化出统治集团。各部落因公共利益而结成临时性联盟，带有军事性，战争频繁。[①]

民主改革前的西双版纳傣族社会更为典型地反映了亚细亚生产方式的次生形态农村公社的特征。这里保持着较完整的封建领主经济，它建立在农村公社的基础上，村社基本上处于自给自足的自然经济状态，农业耕作粗放，分散经营，农村集市是自然经济的必要补充。村社通过定期分配土地和灌溉用水，维持着封建领主社会的简单再生产。土地表面上为村社集体所有、私人占有，实质上最大的封建领主“召片领”（意为广大土地之主）是最高的土地所有者。领主通过所属各村社把土地分给每个家庭耕

① 《民族问题五种丛书》，云南省编委会编：《佤族社会历史调查》，昆明：云南人民出版社，1983年。

种。个人不能自由迁离村社，土地只能占有使用而不能自由买卖，取得份地的条件是承担封建负担和村社义务。原始社会末期的村社土地集体所有、私人占有的制度以及村社本身完全适应于封建领主庄园的需要，封建领主不必更多地触动村社的原来秩序，就可以利用村社躯壳，使村社成为一个提供封建负担的单位，耕地定期分配的目的也是为了平均完纳封建负担。

西双版纳傣族的基层社会是按照农村公社的模式组织起来的，尽管村社已经变了质。当权头人从村社的“公仆”蜕变为封建领主的代理人，其下有分管武装、文书、宗教、社会活动、生产、水利等工作的人员。村社还保留议事会和民众会议的原始民主残余。最高封建领主的政权组织通过大小家臣统治各个村社。领主和农民两大阶级中各分为若干等级。[①]

从以上对亚细亚生产方式的讨论可以得出这样的看法：第一，无论是亚细亚生产方式的农村公社的原生形态还是次生形态，都说明原始社会是人类历史上的第一个社会形态；第二，企图用亚细亚生产方式来否定马克思主义的社会经济形态学说是徒劳的。

如果自命为马克思主义者的人类学家，果然都像布洛克所指出的那样：“拒绝接受原始社会与阶级社会之间的界线……认为人类一切社会都是阶级社会……作为当代人类学的基础，马克思和恩格斯关于原始社会的知识从一开始就完全不能胜任这一角色。看起来，马克思主义人类学不是仅仅出现于马克思主义创始人著作中的理论，而是应该被重新创造的理论。”[②] 那么，可以认为，这样的研究结果是与马克思主义相距甚远的。

（原载《中山大学学报（社会科学版）》1994 年第 4 期）

① 马曜、缪鸾和：《西双版纳份地制与西周井田制比较研究》，昆明：云南人民出版社，1989 年。

② （英）莫里斯·布洛克：《马克思主义与人类学》，冯利等译，第 197 页，北京：华夏出版社，1988 年。

民族识别及其理论意义

我国民族学需要有一个大的发展。为此，就需要对民族学的历史和现状进行再认识。进行这种再认识可以有两种方法。一种是统摄学科发展全貌，就指导理论、研究方法、研究成果等方面的长短得失作全景式的评说；一种是从对某一问题的分析出发，得出带有普遍意义的结论。本文拟采用后一种方法。我们选择民族识别作为考察对象是因为，第一，这一科研活动的理论前提是对民族共同体的理性概括，属于民族学理论的“硬核”，对于它在民族识别中接受检验的情况进行思考必将引出对这一硬核的新的认识。第二，1953—1956 年集中进行的民族识别，是一次全国范围的大规模的科学研究活动。在识别之初，全国自报的民族名称有四百多个，需要一一甄别辨析。经过 4 年的集中工作，我们积累了各种民族存在样式的丰富材料，建立在这些材料之上的理论认识，具有最大限度排除认识片面性的有利条件。

关于民族识别的全面情况，费孝通、林耀华两位教授已做了很好的总结[①]，这里不再重复。本文拟从对民族识别中的理论困难和如何从这种困难中走出的分析出发，讨论我国民族学今后的发展问题。

1. 民族识别：困难和突破

民族识别是要判定一个待识别集团是不是一个民族、是什么民族。这里的主要标准是科学依据和该民族的意愿。而在科学依据方面，除了要参酌历史，最根本的是要考虑根据民族定义衡量一个待识别集团所得出的结论。因此，可以说，民族识别的理论前提是民族定义。这里所说的“民族”的含义是采用汉语“民族”一词的传统用法，即指一切历史发展阶段的民族共同体，相当于英语的“ethnic”和俄语的“этнос”，而不同于斯大林所说的“нация”。

---

① 参见费孝通：《关于我国民族的识别问题》，载《中国社会科学》1980 年第 1 期；林耀华：《新中国的民族学与展望》，载《民族研究》1981 年第 2 期；林耀华：《中国西南地区的民族识别》，载《云南社会科学》1984 年第 2 期。

在民族学史上，存在着多种民族定义。民族识别采用哪一种定义呢？西方民族学给民族下的定义在当时被认为是不能考虑的。马克思、恩格斯、列宁、毛泽东不曾给民族下过定义，只有斯大林在1913年为资本主义上升时期形成的民族（нация）下过一个定义："民族是人们在历史上形成的一个有共同语言、共同地域、共同经济生活以及表现在共同文化上的共同心理素质的稳定的共同体。"并且强调："把上述任何一个特征单独拿来作为民族的定义都是不够的。不仅如此，这些特征只要缺少一个，民族就不成其为民族。"[①] 这一定义虽然明确，但由于是对于资本主义上升时期民族的规定，当时直接拿来作为识别我国的处于前资本主义阶段的民族是否合适，仍然需要论证。在斯大林1929年撰写的《民族问题和列宁主义》中有这么一段话："当然，民族的要素——语言、经济、文化共同性等等——不是从天上掉下来的，而是在资本主义以前的时期逐渐形成的。但是这些要素还处在萌芽状态，至多也不过是将来在一定的有利条件下使民族有可能形成的一种潜在因素。这种潜在因素只有在资本主义上升并有了民族市场、经济中心和文化中心的时期才变成了现实。"[②] 斯大林的这段话说明，前资本主义阶段的人们共同体中可以有四个特征的萌芽或潜在因素，这样，问题似乎接近解决。当时我们认为，应当用斯大林的民族理论（主要指民族定义）作为民族识别的指导理论，不过要灵活运用。强调灵活运用，实际上是在做斯大林民族定义"中国化"的工作。这样，民族识别的前提理论已不纯然是斯大林的民族理论，而是"中国化"了的斯大林民族理论。这一理论与其母体的区别在于：①民族的外延不同。斯大林的民族（нация）只指资本主义上升阶段的民族共同体；我们则指一切历史阶段的民族共同体，外延要大得多。②民族的四个特征可以只具萌芽状态。③理论上更具弹性。斯大林对于民族的界定是确定的，中国化的斯大林理论强调"灵活运用"，这就为以后的理论探索提供了空间。

那么，这种中国化的斯大林民族理论在民族识别中的命运如何呢？事实是，一经接触我国纷繁复杂的民族现象，它就遇到了困难。

先看看共同地域的问题。

民族共同体是在共同地域上形成的，但在历史发展过程中经过迁移流

① 《斯大林选集》（上），第64页，北京：人民出版社，1981年。

② 《斯大林全集》第11卷，第289页，北京：人民出版社，1985年。

散，民族的分布状况不断变化。我国历史上各民族经历了流动分合的复杂过程，形成了交错杂居的状态。解放时，有较完整聚居区的蒙古、维吾尔、藏、壮等族，占五十多个民族中的少数；有些民族分隔在互不相连的地域上，有聚居区又散居各地，如苗、瑶、彝等；有的分散居住，如满、回、畲、仡佬、乌孜别克等族。总体来看，以后两种情况居多。溯源于今湘西、黔东地区的苗族，从3世纪初起不断流动迁徙，现在除黔东南和湘西有较大的聚居区之外，大多居住分散，分布在7个省约200个县。这种分布状态形成了各地苗族语言、文化的差异，但仍保有基本的共同点：他们有三大方言，服饰、节日、婚俗、文学艺术都有自己的传统特色，各地苗族群众之间有深厚的民族感情。显而易见，居住分散并没有影响这个业已形成稳定的民族共同体的发展。再如新疆北部的达斡尔和锡伯族，系清乾隆年间从东北被征调去镇守西北边防的官兵的后代，他们虽与祖居地相距几千里，分离两百多年，却始终保留着原有的语言和文化特点。又如东北地区被称为雅库特、通古斯和索伦的三个族体单位，来源相同，三百多年前游猎于黑龙江流域，因战争动乱，长期分隔，如今散居于大兴安岭两侧，但语言基本一致，有共同的社会制度、婚丧礼俗和民间文学，信萨满教，以熊为图腾。新中国成立后三部分要求合为一族，以共同的自称鄂温克为族称。

以上民族虽无相连的共同地域，但却有显著的民族特征，这就告诉我们，“共同地域”这一特征不能绝对化。显然，一个民族共同体在形成之初是必须具备共同地域这一条件的，而共同体一经形成，其民族特征就具有一定的稳定性，在此后的民族过程中，即使一部分脱离整体分散出去，失去了共同地域，他们的民族特征没有消失也不会轻易丧失。

再看看共同经济生活这一要素。

共同经济生活，斯大林原意是指资本主义民族内部的广泛经济联系。处于前资本主义阶段的民族共同体内部，在形成期也有一定的经济联系，但很微弱。在历史发展过程中，随着民族共同体空间分布的变动，民族内部的经济联系有可能完全消失。我国的情况是，许多少数民族地区生产力发展水平很低，分工交换不发达，本民族内部经济交往不密切，却与汉族或其他较先进的民族发生不可分割的经济联系，依靠外族的市场。新中国成立前，少数民族的农民大多租种汉族地主的土地，形成了与其他民族联结在一起的社会经济整体。因此，不仅不可能根据族体单位内部的共同经济联系来区分族别，相反地，我们看到的是，长期联系在一个共同经济结构中的不同族体，各自保持自己的语言、文化特点，而没有形成为一个民族体。

最后，看看共同语言的问题。有单独的语言可以作为形成单一民族的有力证据：问题是失去了固有的语言还能不能成为一个民族？

这里以畲族为例。畲族散居在5省80多个县，使用不同的语言。广东海丰、惠东及其以西的博罗、增城县的畲语属苗瑶语族瑶语支或苗语支，[①] 博罗、增城被称为畲族的群众甚至自认为是瑶族。这一现象与畲族族源有关。对于畲族的族源，虽然学术界说法不一，但大多主张畲瑶同源。史书畲瑶并称。两族有内容相同的盘瓠祖先传说。前述这部分畲族使用的畲语与苗、瑶语的亲属关系可以认为是畲瑶同源的历史现象在语言上的反映。不过，畲族中的另一部分却不使用上述这种语言。广东东部凤凰山潮安县一带与闽、浙、赣、皖的共占畲族人口99%以上的畲民使用另一种语言。这种语言近似汉语客家方言。怎样解释这一现象？历史上畲、瑶分离后，畲民于隋唐时期已住在闽、粤、赣交界的山区。唐末宋初中原地区汉族（客家人）逃避战乱大批南迁，进入此地，对畲族文化产生了强烈的影响。很有可能，畲族在宋元时期接受了客家话，并形成了自己的特点。从明代起，这部分畲族陆续向闽、浙迁徙，而上述这种语言特点就一直保留下来。这部分畲族并不因接受了客家话而丧失了自己的民族特点。他们始终保持着对始祖盘瓠的信仰，这种信仰表现在祖图、族谱、祖杖、传说、山歌、服饰、祭祀、习俗等方面，在畲族文化中占有重要的地位，对于维系和加强畲族的民族自我意识起着重要的作用。这些情况表明，畲族虽长期在汉文化的强大包围之中，深受汉人影响，甚至丧失了原有的语言，但是还保持着自己的文化特点和民族意识，始终未被汉族同化。

土家族又是一例。分布在湘鄂西和川东的土家族，居住地以汉人居多数，通用汉语，只有极少数人会讲土家话。他们的固有语言之所以能在一定范围内保存下来，是由于他们的人口比畲族多，居住相对集中一些。土家族虽然受到汉文化的深刻影响，但还保有自己的民族文化。他们自称毕

---

① 参见陈其光：《畲语在苗瑶语族中的地位》，载《语言研究》1984年第1期；毛宗武、蒙朝吉：《试论畲语的系属问题》，载《中国语言学报》1985年第2期。

兹卡，是古代巴人的后代，过去多行火葬，信白虎神，祭土王，跳摆手舞，年节习俗有自己的特点，不同于周围的汉人。类似的情况在回、满、仡佬等族中都可以见到。

以上情况说明，民族这一历史上形成的人们共同体，在漫长的发展过程中不断发生变化，可能失去了形成期具有的共同地域和经济联系，甚至丢掉了固有的语言，但如果共同的文化特点始终保留或部分地保留下来，就决定了一个民族有别于另一个民族。反之，如果失去了共同文化，将不成其为原来的民族。看来民族的文化特点比语言保持得更为牢固而持久。而只要还保留着共同的文化特点，就有维系民族自我意识的纽带。共同的文化特点是构成民族的最根本的特征。这就是说，有些待识别集团的民族文化特征很突出，但并不同时具备斯大林所强调的四个特征，而且，这些缺损的特征也不是处于"萌芽状态"或仅是一个"潜在因素"，而是在历史上曾经存在过，只是在复杂的民族过程中逐渐消失。这些事实不仅与斯大林的民族理论大相径庭，也与中国化的斯大林民族理论凿枘不合。换句话说，民族识别开始预设的理论不能覆盖和说明民族识别的事实。民族识别遇到了困难。

这里，问题的焦点是：仅仅具有"共同文化"的特征的人们共同体能不能被认作一个民族。如果遵从预设的理论，逐条对照，只能得到否定的答复，这样，我国的许多民族都够不上作为单一民族的条件。而根据民族学的理论对族体存在状况的研究分析表明，构成民族特征的，一是共同语言，二是共同文化特点（广义而言，语言也包括在文化之中）；一个民族有别于另一民族的最本质的特征是文化。我们当时充分考虑到斯大林对于"表现在共同文化上的共同心理素质"这一民族要素的论述，借鉴民族学的有关理论，决定以构成民族的最主要的特征——共同文化特点作为识别民族的标准，坚持了实事求是的科学精神。于是，一些并不同时具备四个特征的族体被确认为民族。长期以来，我们对这种处理常谦虚地以"灵活运用"予以概括；今天看来，这正是对民族识别预设理论的重大突破。

2. 民族识别对于发展民族学的启示

新中国成立以来，为了适应党和国家制定民族政策的急需，我国民族学以应用研究为中轴，在20世纪50年代先后参加了集中的民族识别和少数民族社会历史调查两次大型调查研究活动。这两次科学研究活动为党和政府制定、落实民族政策提供了必要的理论依据。在两次调查研究和50年代、60年代初民族语言调查的基础上，历时30年，整理出版了民族问题五种丛书。[①] 这部大型丛书有360多册，近5000万字。可以认为，新中国的民族学至此已完成了它第一阶段的任务。现在，民族地区的社会改革早已完成，各民族已走上健康发展的道路，民族学应当转入新的发展阶段。在新阶段将要开始之时，首先要解决的问题是为民族学在这一阶段的发展方向做出优化选择。

笔者认为，在新的发展阶段，民族学需要把注意力转向学科自身的发展逻辑，转向民族学的本体。那么，就民族学本体而言，我们应当抓住哪个中心呢？民族识别可以提供一些启示。

（1）在新的发展阶段，民族学研究中心应当由社会形态研究转向文化研究。

由前述民族识别的情况可知，民族识别最顽强的事实是，文化是区分民族最重要的标志。就是说，文化是民族的根本尺度。这一命题有两方面的含义：第一，一个人们共同体若在一定条件下历史地形成了自己相对稳定的共同文化，则可被确认为一个单一民族。第二，如果这种共同文化只属于一个民族的亚文化，则不能构成一个单一民族。这两方面含义互相补充，构成了一个完整的尺度，其中，前一方面是这一尺度的核心内容，后一方面则规定了它的下限。这里，客家人是个典型的例子。以粤、赣、闽交界的山区为中心、主要分布在南方各省的客家人，其先民是从中原地区南迁的汉人，在官方户籍册中被称为客籍，故名客家。历史上的迁徙和僻处山地的环境条件，使他们形成了既是汉族的又有自己特色的客家文化。在语言上，他们保留了古代中原汉语音韵，自宋代起形成了与北方和南方汉语均有差异的客家方言。在日常生活文化上，他们的住房采用围拢的合院形式，建筑取小型宫殿式。过去着俗称“唐装”的衣裤，男子以长衫马褂为礼服，女子喜戴穿顶竹笠，周围缝上蓝布。妇女历来不缠足，是农业生产上的主要劳动力。客家人重视祖先崇拜，建宗祠祖庙，春秋两季祭祖坟，迁移时背祖先骨骸同迁；节日有元旦、上元、二月二、清明、端午、乞巧、盂兰、中秋、重阳、冬至等；婚姻、礼俗多沿中原古时习尚，

① 五种丛书为：《中国少数民族》、《中国少数民族简史丛书》、《中国少数民族语言简志丛书》、《中国少数民族自治地方概况丛书》、《中国少数民族社会历史调查资料丛刊》。

喜舞龙、舞狮。客家人文化教育比较发达，历代涌现不少文人。客家山歌多七言四句，承传了唐诗的遗风。由于历史上客家人在迁移、定居的过程中曾与原住居民发生冲突，导致客家人内部产生一定的内聚力。侨居海外的客家人多组成社团维系客家文化，有的地方还有只许客家人之间通婚的风习，表现了地方集团意识。不过，这种意识从来没有越出自认为是汉族这个界限。客家人历来不承认自己是非汉族，曾有过被误认为非汉族而引起不满的事实。我们说客家人是汉族的组成部分，虽与其来源有关，但不取决于此，主要是由于客家的语言是汉族语言的一个支系，文化也只是汉文化下属的一种亚文化。总之，他们没有形成另一种民族的语言、文化和自我意识。

如果认为文化是民族的根本特征，那么，以民族为研究对象的民族学，其研究的中心课题应当是各民族的文化就是合乎逻辑的结论。其实，这并不是新鲜见解，在西方民族学那里，这是一种共识。民族学的学科史首先证明了这一点。民族学自诞生以来，不论哪一种学派或思潮，无不为寻求解释民族文化异同的法则而提出自己的理论，以文化为中心来建构自己的理论。在西方，早期进化学派认为，人类各文化的一致来源于人类心理的一致，各民族文化的发展遵循着从简单到复杂的法则。摩尔根则进一步把文化进化归因于生存技术的进步。传播学派用文化传播的概念取代文化发展的概念提出了“文化圈”学说，认为各民族文化很难独立发生，主要由文化高度发展的中心向外传播。历史学派反对进化学派的理论，提出了与“文化圈”类似的“文化区”概念。功能学派反对研究文化的起源和进化，主张文化是一个有机整体，应当通过对文化功能的研究看文化元素的相互作用及其与整体的关系。心理学派认为个人心理是形成民族文化的决定因素，因而主张从个人心理、行为研究民族文化模式。文化相对论提出一切文化都有同等价值，否定进步的概念。结构主义试图寻求潜在于人类深层的结构模式，用这些模式来解释文化。新进化论着重探讨文化变迁的因果关系，以技术、经济、环境为文化进化的决定因素。这一派的代表人物怀特提出用能量计算文化进化的公式；另一代表人物斯图尔德的文化生态学强调文化是适应环境的工具，他用生态适应和历史发展来区分文化类型。与此相应，西方民族学家为民族学所下的各种定义，都是以文化研究作为学科的根本课题。苏联民族学在20世纪60—70年代经历了两次大型学术讨论后，也从斯大林的民族理论模式中走出，明确提出了民族学的中心课题是研究各民族的传统日常生活文化的见解。[①]

在我国，民族学研究的根本课题是文化这一点在新中国成立前已为学术界所接受。我国民族学研究的首倡者蔡元培于1926年指出："民族学是一种考察各民族的文化而从事于记录或比较的学问。"[②] 此后，林惠祥教授在他所著《文化人类学》（商务印书馆1934年版）中也做过类似的界说。新中国成立后，主要由于在各少数民族地区进行社会改革、制定相应民族政策的需要，少数民族的社会形态一直是民族学研究的中心，被列为新中国民族学任务之一的"关于少数民族文化和生活的研究"实际上没有提上日程，民族学是研究各民族文化的学科的认识长期不再提起。当然，这里也存在长期以来我们对西方学术思想采取简单排斥态度的因素。今天，学术研究中"左"的倾向已经受到批判，少数民族地区的发展已进入新的时期，不失时机地把研究重心由社会形态研究转向文化研究乃是学科发展的必然要求。当然，对于少数民族社会结构的研究也不排除在民族学之外。

文化研究不仅是民族学研究的本位，也是当前民族地区发展的迫切需要。这是因为，第一，我国民族地区发展的特殊性在于他们传统文化的滞后效应。民主改革前，我国许多少数民族处于前资本主义社会的各阶段，与这种社会状况相适应的文化在民主改革后因文化的滞后性而存留于今天，对那里的发展起着巨大的阻滞作用。例如，一些少数民族把有限的收入大部分花费在宗教活动、喝酒或购买金银饰物上，不愿对生产增加投入；不少民族存在着以经商营利为耻的观念。在那里，发展生产、发展商品经济障碍重重。这就需要研究人们的观念、心理、价值观。因此，制定民族地区社会发展战略，建立民族地区发展的内在机制，必须有文化这一视角，必须考虑到经济、社会、政治、文化的立体发展。第二，我国少数民族交错杂居，在不同民族间的文化接触中曾发生过互相吸收、消化融合的复杂的文化过程，对于这一过程的研究，可以为各民族今后的发展提供必要的历史经验。文化研究具有重大的现实意义，它是民族地区发展决策的直接需要。

① （苏）Ю. В. 勃罗姆列伊：《民族与民族学》，第二部分第二章"关于民族学研究的对象和课题问题"，第266～293页，呼和浩特：内蒙古人民出版社，1985年。

② 《蔡元培选集·说民族学》，第255页，北京：中华书局，1959年。

可以预见，课题重心的转移将会给民族学带来深刻的变化，民族学将获得新的活力。过去，由于对民族文化的研究没有足够的重视，20 世纪 50—60 年代所做的少数民族社会历史调查着重经济方面，缺乏文化资料，因而，我国各种民族志资料的内容并不全面，而我国各民族文化又有着极为丰富的内容，因此，这是一个可以大有作为的天地。

课题重心的转移向我们提出了两点要求。第一，加强对于民族学学科史和西方民族学理论的研究。新的课题要求有与之相应的新的理论工具、概念系统。民族学课题中心转向民族文化，必然带来对于文化理论的新的需求。为此，就要加强对于民族学学科史和西方民族学理论的研究。前已述及，民族学史上的各学派、思潮的理论都是围绕着文化这个中心展开的，百余年来积累了丰富的文化理论，我们可以通过对这些理论的扬弃找到自己文化理论的生产点。第二，民族学工作者要更新自己的知识结构，改变原有的思维方式。这同样是民族文化这一新课题的要求。这一要求根植于我们对于文化的理解。自 E. B. 泰勒给文化下了经典定义之后，学者们给文化下的定义共约 160 种。不少民族学家认为，文化包括三部分，一是处于表层的物质文化，二是处于深层的精神文化，三是介于二者之间的处于中层的制度文化。从这一理解出发来看民族文化的研究，很明显，单单采用传统的参与观察法是远远不够的。为了对于文化的后两部分内容有科学的认识，还需要借助心理学、语言学等学科的理论，需要用理性思维去进行抽象。由此，就产生了对于我们研究者在知识结构、思维方式方面的新要求。我们只有实现了对于过去知识结构、思维方式的超越，方能胜任民族文化这一新的课题的研究。

课题重心的转移还使我们想到民族学的姊妹学科——民族史的研究。对于民族学课题的新的理解还会使民族史的内容结构发生相应变化。如果接受历史上形成的共同文化是民族的根本特征这一观点，那么，民族史的重要内容之一是民族共同文化发育、形成、发展、变化的历史就是必然的结论。我国民族史研究成绩卓著，所不足者，现有的民族史实际上主要是各民族的政治史、军事史，涉及民族体本身发育、发展的内容不多，特别是对其中的核心内容——共同文化的发展的研究很不充分。在对于民族根本特征的新的理解之下，对于民族史的内容结构进行调整，将把我国民族史研究推向一个新的境界。

（2）要加强民族学的理论研究。

30 年前进行的大规模的民族识别调查包含了大量的理论胚芽，积累了极具学术价值的丰富经验材料，这些都是产生理论的沃土。这些理论胚芽和经验材料所涉及的主要问题有：民族的本质特征，民族文化模式的要素及结构（这包括民族自我意识在文化模式中的结构—功能），民族文化发展、交融、流变的规律等。其中，每一方面又包括一系列更为具体的问题。但是，事实是，理论胚芽长期搁置而未获发育，经验材料只得到整理而没有经过理性思维的升华。我们失去了 30 年的时间。而在这 30 年中，苏联民族学已实现了以 этнос 理论体系对于 нация 理论体系的超越。① 这里突出地表明了我们对于民族学理论研究的忽视。究其原因，除了我国传统思维方式不重理性思辨之外，就民族学本身的情况看，主要有两点：①用马克思主义的理论代替学科理论，而且对这种理论采取了某种教条主义的态度。多年来，民族学以恩格斯的《家庭、私有制和国家的起源》等著作作为自己学科的指导理论，而且对其中的某些具体结论采取了教条主义的态度，以为理论探索的任务在他们那里已经完成，忽略了学科理论的建设。②学科传统上，我们注重搜集实地调查材料而忽视理论概括。这在民族学发展的一定阶段上具有普遍性。第二次世界大战前，民族学研究重实证材料而轻理论概括的倾向是较为普遍的。“二战”期间和战后，国外民族学有了新的发展，出现了注重理论研究的趋向，与此相应，在研究方法上，在注重田野调查的同时，普遍重视跨文化的比较研究。这一方面是

---

① 近二三十年来，苏联民族学界就民族概念、民族定义、民族特征、民族意识、民族体系等问题进行了认真而广泛的讨论。1967—1972 年曾专门组织讨论了民族概念问题，现已形成了一套比较完整的 этнос（民族）理论。这一理论试图将世界各民族的存在样式进行概括，形成一系列概念，并将这些概念构成一个有结构的概念体系。苏联民族学者认为，对于 этнос 可以用不同的标准对其进行分类。从民族机体和社会机体的关系着眼，可以从 этнос 中分出民族体 этникос 和民族社会机体 эсо。民族体相当于我们泛称的民族，即广义的民族，例如汉族，可以包括我国境内外的和历史上的汉人。苏联民族学者试图给民族体下定义，有的把语言、文化列为主要的民族特征；有的分别加上地域、民族、自我意识、心理素质、共同起源和国籍等因素。民族社会机体指一个国家范围内的民族共同体，例如我国境内的汉族，他们认为，斯大林所说的 нация 属于民族社会机体。而如果按照民族共同体所处的历史阶段来划分，нация 又属于现代类型，包括资本主义民族和社会主义民族。这样，нация 在民族共同体体系中的地位就很清楚了。可以看出，它仅仅是 этнос 中的现代类型的民族社会机体，是一个外延比较狭窄的概念，而不是我们过去所理解的广义的民族。苏联民族学界的 этнос 理论表明他们在民族共同体理论的研究上取得了重要的进展［可参见（苏）Ю. В. 勃罗姆列伊：《民族与民族学》，呼和浩特：内蒙古人民出版社，1985 年；李毅夫：《苏联民族研究理论述评》，载《民族研究》1987 年第 3 期］。

由于殖民体系崩溃使实地调查难以进行，因而转向理论研究；另一方面，也是由于逐渐认识到理论的重要性。对于后者，当代美国著名民族学家 F. 伊根在纪念民族学一百年的一篇总结性文章中做了这样的概括：“（民族学）百年史的主要变化是资料与理论的关系。最初的首要工作是搜集资料，以后日益认识到资料不能自动产生理论。”① 重视理论研究使得理论有了较快的发展。“二战”后西方民族学学派林立就是一个标志。② 由于多年来闭关锁国，我们对此一度知之甚少，这也是我们轻视理论研究的一个原因。

理论是对于经验事实的本质把握。从这一认识出发，加强理论研究具有重要意义：①этнос 实践意义。民族学要为社会实践服务，首要的一个原则是，它为社会提供的知识应当是科学的，而这就离不开理论。在这方面，反面的教训不是没有的。例如，我们在民族地区宗教政策的一些失误留下的消极后果至今还存在。这与我们对于民族心理与宗教的关系缺乏科学的认识不无关系。当前，民族地区经济社会发展迫切需要民族学理论提供自己的认识成果，我们应当听从实践的召唤，加强这方面的研究。②对学科发展的意义。大力发展民族学理论是我国民族学实现突破的前提条件。民族学理论的水平决定了民族学研究的水平，国外民族学史上具有世界影响的民族学家都有自己的理论体系。可以说，要想形成中国的民族学学派，要想使中国民族学在世界民族学之林中占有与我们这样的大国相称的地位，非要抓好学科理论的建设不可。这一点也是我国民族学在它发展的第二阶段中能否有所建树的关键。

强调民族学的研究必然会使民族学内部形成一个新的研究层次——理论研究的层次。这就涉及民族学的另一根本性问题，即学科体系问题。建立我国民族学的学科体系，是当前不少同志关注的问题，需要进行讨论。不过，有一点是显而易见的：在民族学内部，应当有经验研究和理论研究的划分。可能有人会问，我们的“民族理论”属不属于民族学的理论研究呢？我们认为，我国“民族理论”的主体部分不属于这一范畴。“民族理论”在我国有特定的含义。我国的民族理论研究除了研究民族的形成、

---

① （美）F. 伊根：《民族学与社会人类学的一百年》，载《民族译丛》1981 年第 2 期。

② 参见吴文藻：《战后西方民族学的变化》，载《中国社会科学》1982 年第 2 期；《新进化论试析》，载《民族学研究》，第七辑，第 301 页，北京：民族出版社，1981 年。

发展规律之外，它的主体内容是研究马克思列宁主义民族问题的理论体系，研究中国少数民族革命和建设中提出的重大问题，总结党和政府的民族工作经验等（见《中国大百科全书·民族卷》第329页）。显然，民族理论的主体部分属于民族学在政治领域的应用研究，这类研究主要是为党和国家制定民族政策提供理论依据，而民族学理论则属于基本理论的研究。民族理论中的非主体部分，关于民族形成、发展规律的研究，则属于民族学理论的范畴。

（原载《中国社会科学》1989年第1期）

费孝通先生对中国人类学的理论贡献

费孝通先生是享誉海内外的社会学家、人类学家、民族学家，是我国现代社会学和人类学的创始人。他毕生研究中国社会实际，在实践中提出理论。晚年在总结自己的学术生涯过程中，他的学术思想不断升华，提出的理论产生了广泛的影响。他说自己一生经历了20世纪我国社会发生深刻变化的各个时期，从农业社会到工业社会，从工业社会到信息社会。他所有的学术研究都和中国社会变化的大背景联系在一起，在研究中提出了与此密切相关的理论①。"这不是随意想出来或写出来的，是随着我所生活的这个时代里近一百年的变化的发展，从实求知所得。"②

本文从中华民族多元一体格局、文化理论、文化自觉和社区研究四个方面探讨费先生对中国人类学的理论贡献。

一、中华民族多元一体格局

1988年11月，费先生在香港中文大学的特纳（Tanner）演讲中，发表了《中华民族多元一体格局》③。1990年5月，国家民族事务委员会主办国际学术讨论会，以研讨这篇论文为主题。林耀华先生发言认为，"这篇文章的最大贡献，在于它提出并通过论证而确立了'多元一体'这个核心概念在中华民族构成格局中的重要地位，从而为我们认识中国民族和文化的总特点提供了一件有力的认识工具和理解全局的钥匙"。这个评价是深刻的、准确的。④

费先生在20世纪三四十年代就在广西金秀花蓝瑶地区、江苏吴江开弦弓村和云南三村做人类学田野调查研究。1949年以后作为中央访问团

---

① 费孝通：《新世纪　新问题　新挑战》，见：《费孝通九十新语》，第113页，重庆：重庆出版社，2005年。

② 费孝通：《从实求知录》，北京：北京大学出版社，1998年。

③ 费孝通等：《中华民族多元一体格局》，北京：中央民族学院出版社，1989年。

④ 费孝通：《中华民族研究新探索》，第9页，北京：中国社会科学出版社，1991年。

的领导成员，在西南少数民族地区访问考察，其后又领导民族识别调查和少数民族社会历史调查，九十高龄还去东北访问赫哲等族。在与各民族直接接触中认识了许多不同的人文类型，对民族研究有丰富的经验和深刻的认识。80年代初恢复工作，开始第二次学术生命，他给自己几十年来的民族研究工作做总结。这一时期费先生为研究中华民族的形成和发展做了大量的准备工作，尤其在历史学、考古学方面。后来他在《暮年自述》中寄语大家加强历史意识，使我们在看待眼前事物时，能联系上延续了几千年的中国文化，他认为“不懂得历史就不会懂得文化”。[①]“中华民族多元一体格局”是综合运用人类学、民族学、考古学、历史学、生态学、语言学等学科的知识研究中华民族的形成和发展所做出的结论。

《中华民族多元一体格局》一文“从中华民族整体出发来研究民族的形成和发展的历史及其规律”,[②] 提出了对中华民族形成的整体观点，对中华民族的构成做了高层次的理论概括。文中指出“中华民族这个词用来指现在中国疆域里具有民族认同的十一亿人民。它所包括的五十多个民族单位是多元，中华民族是一体，他们虽都称‘民族’，但层次不同”。几十个民族中又有很多民族各自包含更低一层次的“民族集团”，都在中华民族的一体格局之中。中华民族的“主流是由许许多多分散孤立存在的民族单位，经过接触、混杂、联结和融合，同时也有分裂和消亡，形成一个你来我去、我来你去，我中有你、你中有我，而又各具个性的多元统一体”。

费先生指出，“中华民族作为一个自觉的民族实体，是近百年来中国和西方列强对抗中出现的，但作为一个自在的民族实体则是几千年的历史过程中所形成的”。这是十分重要的精辟论断。汉语“民族”一词用以表示稳定的民族共同体，是在19世纪末20世纪初从日文转借过来的。[③] 孙中山提出民族主义，“强调民族意识，主要还是用来对付西方帝国主义

① 费孝通:《暮年自述》，见:《费孝通在2003》，第78页，北京：中国社会科学出版社，2005年。

② 费孝通:《暮年自述》，见:《费孝通在2003》，第118页，北京：中国社会科学出版社，2005年。

③ 林耀华:《民族学研究》，第44页，北京：中国社会科学出版社，1985年。

的”。[1] 1905年梁启超撰《历史上中国民族之观察》，认为中华民族实由多数民族混合而成。[2] 1923年梁氏在《中国历史上民族之研究》一文中说：“凡遇一他族而立刻有‘我中国人’之一观念浮于其脑际者，此人即中华民族一员也。”[3] 这已明确表现中华民族一体性的民族意识，中华民族成为一个自觉的民族实体。而作为一个自在的民族实体则是在几千年的历史过程中形成，从古代的许多民族单位经过长期的流动分合发展成今天的56个民族。论文根据丰富的历史资料和实践经验论证了中华民族作为一个自在的民族实体的形成和发展的过程。

费先生在20世纪80年代初曾就我国的民族识别问题做过总结，[4] 至20世纪末又多次论及。我们可以体会到费先生从民族识别研究到提出中华民族多元一体格局过程的一些理论思考。第一，费先生在多年的实地调查以及和众多的少数民族的直接接触中，“深深地体会到民族是一个客观而普遍存在的‘人们共同体’，是代代相传、具有亲切认同感的群体”。[5]“民族不是一个由人们出于某种需要凭空虚构的概念。”[6] 笔者根据亲身经历体会到，中华民族所包括的几十个民族是自在的民族实体，都有其来源和发展的历史，研究其民族认同，由国家承认其民族成分，正是还原历史的真实。那种认为中国的各民族只是由于政治需要而认定，或者说民族是政治体、族群是文化体等说法不符合历史发展和现实情况。费先生认为在民族识别研究中是运用了比较严格的标准的，斯大林的四个民族特征不应生硬搬套，但它启发了我们对民族理论的一系列思考，从而看到中国民族的特色，虽带有某种理论框架，又关注到中华民族关系过程的传统性和复杂性。第二，中华民族多元一体格局的理论是关于中华民族形成和发展的理论，是关于中华民族历史上以至今天的民族关系过程的概括。传统中国不是欧洲式的小公国，而是腹地广阔，中央与地方、城市与乡村、主体民

---

① 费孝通：《暮年自述》，见：《费孝通在2003》，第65页，北京：中国社会科学出版社，2005年。

② 梁启超：《饮冰室文集》（第三集），第1678页，昆明：云南教育出版社，2001年。

③ 梁启超：《饮冰室文集》（第五集），第3211页，昆明：云南教育出版社，2001年。

④ 费孝通：《关于我国民族的识别问题》，见费孝通：《民族与社会》，天津：天津人民出版社，1985年。

⑤ 费孝通：《创建一个和而不同的全球社会》，见：《费孝通九十新语》，第18页，重庆：重庆出版社，2005。

⑥ 费孝通：《从实求知录》，北京：北京大学出版社，1998年。

族与少数民族之间比较复杂而多元的文明国家，与从欧洲的小公国转变而来的民族国家有很大的不同。中华民族包括了 50 多个民族，民族多元，文化多元，不同民族之间、不同文化之间是“多元一体”、“和而不同”的关系。多元一体这个概念可以解释中华民族关系的过程，又指出在现实的国家建设中必须注意民族与民族之间、文化与文化之间的“和而不同”的关系。多元一体就是“和而不同”，“和而不同”是世界上成功的文明体系的主要特征。第三，欧洲式的民族国家体系与我们的文明体系很不相同，20 世纪末以来，民族国家及其文化的分化格局面临着如何在一个全球化的世纪中更新自己的使命。“中华民族多元一体格局”对于世界文化关系的构成有参考价值，因为世界上不论哪一种文明无不由多个族群的不同文化融会而成。事实上，一个民族一个国家的情况在世界上是凤毛麟角的。后来费先生进一步提出“文化自觉”，指的就是在全球范围内建立“和而不同”的文化关系。①

让我们从费先生笔下展开的中华民族形成和发展的过程，来体会中华民族多元一体格局的理论。

中华大地上的不同地区有不同的生态环境，“民族格局似乎总是反映着地理的生态结构”。中国大陆是人类起源的中心之一。旧石器时代人类化石和文化遗物的发现说明，从北到南，从东到西，都已有早期人类在活动。他们长期分隔，必须发展各自的文化以适应不同的自然环境。从新石器时代起，中国各地就形成了地方性的多种文化区，考古发现新石器时代文化呈多中心发展，文化系统发展不平衡。费先生据此提出“同一民族集团的人大体上总得有一定的文化上的一致性”，“新石器时期各地不同的文化区可以作为我们认识中华民族多元一体格局的起点”的重要观点。在中原地区，黄河中游和下游存在东西相对的两个文化区，中下游两大集团相结合，吸收四方优秀成分，融合而成华夏集团。夏、商、周三代是华夏集团从多元形成一体的历史进程。长江中下游也有相对的两个文化区，下游以太湖平原为中心，中游以江汉平原为中心。黄河中下游与长江中下游有密切的文化交往。文化系统发展的不平衡说明在中华民族的统一体之中存在着多层次的多元格局。华夏族团是汉族的前身。春秋战国 500 多年

① 费孝通：《新世纪 新问题 新挑战》，见：《费孝通九十新语》，第 110～113 页，重庆：重庆出版社，2005 年。

中，各地人口流动，各族文化交流，是汉族作为一个民族实体的育成时期，至秦统一天下而告一段落。汉人之称来源于汉朝，秦人或汉人是他称。汉族的形成在中华民族多元一体格局中产生了一个凝聚的核心。楚文化与中原华夏并峙，以后楚汉合并为一体。

中原地区发生农业文化，北方适于牧业，长城是划分农牧两区的地理界线，也是农业民族用来抵御牧畜民族入侵的防线。农民站于守势而牧民处于攻势。这决定于两种经济的不同性质。秦汉时代中原农业区实现统一的同时，长城以北的游牧区也为匈奴所统一。汉代击败匈奴，南北两个统一体汇合，中华民族作为一个民族实体进一步完成。北方草原上许多民族崛起，如鲜卑、柔然、突厥、铁勒、回鹘等，新疆现有的突厥语族民族如维吾尔、哈萨克、乌孜别克、塔塔尔、柯尔克孜都是早期就在这片大草原上活动过的民族的后裔。西晋末年“十六国”的20多个地方政权大多为非汉民族所建立。中原地区出现民族大混杂、大融合的局面。汉族大量吸收非汉人，犹如滚雪球越滚越大。唐宋间近五百年中，中原成为以汉族为核心的民族大熔炉。契丹人建立的辽与北宋对峙，女真人建立的金灭辽、宋。北方民族也曾建立全国性的统一政权，蒙古人建立了元朝，女真人的后裔满人建立了清朝。王朝灭亡后，大量的蒙古人和满人融合在汉族之中。

现今广泛分布于全国的回族，其起源包括7世纪中叶从海路来沿海商埠定居的蕃客，以及13世纪初蒙古人西征时，中亚信伊斯兰教各国随军进入中国的“回回军”等。他们与汉族通婚，形成回族，通用汉语，有商业传统，坚持伊斯兰教信仰。

非汉民族为汉族输入新的血液的同时，汉族也融合到其他民族之中。

中国各民族在历史上不断流动，其总趋势是北方民族南下或西进，中原民族向南移动，沿海民族入海和南北分移，向南移动又向西，越出今日国境范围。

华夏集团早在春秋战国时就向周围扩展，对当时所称的蛮夷戎狄，或“以夏变夷”，或逐出远方。费先生举东夷为例，叙述了他和潘光旦先生对东夷人发展去向的见解，值得后人关注和研究。东夷人的部分后代商人和周人一起融入华夏，费先生认为另一部分可能进入今朝鲜半岛或日本群岛，这是根据他对朝鲜族、江苏沿海居民以及广西大瑶山瑶族的体质测量资料做出的推论，得到潘先生的支持。潘先生研究认为，东夷靠西南的一支称徐或舒，是畲人的祖先。这批人向长江流域移动，进入南岭山脉的可能是瑶，从南岭山脉向东居住在闽、浙、赣山区的可能是畲，向西进入湘西和贵州山区的可能是苗。笔者在20世纪50年代就聆听过潘、费两位先生在研究室内讲述畲、瑶、苗族的来源问题，学界对这一问题有多种说法，费先生认为潘先生设想的重要性是提出了一个宏观的整体观点。费先生认为东夷中靠东的那一部分是越人的祖先，发展为吴越文化，从山东到广东的整个沿海地带曾是古越人的活动区域。现分布于西南各省的壮侗语族民族如壮、傣、侗和海南的黎族等是越人的后代，沿海的越人已融合于汉族中。

西部黄土高原、青藏高原、云贵高原和新疆，至今仍是少数民族的聚居地。中原人称西部牧民为羌，史书上羌氏连称。党项羌建立西夏国。羌人大多融合于汉人及其他民族。现今仍自认为羌人的聚居川北。藏族属于两汉时西羌人的一支，羌人在藏族形成过程中起着重要的作用，藏族在历史上是一个强大的民族。

彝族的来源有许多学者也认为是羌人。居住地山谷纵横，构成无数被高山阻隔的小区域，实际上属于同一族类的许多小集团，各有自称，也被他族看成不同的民族单位。元代曾有统一的名称罗罗。各地彝族社会发展不平衡，偏僻的山区如四川凉山长期保持奴隶制度。

云贵高原有六种民族集团。一是南部及西南边境的壮侗语族民族；二是北方迁来的彝语系统民族如哈尼、纳西、傈僳、拉祜、基诺等；三是土著如仡佬、仫佬族；四是历代汉语移民；五是各种人的混血；六是南亚语系民族如佤、德昂、布朗等。曾在今川东、陕南和两湖地区活动的巴人是今土家族的先民。

中华民族多元一体格局的形成是逐步完成的。汉族凝聚为特大的核心，向四方扩展，通过屯垦移民和通商在少数民族地区形成一个点线结合的网络，把各民族串联在一起，形成了中华民族自在的实体，并取得大一统的格局。民族融合，主要出于社会和经济的需要。而汉族凝聚力的形成，其农业经济是一个主要因素。在中华民族的统一体中存在着多层次的多元格局，各个层次的多元关系又存在着分分合合的动态和分而未裂、融而未合的多种情状。瞻望前途，费先生强调，经济越发展，越是现代化，各民族凭各自的优势去发展民族特点的机会越大，各民族团结互助共同繁荣，将继续在多元一体的格局中发展到更高的层次。

二、文化理论

费先生毕生研究社会学、人类学。社会学研究人在群体中的生活，人类学研究人在群体生活中创制的文化。在九十高龄前后他写出了一系列总结性的有很高学术水平的文章，这是费先生70年来在中国建立和发展现代人类学社会学的学术总结。其中着重表述了对文化的思考，一方面阐述他的人类学文化理论，另一方面是提出“文化自觉”概念，在经济全球一体化以后，文化进一步接触交融，文化传统不同的人们如何形成一个和平共处的世界秩序，中华文化如何与不同文化相处。本节重点探讨前者，在理解文化的基础上，下一节专论“文化自觉”。

费先生早年在燕京大学学习社会学。吴文藻先生提出了“社会学中国化”的主张，认为研究工作必须从中国的实际出发。当时中国社会学的主流是吸收西方的社会学，费先生抱着了解中国社会、解决中国社会问题的愿望，追随吴文藻，立志用人类学的方法来研究中国社会。在长达大半个世纪的岁月中，他将社会学和人类学密切结合，用人类学的基本概念和基本理论、实地研究的方法研究当代中国社会的变化，探究文化的实质。

费孝通先生指出“人类学是研究文化的”，[①]“人类学者是不同文化的解说者”。[②] 文化是什么？据笔者了解，对文化的解释或称为某某文化的词组不下几百种。研究文化的并非只有人类学，但人类学提出了自己的一套文化理论。费先生说：“在人类学的概念里，‘文化’指的是一个民族或群体共有的生活方式和观念体系的总体，而民族或群体是可大可小的。”[③] 文化“是共同生活的人群在长期的历史当中逐渐形成并高度认同的民族经验，包括政治、文化、意识形态、价值观念、伦理准则、社会理

① 费孝通：《重建社会学与人类学经过的回顾和体会》，见费孝通：《师承·补课·治学》，第252页，北京：三联书店，2002年。

② 费孝通：《人的研究在中国》，见：《学术自述与反思：费孝通学术文集》，北京：三联书店，1998年。

③ 费孝通：《人类学与21世纪》，见：《费孝通九十新语》，第164页，重庆：重庆出版社，2005年。

想、生活习惯、各种制度等等”。[1] 各民族的文化都有自己的特点，民族特点是一个民族在历史过程中形成的，适应其具体的物质和社会条件的特点。[2] 民族文化又是变化的，不能满足于描述静态的本土性的最初的文化。文化的变迁应该成为以后人类学研究的主题。[3] 当前最大的实际，就是人类社会从20世纪向21世纪过渡时期的文化变迁。

费先生推崇功能论，在研究中发展了功能派文化理论。从重读导师马林诺斯基所著《文化论》的体会论文化研究，[4] 认为马林诺斯基总结出的文化四个方面，包括物资设备、精神文化、语言和社会组织，就是文化的总体，可称之为人文世界。文化包括这四个方面的说法就是文化的整体论。马氏的整个文化论就在说明各个民族的文化尽管千差万别，但在本质上是一致的。1998年他在《读马林诺斯基“文化动态论”的体会》的讲演中提出：“我觉得人类学也好，社会学也好，从一开始，就是要认识文化，认识社会。这个认识的起点是认识自己。”

人类学研究人、社会和文化，它们之间的关系，它们和自然的关系。费先生一再对人和自然的关系、人和文化的关系、文化和生物的关系、人的生物性和社会性、文化的历史性和社会性等问题做深入的研究和阐述。他强调，人是自然的一部分，而不是与自然相对立的。与那些将人文世界和自然世界相对立的观点不同，马林诺斯基把文化作为物质、社会和精神的结合体的基本看法，将文化和自然的联结处填实了。但他的文化论功能说过分强调了生物的需要，用需要论来解释文化。在《个人、群体、社会》一文中，费先生谈到他1946年写的《生育制度》一书，“否定家庭、婚姻、亲属等生育制度是人们用来满足生物基础上性的需要的社会手段。相反，社会通过这些制度来限制人们满足生物需要的方式”。潘光旦先生作了题为《派与汇》的长篇代序，指出该书固然不失一家之言，但忽视

① 费孝通：《进入21世纪时的回顾和前瞻》，见：《费孝通九十新语》，第176页，重庆：重庆出版社，2005年。

② 费孝通：《创建一个和而不同的全球社会》，见：《费孝通九十新语》，第121页，重庆：重庆出版社，2005。

③ 费孝通：《创建一个和而不同的全球社会》，见：《费孝通九十新语》，第122页，重庆：重庆出版社，2005。

④ 费孝通：《从马林诺斯基老师学习文化论的体会》，见费孝通：《师承·补课·治学》，第122～175页，北京：三联书店，2002年。

了生物个人对社会文化的作用，所以偏而不全，未能允执其中。费先生接受了潘先生提出的中和位育的新人文思想，认为潘先生把生物人和社会结合了起来，回到人是本位文化是手段的根本观点，说明文化不仅可以用来满足生物的需要，而且可以用来限制人的生物需要。这就在文化和生物的关系上推进了一步。

文化如何传承？费先生从人的生物性和社会性、文化的历史性和社会性方面来讲这个问题，比先前西方学者关于集体表象、濡化等的解释大大发展了一步。文化是人类特有、世代相传的。因为人类有社会，个人之间可以相通，能够形成共识，这个共识可以代代相传，成为可以积累的文化。人作为生物人聚群而居，在群体中凭其共识相互利用模仿谋生的手段以维持生命，从生物人变成社会人。作为一个生物人，一离开母体后就开始在社会中依靠前人创造的文化获得生活，接受一套已先于他存在的文化体系，逐渐变成社会人。这个社会的文化内容是社会人共同的集体创作，他们一点一滴地在生活中积累经验，其中每一个创新成分为社会所接受，就成为集体的和不朽的文化。这是文化的社会性，文化起作用是基于人的社会性。生物人的生命参差不齐（社会继替的差序格局），生死有先后，但生者与死者有共同的文化联系，这使得生物人所创造的文化，包括群体的社会组织和制度，可以持续往下代传递。个人生命短促，而文化却传承久远。人的繁殖不仅是生物体的繁殖，也是文化的继替。这是文化具有的历史性。文化的历史性是广义的，不仅具体的知识和技能是在历史的长河中积累传承，更深层、更抽象的东西如认识问题的方法、思想方式、人生态度等，也同样随文化传承。①

费先生将中国传统文化研究与人类学研究相结合，从而推进了他的人类学理论研究。他早年的论著显示了他这一辈学者的国学基础，《乡土中国》是研究中国基层传统社会的典范，尽管他总是谦称自己根底浅，至晚年还勤于补课。他回顾20世纪初中国知识分子关于东西方文化的论争，着重剖析东西方文化对于“人”和“自然”的关系的理解；指出“问题的核心是：我们把人和人之外的世界观视为一种对立的、分庭抗礼的、冲

① 费孝通：《文化论中人与自然关系的再认识》《对文化的历史性和社会性思考》《试谈扩展社会学的传统界限》，见：《费孝通九十新语》，第189～197、276～289、254～275页，重庆：重庆出版社，2005年。

突的关系，还是一种协调的、互相拥有的、连续的、顺序的关系。对这一问题不同的回答，反映出人类不同文化、不同文明中世界观深刻的差异”。西方文化中“人”和“自然”是二分的、对立的理念，文化被理解为人改造自然世界的成就，主张物尽其用，征服自然，强调利己，这是“天人对立”宇宙观的基础。而中国的天人合一观认为，“人”和“自然”是合一的，作为人类存在方式的“社会”，也是“自然”的一种表现形式，是和“自然”合一的。人的生物性属于人的“自然属性”的一部分，和人的社会性融为一体，二者互相兼容和包容。社会和自然不是两个二分的概念，更不是相互对立的，而是同一事物的不同方面。人是自然界演化的一个过程和结果，社会、人文也是自然界的一部分。人文的活动只能适应自然的规律，不可能与自然法则相对抗。东方文化强调克己、协调、共处、和为贵，这种文化传统成为天人合一观的哲学基础。[①]

笔者回忆起2000年7月在北京召开的国际人类学与民族学联合会中期会议上，前美国人类学学会会长高斯密（Walter Goldschmidt）作为会议嘉宾与费先生一起坐在主席台上。高斯密在大会上做了题为《人类学学科的一体性》的发言，从D. 弗里曼的《米德与萨摩亚人的青春期》一书对M. 米德的否定，谈到人类的社会行为决定于生物学因素还是文化因素时，他认为“人的本质就是有文化”这句老话不能说服人，必须看到生物的和文化的因素如何相协调，生物的继承如何接入文化继承之中，这一转换的界限在何处，两种力量如何互动，这一独特的二分体（duality）是如何发生的，他们各自对人类行为的悟性起什么作用。人类学家在探讨这一问题时有独特的作用，应该明确表达自己的“科学哲学”。笔者在学习中体会到，费先生根据中国的天人合一的宇宙观，从理论上说清楚了人、自然、社会和文化的关系，人的生物性和社会性及其相互关系，文化的社会性和历史性等问题，对高斯密所提出的问题做了明确的回答。

《社会学还应研究些什么》（或称《试谈扩展社会学的传统界限》）一文，是费先生于2003年10月写的重要文章，他为社会学、人类学学科今后的发展指出方向。笔者已在前面引述其中要义。费先生研究文化从生

---

① 费孝通：《文化论中人与自然关系的再认识》《对文化的历史性和社会性思考》《试谈扩展社会学的传统界限》，见：《费孝通九十新语》，第189～197、276～289、254～275页，重庆：重庆出版社，2005年。

态领域进入心态领域，提出关于深入开展对人的精神世界和人际关系研究的建议，把文化研究引向深入。要更全面地认识人的属性，研究人的特殊性，“精神世界”是把人和其他生物区别开来的特殊存在物，它在纷繁复杂的社会现象中具有某种决定性的作用。但不是简单地用还原论的解释方式，用“非精神”的经济、政治、文化、心理等各种机制去解释。要特别着重人际关系互动过程中的“意会”的部分。在每个文化中的这些“意会”部分，真正弥散在日常生活中的文化因素，常常是一种活生生、强大的文化力量，它对一个社会的作用，经常是决定性的。比如在一些欠发达地区，人们的风俗习惯、价值观念与发达地区有很大差异，这实际上常常是构成社会经济发展差异的原因。人类学中所指的“仪式”“象征”，在一种文明、一种文化里起着很重要的作用，甚至是生死攸关的作用。尽管人类学界一直涉及这方面的研究，但没有集中力量探索，难有突破性的成就，大多是一种描述性的解释。费先生还提出从人的角度研究作为主体的我、“讲不清楚的我”，以及作为中国文化传统中的“心”的概念等问题。

费先生有几篇文章记述了对他的导师、俄国著名人类学家史禄国（S. M. Shirokogoroff）的回忆，其中谈到史禄国对通古斯人社会文化中的萨满信仰的研究，史氏认为这是一种在社会生活里积累形成的生理、心理的文化表现。费先生感受到史氏的理论宽阔、广博、深奥，说“他在理论上的贡献也许就在把生物现象接上社会和文化现象，突破人类的精神领域，再从宗教信仰进入现在所谓意识形态和精神境界。这样一以贯之地把人之所以为人，全部放进自然现象之中，作为理性思考的对象，建立一门名副其实的人类学”。尽管费先生表示这样总结史氏的理论不免冒失、草率，但实际上也表达了他自己在进行着的理论探索。[①]

三、文化自觉

费先生明确提出“文化自觉”是在1997年，其后多次阐述，他的思想不断发展，使“文化自觉”成为有深邃内涵的概念。“我呼吁文化自

① 费孝通：《人不知而不愠》，见：《学术自述与反思：费孝通学术文集》，第239页，北京：生活·读书·新知三联书店，1986年。

觉，希望大家能致力于我们中国社会和文化的科学反思，用实证主义的态度、实事求是的精神来认识我们有悠久历史的中国社会和文化”，“文化自觉是一个艰巨的过程，首先要认识自己的文化，理解所接触到的多种文化，才有条件在这个已经在形成中的多元文化的世界里确立自己的位置，经过自主的适应，和其他文化一起，取长补短，共同建立一个有共同认可的基本秩序和一套各种文化能和平共处、各舒所长、联手发展的共处守则”。[①]

我们今天面临的是全球经济一体化，民族、文化多元化的世界。费先生指出，人在发挥它生物遗传的底子上创造的人文世界，因处境不同存在着各种不同的选择，所以不同民族在社会文化上有差别，这种差别是客观存在的。今天文化交往复杂化了，但文化差异并没有消失。在经济全球化和文化差异双重发展的情况下，人类应如何和平共处？“文化自觉”的提出表达了当前思想界对经济全球化的反应，是世界各地多种文化接触中引起人类心态的迫切要求。

美国哈佛大学教授S. 亨廷顿在1996年出版了《文明的冲突与世界秩序的重建》一书，认为“冷战”之后，形成了多极和多文化的世界，世界格局的决定因素表现为七大或八大文明（中华文明、日本文明、印度文明、伊斯兰文明、西方文明、东正教文明、拉丁美洲文明和可能存在的非洲文明）。冲突的基本根源不再是意识形态，而是文化方面的差异，“在正在来临的时代，文明的冲突是对世界和平的最大威胁”。我国著名学者李慎之先生指出亨廷顿的观点代表着一种深刻的恐惧，而恐惧会产生仇恨，仇恨又能孕育战争。[②] 费先生曾多次批判亨廷顿的观点，说这套文明冲突论可以和以美国为首的北约在科索沃的狂轰滥炸相联系。从这里也可以看到中西文化区别的深层次问题，他们讲冲突和霸权；我们对文化的看法所代表的方向是进入“道德”层面，讲中和位育，做到不同民族之间和国家之间、不同文化之间的“和而不同”的和平共处。

人类学界都知道费先生的十六个字的名言。1990 年在东京，中外学

---

① 费孝通：《反思对话文化自觉》，见马戎、周星：《田野工作与文化自觉》，北京：群言出版社，1998 年。

② （美）塞缪尔·亨廷顿：《文明的冲突与世界秩序的重建》，周期等译，第 372、429 页，北京：新华出版社，2002 年。

者们庆祝费先生80寿辰的聚会上，他瞻望人类学的前途，说了“各美其美，美人之美，美美与共，天下大同”这句话。后来解释说十六个字也就是文化自觉历程的概括。

“各美其美”，就是对各自的文化有自知之明，明白它的来历、形成过程、特色和趋向，欣赏自己的文化传统。“美人之美”，就是在合作共存时能够以开阔的视角，超越自己文化固有的思维模式，来深入观察和领悟其他族群的文化和文明。“美美与共，天下大同”，是说不同人群、多种文化互相接触，在人文价值观上取得共识，促使不同的人文类型和平共处和发展，相互理解，相互宽容，在沟通中取长补短，达到“和而不同”的世界文化一体。①

费先生着重提出，“文化自觉”的含义应该包括对自身文明和他人文明的反思。中华民族过去长期遭受屈辱，不断奋起抗争，如今昂首屹立于世，国际地位不断提高，尤须加强文化自觉的反思。在探索全球化和不同文明之间的关系时，中华民族的“多元一体格局”能够提供借鉴。中华文化长盛不衰，历史脉络从未中断，为各文明古国所仅有，其重要原因之一在于它的多元一体，在中华文明中可以处处体会到那种多样和统一的辩证关系。文化自觉就是要认识中国文化的基础，“和而不同是中国文化的核心”，中华民族多元一体就是“和而不同”，承认不同，但是要“和”，“和而不同”就是人类共同生存的基本条件。与西方的“天人对立论”不同，中国文化讲“天人合一”、“中庸之道”。“中和位育”代表了儒家文化的精髓。费先生引述潘光旦先生对“中和位育”的论述。潘先生从20世纪20年代起就联系中国传统文化观阐述中和位育的概念，称之为新人文思想。1932年他在《“位育”?》② 一文中这样解释“位育”：“《中庸》上说：‘致中和，天地位焉，万物育焉。’有一位学者下注脚说：‘位者，安其所也；育者，遂其生也。’所以‘安所遂生’，不妨叫作‘位育’。”又说：“《中庸》在介绍性、道、教三大本体之后，不久便说到，中为天下之大本，和为天下之达道，而实践中和的结果，便是天地位而万物育，

---

① 费孝通：《重建社会学与人类学经过的回顾和体会》，见费孝通：《师承·补课·治学》，第360～361页，北京：生活·读书·新知三联书店，2002年。

② 潘光旦：《“位育”?》，见潘乃谷、潘乃和：《潘光旦选集》（第四卷），第425页，北京：光明日报出版社，1999年。

便是一切能安所而遂生。”[①] 也就是说在人与自然、历史和社会中找到适合人的位子。费先生解释潘先生阐发的“位育论”时说，位即秩序，育即进步，在全球性的大社会中要使人人能安其所、遂其生，就不仅是个共存的秩序而且也是个共荣的秩序，“中和”的观念在文化上表现为文化宽容和文化共享。1939 年潘先生在《演化论与几个当代的问题》一文中讲西化如何接受时，指出第一要了解中国所以为物体的特质是什么，是指中国民族与文化的一切现状与造成此现状的生物与史地因素。第二要了解世界所以为环境的物质又是一些什么，这指的大部分是西洋各民族文化的一切现状与造诣与所以有此现状与造诣的生物与史地因缘。潘乃谷教授在《潘光旦释“位育”》一文中指出：“面对 21 世纪的跨文化对话，费孝通教授提出‘文化自觉’的论点，正是在新的历史条件下所寻求之民族位育之道。”[②] 笔者深深体会到，基于中国传统文化的“天人合一观”、“和而不同”的理念，费先生提出的“文化自觉”理论，就是要在全球范围内建立一体格局，实行和确立“和而不同”的文化关系。这对于促进全球化时代不同文化的和平共处、构建和谐社会与和谐世界，有着深远的世界性的意义。这是费先生的文化理论，也是中国人类学理论对世界人类学的重要贡献。

费先生在论述“文化自觉”的过程中，一再提醒人类学者要承担自己的历史责任。“在 21 世纪，随着文化交往的复杂尽人皆知，随着全球化和文化差异的双重发展，研究文化的人类学学科必然会引起人们的广泛关注。”“这门学科承担着为人类了解自身的文化、认识世界其他民族的文化及为探索不同文化之间的相处之道提供知识和见解的使命。”他用“和而不同”来表达对未来中国人类学的期待。[③] 笔者深感，以研究文化为己任的人类学，研究和解说世界不同文化的人类学者，能够而且必须在应有的位置上发挥自身所长。目前，人类学及其文化理论还未得到普遍了

---

① 潘光旦：《说“文以载道”》，见潘乃穆、潘乃和：《潘光旦文集》（第 5 卷），北京：北京大学出版社，1997 年。

② 潘乃谷：《潘光旦释“位育”》，见陈理等：《潘光旦先生百年诞辰纪念文集》，第 245 页，北京：中央民族大学出版社，2000 年。

③ 费孝通：《人不知而不愠》，见：《学术自述与反思：费孝通学术文集》，第 239 页，北京：生活·读书·新知三联书店，1986 年；费孝通：《反思对话文化自觉》，见马戎、周星：《田野工作与文化自觉》，北京：群言出版社，1998 年。

解，有的仅仅把田野调查认作人类学的身份标志，中国人类学的学科建设还任重道远。

四、社区研究

社会学和人类学都进行社区研究。人类学主要以现代微型社区为研究对象，吴文藻先生认为社会学引进人类学方法可以深化对中国社会文化的理解。社会学学科引进人类学方法是社会学中国学派的重要特色之一。费先生说他一生做了两篇文章，一是民族研究，二是农村经济和社会变迁，在社区研究领域上是农村调查、小城镇研究并向区域经济发展扩展。他一生的目标是要科学地认识中国社会，认为实地调查具体社区里的人们生活是认识社会的入门之道。他把这一信念付诸实践，坚持不懈，一直到老年，还不辞辛劳，行行重行行，走遍祖国的东南西北，深入实际进行调研。他用一生的实践对社区研究、实地调查的理论方法做出了重要的贡献。这一节偏重人类学研究方面，主要叙述类型比较法。

20 世纪 30 年代，费先生研究广西花蓝瑶社会；[①] 又在江苏省吴江县开弦弓村做调查，写出《江村经济》，被赞誉为人类学实地调查和理论工作发展中的里程碑，使人类学研究从过去对“未开化状态”的研究进入研究“文明人”的时代，为国际人类学开辟了一个民族研究自己民族的人民的新方向。[②] 有人评价《江村经济》为功能分析或是系统结构分析做出了一个标本。费先生同意这是微型社区研究的样本，社区研究方法能够表达人类社会结构内部的系统性和它本身的完整性，但他不满足于这样的研究，他要了解中国社会，江村只是一个起点。《江村经济》提出了一系列有概括性的理论问题，但这些见解能否成立，单靠一个个案的材料是不足为据的。《江村经济》发表以后，其他学者提出两方面的问题，一是以自己社会为研究对象是否可取；二是个别社区的微型研究能否概括中国国情。[③] 英国著名人类学家利奇（Edmund Leach）也提出了这样的问题。费

① 王同惠：《花蓝瑶社会组织》，北京：商务印书馆，1936 年。

② 费孝通：《江村经济》，戴可景译，马林诺斯基序，南京：江苏人民出版社，1986 年。

③ 潘乃谷：《但开风气不为师——费孝通学科建设思想访谈》，见潘乃谷、马戎：《社区研究与社会发展》，第 55、58 页，天津：天津人民出版社，1996 年。

先生在《人的研究在中国》中对他的同窗做了详细的回答。[①] 马林诺斯基认为，自我认识是最难获得的，研究自己人民的人类学是实地调查工作者最艰巨的任务，但也是最有价值的成就。[②] 第二个问题是一个重要的方法论的问题。费先生从实际研究工作中探索一个从个别逐步进入一般的方法，认为有了一个例如江村的具体社区作标本，再去观察条件相同和相近的其他社区，进行比较分析，把相同和相近的归在一起，把它们和不同的和相远的区别开来，就出现不同的类型或模式。通过微型研究累积各种类型，这样由点到面，由局部接近全体，接近认识中国农村的基本面貌，可称之为类型比较法。[③]

费先生于1938年年底从伦敦留学归来后到昆明，两周以后即投入田野调查，因日本大轰炸迁到呈贡县，租用魁星阁为研究室研究基地，由费先生主持工作。被称为魁阁的一群年轻人在十分艰苦的条件下进行田野调查研究，他们日后成为我国人类学、社会学的著名学者。后来出版的费孝通、张之毅著《云南三村》一书，包括禄村农田、易村手工业及玉村农业和商业三个调查报告，从中可以看到与沿海农村不同的内地农村。江村代表着受现代工商业影响较深的东南沿海农村社区型式。禄村几乎完全靠土地维持生计。易村是一个以手工业为基础的村子。玉村是个商品性菜园村。作者应用类型比较的研究方法，“从江村到禄村，从禄村到易村，再从易村到玉村，都是有的放矢地去找研究对象，进行观察、分析和比较，用来解决一些已提出的问题。换一句话，这就是理论和实际相结合的研究方法”[④]。

20世纪80年代，乡镇经济大发展，费先生的社区研究领域从农村扩大到小城镇，提出“小城镇，大问题”等题目，在小城镇和乡镇企业的研究中，提出了经济模式的概念。经济模式是指在一定地区、一定历史条件下，具有特色的经济发展过程。与其他不同经济模式做了比较研究，提出了苏南模式、温州模式、珠江模式等。“苏南模式”是从人民公社社队企业变成乡镇企业的；“温州模式”主要是家庭企业，属个体所有制；

---

① 费孝通：《人的研究在中国》，见：《学术自述与反思：费孝通学术文集》，北京：生活·读书·新知三联书店，1998年。

② 费孝通：《江村经济》，戴可景译，马林诺斯基序，南京：江苏人民出版社，1986年。

③ 费孝通、张之毅：《云南三村》，第7页，北京：社会科学文献出版社，2006年。

④ 费孝通、张之毅：《云南三村》，第6页，北京：社会科学文献出版社，2006年。

"珠江模式"是吸引外资以外地力量在当地农村自愿接受的条件下输入的企业。费先生进一步开展区域发展的研究。他根据自己的研究所得，向中央提出了有重大战略意义的建议，如珠江三角洲、长江三角洲、环渤海经济区和浦东开发建议，黄河上游多民族经济开发区、大西北、大西南经济发展建议等，受到高度重视，为国家制定政策所采纳。

就社区研究的理论方法而言，费先生做过这样的评价："模式作为一个概念我认为在一定意义上充实了社会人类学田野工作的方法论，而且适应了社会人类学当前发展形势的需要。我相信在实践中我是能取得解决难题的方法、概念和理论的。模式作为一个研究人文世界方法论上的概念，我是在过去半个多世纪的学术实践中逐步取得的。"①

人类学方法的运用，还须与社会学方法相结合。费先生说他喜欢社会学和人类学融合的方法。比如做典型分析就要用定性分析和定量分析相结合的方法。先用人类学直接观察方法做好小社区内的微型调查，进行不同类型的定性分析，在这个基础上，结合社会学的问卷调查方法，进行问卷分析，解决量的问题。定量分析绝不能离开定性分析，定性在前，定量在后，在定量里找出了问题再促进定性。

五、"花开君子兰"②

笔者对费先生的人类学理论理解不深，以上的诠释还远远不够。阅读先生论著，每每掩卷沉思，它们使我明白，为什么先生为国为民奋斗终生，虽历经坎坷而犹未悔。

从20世纪50年代初开始，有幸受到先生的长期教诲，我感触最深的有这样几点：

第一，先生立志认识中国社会，志在富民。他要科学地去认识中国社会，认为对中国社会的正确认识是解决怎样建设中国这个问题的必要前提，学人类学是想学习到一些认识中国社会的观点和方法。他反对为学术而学术，他进行学术研究是为了解决中国的社会问题，因此能够做到

---

① 潘乃谷：《但开风气不为师——费孝通学科建设思想访谈》，见潘乃谷、马戎：《社区研究与社会发展》，第58页，天津：天津人民出版社，1996年。

② 费孝通诗："瓯海驰骋千里还，天台雁荡送我归，有情应怜书生去，临别花开君子兰。"

“脚踏实地，胸怀全局，志在富民，皓首不移”。

第二，先生写了两篇大文章，一是农村，二是民族，都是采取理论和实际相结合的方法，到现实生活中去调查，从微观研究到宏观研究，从实践中提出理论。他善于抓住来自社会实践的发展提出的研究课题，敏锐地捕捉到中国社会的新变化，出主意，想办法，不断地向中央提出强国富民的良策和重大建议，做出重要贡献。

第三，先生毕生笔耕不辍，年逾九十仍自觉头脑还能思考问题，还在考虑自己在生命结束之前能够做些什么，人类学需要他研究哪些课题。他还想到了许多，可惜来不及留下了。他不断地思考，在研究中通过归纳、总结、提高，上升到理论的思考。笔者常向先生请教，为什么他总是能够提出创新的思想，先生总是意味深长地叮嘱“要思考，要去想”。

第四，读先生的书，在先生的领导下工作，“文革”时期同在中央民族学院干校种棉花，同在食堂劳动，感受到先生宽宏的气度、坦荡的胸怀。先生天赋超人，才思敏捷，文章生动明晰，极富文采，深为我辈弟子所景仰。

先生对中国人类学理论所做的贡献将载入世界人类学的宝库之中。

（原载《中央民族大学学报（哲学社会科学版）》2007年第4期）

图腾的意义

——读列维－斯特劳斯《今日图腾制度》

图腾制度是人类学研究的古老而复杂的问题。西方和中国的学者对图腾问题做过不少研究，就图腾的意义发表了各种见解。其中，杰出的法国人类学家列维－斯特劳斯在《今日图腾制度》一书中提出的结构主义图腾观最为引人注目，他使用的结构分析方法不易为人所理解。本文仅根据自己的领会就此作一些阐释，并略作评论。

一

有关图腾制度的理论，在列维－斯特劳斯之前，人类学者们已发表过许多看法。存在图腾的民族群体分布在世界许多地区，在澳大利亚土著及北美印第安人中最为流行，提供的资料成为研究者的重要依据。

图腾的名称，最早见于英国商人、印第安语翻译者朗格（J. K. Long）1791年出版的记述北美印第安人社会生活的游记。[①] 图腾（Totem）一词是奥吉布瓦印第安人的方言，往往读作“多丹”（Dodaim），作者认为图腾是宗教信仰的一种。E. B. 泰勒说，朗格把奥吉布瓦人部落中的动物图腾与守护神相混淆了，图腾在不同文化中有不同的作用。L. H. 摩尔根在叙述奥吉布瓦人的氏族时说“图腾指一个氏族的标志或图徽”，“斯库尔克拉夫特便根据这个词而使用‘图腾制度’这一术语来表示氏族组织，倘若我们在拉丁语和希腊语中都找不到一个术语来表达这种历史上已经出现过的制度的一切特征和性质，那么，‘图腾制度’一词也是完全可以接受的”[②]。摩尔根主要研究易洛魁人和北美其他部落的氏族制度，他们大

---

① J. K. Long, The Voyages and Travels of an Indian Interpreter and Trader (1791), Chicago, 1922.

② （美）L. H. 摩尔根：《古代社会》（上册），杨东莼译，第162页，北京：商务印书馆，1977年。

多数都有以动物为名的若干氏族。

J. F. 麦克伦南 1869 年发表的《动植物崇拜》，认为史前的图腾时期，动植物等被认为是众神，后来才有人神。1871 年，泰勒在《原始文化》中认为，图腾崇拜是祖先崇拜的一种特例。他的《图腾崇拜评述》（1889 年）一书指出，存在着有氏族图腾崇拜的外婚制部落，以及没有图腾崇拜而有与社会群体无关的动植物崇拜的外婚制部落，“也许，外婚制最初与图腾崇拜可能无关，但在四分之三的地球上，两者常紧密结合。这表明，图腾在迅速巩固氏族以及在更大的部落范围内联合诸氏族等方面发挥了古老而又强有力的作用”。泰勒认为，真正的图腾崇拜是外婚制群体与有着相关宗教仪式的动植物崇拜两者之间的关系。

1910 年，J. G. 弗雷泽发表了《图腾制与外婚制》四卷本巨著，认为同一图腾部落的成员相信自己是由图腾所繁衍，有同一血缘，禁止捕杀或食用图腾动物。图腾是一种宗教信仰，也是一种社会结构，图腾制与外婚制紧密相连。同一年 A. 戈登卫塞在《图腾主义：一个分析性的研究》中，提出图腾制并非处处一样，各地差异很大，存在氏族组织、以动植物作为氏族标志或名称、氏族与动物之关系的信仰这三种现象，只在极少的情况下是一致的。列维–斯特劳斯说戈登卫塞援用以前关于图腾制的社会面和宗教面之区分，但其研究证明其中宗教成分很淡薄。

E. 涂尔干 1898 年发表的《乱伦禁忌及其起源》，说“图腾起初产生于氏族”，图腾团体氏族实行外婚制，外婚制是乱伦禁忌的最初形式。[①] 涂尔干和 M. 莫斯合写的题为《原始分类》（1903 年）的重要文章，根据澳大利亚土著和北美印第安人等资料研究人类古老的分类体系，提出了分类观念这一个有着十分重要意义的问题，指出澳大利亚人的图腾制度将整个宇宙的事物划分到各个部落分支，这种分类是依据氏族来划分的，最初的事物分类就是人的分类，人的分类起源于社会，而不是人类心灵天生就包含有整个分类基本框架的原形。[②] 涂尔干的《宗教生活的基本形式》（1913 年）第二卷研究图腾信仰，第三章以“图腾的宇宙论体系与类的观

---

① （法）爱弥尔·涂尔干：《乱伦禁忌及其起源》，付德根等译，上海：上海人民出版社，2003 年。

② （法）爱弥尔·涂尔干、马塞尔·莫斯：《原始分类》，付德根等译，第 8、89 页，上海：上海人民出版社，2000 年。

念”为题，重申自然物种被划入不同氏族和图腾的事实，认为这种分类最基本的依据可能是两个胞族，于是事物一开始就被分为两支，而当分类简化到只有两个类别时，这两个类别就必然要被设想成是彼此对立的，“这种思考世界的方式与整个图腾体系紧密相连”，“类别观念是人构想出来的思维工具”。[①] 并认为图腾制度“这种宗教和以氏族为基础的社会组织不可分割”，二者相互包含；图腾是一个物种而不是个体，图腾名字和标记取自动植物，尤其是动物，因为它们是氏族成员最接近、最常打交道的东西；图腾是一个符号，是图腾本原或神的外在可见形式，也是氏族的符号和旗帜，图腾标志是宗教生活的最首要来源，图腾制度产生的条件表露出它们自身的宗教性质，宗教的起源是社会，图腾本原是氏族本身。由此得出了图腾制度是宗教生活的最原始形式的结论。[②] 泰勒在这之前就发表的文章曾表示，“我试图反驳的，是几乎把图腾当作宗教基础来看待的做法”，但涂尔干在批判泰勒的泛灵论是最原始的宗教形式时，并没有对泰勒的这一看法做出回应。

S. 弗洛伊德的《图腾与禁忌》（1913 年）一书提出精神分析研究发现图腾动物事实上是一种父亲影像的替代，或者说图腾是一种父亲的替代物，因而禁杀图腾和禁止与同一群体成员有性关系是图腾观的两个主要禁忌，他的图腾观认为，可以把图腾作为一种宗教、信仰和仪式而不是社会制度本身来讨论，进而提出宗教起源是基于禁止屠杀图腾动物。[③]

F. 博厄斯 1916 年写的《图腾制度的起源》一文，不同意弗雷泽和涂尔干的观点，不赞成用进化论的比较方法作推论，说“图腾制度是这样一种问题，这种概念上的统一是主观的而不是客观的”，“图腾制度是一种人为的东西，不是自然的”，“可以推想外婚制十分久远”，“图腾制是外婚制产生的条件”，“一个部落的社会分割，其区分标志的类同是一种

---

① （法）爱弥尔·涂尔干：《宗教生活的基本形式》，付德根等译，第 192、194 页，上海：上海人民出版社，1999 年。

② （法）爱弥尔·涂尔干：《宗教生活的基本形式》，付德根等译，第 225、276 页，上海：上海人民出版社，1999 年。

③ （奥）弗洛伊德：《图腾与禁忌》，杨庸一译，第 175、179 页，北京：中国民间文艺出版社，1986 年。

证据，证明他们都属于同一种分类”。①

B. 马林诺夫斯基讲古代信仰时说宗教包含图腾制。②

研究澳大利亚土著的人类学家如B. 斯宾塞和F. J. 吉兰以及A. P. 埃尔金等，都描述过该地区的图腾制度。澳大利亚有半偶族图腾、氏族图腾、分支图腾、地方图腾、性别图腾、个人图腾、多数的集体图腾等。埃尔金说图腾制度不仅是一种调节婚姻规例的机制，而且是有关对自然、生命、宇宙和人的观点，从中可以看到人与各种自然物种和事物之间的关系，天地万物（包括人）被分类到半偶族、氏族和分支中。图腾制度是一种分类自然现象的方法。群体的图腾作用主要是社会的，图腾仪式起着增强社会感情、群体内的团结，以及保护和增加自然物种的作用。③

A. R. 拉德克利夫－布朗也研究澳大利亚土著，在《图腾制度的社会学理论》（1929年）一文 中，指出澳大利亚的图腾制度揭示了群体或个人与自然物种之间的特殊关系，有些部落的图腾制度与具有高度复杂的图腾仪式及神话紧密结合。图腾与人们的生产活动有关，那些与生存有生死攸关的重要关系的事物就成为仪式的重要对象。图腾不是孤立的事物，而是信仰和习俗体系中的一部分，在社会中，人类与自然物种之间建立了不少的仪式，图腾只是其中一例。“人与他们的图腾间存在一种‘仪式上的关系’”，“图腾制度是从人与自然物种的仪式关系中发展起来的”。“我倾向于把图腾制度看成是造成这种结构的宗教的基本功能之一。”④ 22年之后，作者的《社会人类学的比较方法》（1951年）一文，着重指出澳大利亚图腾制度存在的对立关系，说“这种结构是一种对立统一的结构”。⑤

我国学者研究图腾制度的专门著作，从20世纪30年代以后开始出现，有不少学者研究过图腾制度。岑家梧先生于1938年发表《图腾艺术

---

① Franz Boas, Race, Language and Culture, pp. 318, 320, 323, Chicago: The University of Chicago Press, 1982.

② （英）马林诺夫斯基：《巫术、科学、宗教与神话》，李安宅译，第20页，北京：中国民间文艺出版社，1986年。

③ A. P. Elkin, The Australian Aborigines, Chapter 7, Angus and Robertson Publishers, Australia, 1937.

④ （英）拉德克利夫－布朗：《原始社会的结构与功能》，潘蛟等译，第129～146页，北京：中央民族大学出版社，1999年。

⑤ （英）拉德克利夫－布朗：《社会人类学的比较方法》，夏建中译，第104页，济南：山东人民出版社，1988年。

史》，书中介绍了中国民族的图腾制度及其研究史略，说学者们的研究多偏重图腾的宗教意义方面，认为图腾是人类宗教信仰的远古渊源。[①] 近年一位年轻学者何星亮教授出版了《中国图腾文化》，由林耀华先生作序，该书对中国图腾文化研究提出了文化层次分析法等有价值的见解。

苏联著名民族学家 S. A. 托卡列夫和 S. P. 托尔斯托夫主编的《澳大利亚和大洋洲各族人民》一书，在宗教一章叙述了图腾制度的各个方面，指出澳大利亚人的独特宗教的主要形式是图腾崇拜。[②] D. E. 海通 1958 年发表的《图腾制度的实质及其起源》一书（中译本作《图腾崇拜》），认为图腾崇拜是原始宗教的组成部分之一。[③]

早在 1920 年，甘奈普（A. Van Gennep）就整理了 41 种不同的图腾制度理论，至今又积累了更多的资料，学者们对图腾的起源和实质等问题提出了各种看法。在列维－斯特劳斯看来，大多数研究属经验性的。上文介绍的研究主要关注社会方面，描述图腾制度作为社会组织制度、宗教制度的一面，同时也提出了图腾制度是分类自然现象的方法的看法。而列维－斯特劳斯对图腾制度的结构主义研究则否定图腾制度是宗教制度，提出了图腾制度是阐明相关与对立的思维工具的观点。美国人类学家 E. R. 瑟维斯的《人类学百年争论（1860—1960）》（1985 年）一书，将人们的研究概括为图腾制度究竟是“社会的还是思维的”问题。[④]

二

列维－斯特劳斯对图腾制度的研究，主要见于 1962 年出版的《今日图腾制度》（中译本名《图腾制度》）和《野性的思维》，两本书有着密切的联系。

图腾制度作为一种古老的文化体系，它体现了人、自然和文化的关系。比如，人和自然之间的关系，自然和文化之间的关系，人和文化之间

---

① 岑家梧：《图腾艺术史》，上海：学林出版社，1987 年。

② （俄）S. A. 托卡列夫、S. P. 托尔斯托夫：《澳大利亚和大洋洲各族人民》（上册），李毅夫等译，北京：生活·读书·新知三联书店，1980 年。

③ （俄）D. E. 海通：《图腾崇拜》，何星亮译，上海：上海文艺出版社，1993 年。

④ （美）E. R. 瑟维斯：《人类学百年争论：1860—1960》，贺志雄等译，第 171 页，昆明：云南大学出版社，1977 年。

的关系，人和社会之间的关系，人和动植物物种之间的关系，动植物物种之间的关系，动植物命名系统与人类社会之间的关系，动物生活世界与人类社会之间的关系，图腾与社会亲属成员的关系，社会亲属成员与婚姻法则的关系，图腾与符号体系的关系，符号体系所表现的人的关系，等等。列维－斯特劳斯的结构主义研究，着重研究现象之间的关系而不是现象本身的性质，他用结构分析方法研究图腾体系的各种关系，揭示图腾制度的结构系统。他认为图腾制度是一般分类问题的特例，是阐明相关对立的思维模式。

列维－斯特劳斯通过图腾制度说明人类心理有一个基本的共同性，即倾向于分类，人类先天就有能力去整理和分类经验世界。他发挥了涂尔干和莫斯的原始分类思想，但与他们所说的人的分类起源于社会、人类的心灵不是天生就具备分类功能的看法不同。他认为人类先天就有分类的能力，许多部落社会的土著居民有丰富的动植物知识可作充分说明，并将他们对动植物的分类与图腾制度相联系，“所谓图腾制度实际上只是一般分类问题的一种特殊情况，在进行社会分类时往往赋予特定项目的作用的一个例子”。[①] 图腾制度长期以来被解释成一种自发的、原始的自然崇拜，列维－斯特劳斯否定图腾制度是宗教制度的看法，说以往人类学家把图腾制度看作一种宗教制度是错觉。澳大利亚土著将自然界的事物划分到各部落及其分支中，社会组织以图腾动植物或其他自然事物命名，这种分类表现了区别动植物种类的自然界分类与社会分类一致，通过把宇宙分成两个范畴，与图腾制度发生联系。图腾制度是从给动物种类分类变成社会分类的手段，图腾制度应被定义成动物物种与人类氏族之间的联系。

借鉴结构语言学的结构分析方法需要寻找转换法则。对列维－斯特劳斯的结构主义有深刻理解的 E. 利奇说，将动物层次的范畴转而用到人类社会的分类，是列维－斯特劳斯探讨古典人类学关于图腾制度题材的结构主义关键论点。[②] 这个论点的依据是隐喻、转喻和转换。列维－斯特劳斯联想到鸟类社会与人类社会相似，它们筑巢为家，过家庭式生活，是隐喻

① （法）列维－斯特劳斯：《野性的思维》，李幼蒸译，第 73 页，北京：商务印书馆，1987 年。

② （英）埃德蒙·利奇：《列维－斯特劳斯》，王庆仁译，第 44 页，北京：三联书店，1985 年。

关系，鸟是隐喻的人；狗作为驯养动物是人类社会的一部分，是转喻的人，动物和人可以互相转化。他十分推崇18世纪浪漫主义作家卢梭的《论人类不平等的起源和基础》一书，因为卢梭几乎用现代的措辞指出人类学的中心问题，即从自然过渡到文化的问题。动物性与人性的区别就是自然与文化的区别。卢梭发觉了把动植物界应用于社会的可能性，认为区分人兽的特质是人类自我完善化的能力，这种能力是文化的基础。如果没有这种能力，比如一只动物在几个月内就长成了它“终身不变的样子，而且这个物种再过一千年也和当初那样一成不变”。列维－斯特劳斯受到卢梭的启发，并进一步发挥了卢梭的观点[①]正因为人起初就能够感觉到他自身与所有与之相似的存在之间是同一的（卢梭也曾明确指出，我们必须把动物包括在内），所以他可以获得既能够区别自身，也能够区别这些存在的能力，换言之，就是把物种的多样性用作社会分化的概念依据。[②]卢梭在论述语言的起源和发展时，认为语言的起源并不在于需求，而在于情绪，所以最初的语言必然是具象的，“最早的言语都是诗；只有经过漫长的时间，人们才能想到理智”。据此，列维－斯特劳斯说：“在图腾制度中，我们所反复强调的隐喻作用，并不是语言后来添加的细节，而是语言的基本模式之一。卢梭认为对立也有同样的地位，也就是说，在同样的基础上，隐喻构成了一种论述思维的首要形式。”[③]

列维－斯特劳斯通过图腾制度研究论述相关和对立的原则。他引述了人类学、民族志有关各地的图腾制度资料，认为“所谓图腾制度只是依据由动物和植物名称所构成的特殊命名系统的一种特殊表达，它所具有的唯一的特征，就是通过其他方式所阐明的相关和对立”。比如美洲印第安人某些部落，就是通过天/地、战争/和平、逆流/顺流、红/白等类型的对立来实现；又如在中国，阴阳两种原则的对立就是男女、昼夜、冬夏的对立。“这是一种对立统一的原则。”图腾制度包含有自然和文化这两个序列之间的关系，在自然序列中，一方面是范畴，一方面是特例，组成文化

① （法）卢梭：《论人类不平等的起源和基础》，李长山译，第83～84页，北京：商务印书馆，1997年。

② （法）列维－斯特劳斯：《图腾制度》，渠东译，第131～132页，上海：上海人民出版社，2002年。

③ （法）列维－斯特劳斯：《图腾制度》，渠东译，第132～133页，上海：上海人民出版社，2002年。

序列的是群体和个人，两个序列之间存在逻辑上的等价物，“逻辑原则永远应当能够使诸项目之间发生对立”，“图腾制度可以被还原成一种阐明一般问题的特殊方式”。为什么选择某一种自然物种，学者们有各种解释，如原始时代人类与自然界息息相关、动植物是原始人类生活的依赖、为人们所熟知等，列维－斯特劳斯却强调：“自然物种之所以得到了选择，并不是因为它们‘好吃’，而是因为它们‘对思考有好处’。”[①] “图腾制度的实在被还原成了作为某些思维模式之特例的实在。”[②]

前文提及拉德克利夫－布朗论述图腾制度的两篇文章，列维－斯特劳斯对此作了评述。他认为《图腾的社会学理论》把图腾看作表达社会秩序和自然环境相互依存关系的宗教仪式；而《社会人类学的比较方法》则为解决图腾制度问题做出了具有决定意义的贡献，有革命性的重要意义，可称之为拉德克利夫－布朗的第二理论。拉德克利夫－布朗比较研究了澳大利亚土著有关图腾制度的几十个故事，发现故事都有一个主题，即动物物种的相似性与差异性都被换成了友谊与矛盾、团结与对立的关系，说明澳大利亚土著的“对立”观念，是对矛盾联系的具体运用，矛盾的联系是人类思维的普遍特征，因而人们总是从两者矛盾的角度思考问题，如上下、强弱、黑白。列维－斯特劳斯指出，尽管拉德克利夫－布朗临终之际依然顽固坚持他有关结构的经验主义概念，但他的第二理论“为真实的结构分析开辟了道路，这种结构分析既不同于形式主义，也不同于功能主义。实际上拉德克利夫－布朗所采用的就是结构分析的方法”。[③]

列维－斯特劳斯从图腾命名、分类实例说明二元对立之后，提出“转换系统”的概念，认为通过逻辑作用，转换系统的置换，可以相互派生。他举澳大利亚土著部落为例来说明他的转换系统。以澳大利亚中部的阿兰达人为中心，与南面的阿拉巴纳人和北面的瓦拉门加人三者的自然和文化事项作比较，发现它们形成一个结构系统。这几个群体的自然和文化事项有区别而相对称，如母系制社会与父系制社会的区别，婚姻关系通过

---

① （法）列维－斯特劳斯：《图腾制度》，渠东译，第114～115页，上海：上海人民出版社，2002年。

② （法）列维－斯特劳斯：《图腾制度》，渠东译，第135页，上海：上海人民出版社，2002年。

③ （法）列维－斯特劳斯：《图腾制度》，渠东译，第111页，上海：上海人民出版社，2002年。

两个半偶族与通过八个亚族调节的区别，族外婚图腾制与非族外婚图腾制的区别，确定图腾归属方法的区别，等等，这就是对立，也就是他所说的逆转换。“一个很简单的转换就能使一个系统过渡到另一个系统，图腾制度要求在自然生物的社会与社会群体的社会之间有一种逻辑等价关系。”①如果从上述三个群体的社会实际情况看，他们各有特点，由于历史、地理、经济、社会条件使然，虽因文化接触而互相影响，但社会现象的不同表现形式，主要取决于各群体内部，为何和如何发生转换？实际上，列维-斯特劳斯研究的不是社会实体，而是这个系统的形式。他指出：“古典人类学家的错误在于他们试图使这一形式具体化，并使之结合于确定的内容，虽然它对于研究者来说只是一种吸收任何一种内容的方法。图腾制度或这一类东西决不是由其固有特征来规定的某种自主机制，它相当于从某一形式系统中任意抽离出来的一些形式，其功用在于保证社会现实内不同层次间的观念的可转换性。”②“应当注意形式而不是内容，矛盾的内容远不如矛盾本身的存在这一事实重要。”③可见他所说的转换系统或称结构的转换其实质是观念的转换。

如上所述，列维-斯特劳斯认为图腾制度只是对由动植物名称所构成的特殊命名系统的一种特殊表达，其特征是通过其他方式所阐明的相关和对立，因而认为过去所说图腾是宗教信仰的观念是幻象、幻觉，“正是对宗教问题的沉迷，使图腾制度被置于宗教之中”。④《图腾制度》一书的最后一段说：“人们所谓的图腾制度，与知性有关，而与知性相应的需求，以及知性努力满足这些需求的方式，正是心智的首要条件。在这个意义上，对它来说，任何事物都不会过时，也不会显得很遥远。图腾制度的意象是被投射出来的，而不是被接收到的；它的实质也不是外在的。如果说

① （法）列维-斯特劳斯：《野性的思维》，李幼蒸译，第119页，北京：商务印书馆，1987年。

② （法）列维-斯特劳斯：《野性的思维》，李幼蒸译，第88页，北京：商务印书馆，1987年。

③ （法）列维-斯特劳斯：《野性的思维》，李幼蒸译，第110页，北京：商务印书馆，1987年。

④ （法）列维-斯特劳斯：《野性的思维》，李幼蒸译，第134页，北京：商务印书馆，1987年。

幻象包含有真理的成分，那么这种成分并非外在于我们，而是内在于我们。”[①] 列维－斯特劳斯在此强调图腾制度属于心智范围，要回答的问题属于心智方面，它的意象来自内心，而不是从外界接收到，其本质不是外在的。如果说图腾制度的幻觉包含着一些真实，这种真实并不在我们之外而是在我们的头脑之中。

三

读列维－斯特劳斯的《图腾制度》和《野性的思维》关于图腾制度的研究，引起笔者的一些思考。

列维－斯特劳斯用结构主义分析的方法研究图腾制度，不局限于图腾制度作为社会制度本身或图腾制度的宗教属性，而进行更深层次的探索，把图腾制度看作思维方法、思考的工具，提出了一个重要的主题。通过图腾制度研究展示了他独特的思维模式。他的理论，包括图腾制度问题上的研究，有涂尔干和莫斯的学术渊源，以及拉德克利夫－布朗等学说的影响，而又自成新说。这些学者都论述过图腾体系与分类的观念，尽管列维－斯特劳斯主张人类先天有分类倾向，而涂尔干则认为人的分类起源于社会，人依据氏族划分，因而对自然界的其他事物的分类也以社会组织为原型；涂尔干认为图腾制度是宗教的最原始形式，而列维－斯特劳斯则否定图腾制度是宗教制度的理论。但他们都共同认为，澳大利亚土著和美洲印第安人等对自然事物的分类和社会组织的划分与图腾体系紧密相连，这种分类是人们思考世界的方式。据前述一些学者们的意见，远古时代原始氏族部落的划分是人及其社会组织的分类，这种划分大概与外婚制相关联，有的人认为澳大利亚的婚姻级较图腾群体古老，另一些人却说图腾群体较婚姻级古老；将宇宙的自然物划归不同的群体是一种分类方式，比如澳大利亚北部山区甘比亚部落将雨、雷、闪电、云、雹、冬天等划归库米德胞族的乌鸦氏族，星辰、月亮等划归黑色凤头鹦鹉氏族；不同的动植物及自然物物种（一般是动物）是分类的工具，以之作为人类群体名称、标志、徽号的那种动物物种被称为该社会的图腾。列维－斯特劳斯强调图

① （法）列维－斯特劳斯：《野性的思维》，李幼蒸译，第135页，北京：商务印书馆，1987年。

腾是象征体系，图腾是符号，是从动物物种分类变成人类群体分类的工具或手段。图腾制是一种语言，一种交往体系，是一种信码（接受某种图腾类型的观念和信仰的社会，观念和信仰就构成信码），它传递、接受信息，不仅在符号之间建立相容性或不相容性，而且伴随有行为规则，与饮食禁律和外婚制规则之间存在着十分普遍的联系。

读结构人类学的创始人列维－斯特劳斯的著作，正如许多人类学家所评论的那样，感到列维－斯特劳斯思路开阔，极富联想力，错综复杂的事物到了他手里就变得条理清晰。笔者对列维－斯特劳斯的著作虽不够理解，仍然为他的独特的思考方式所吸引。作者关于图腾制度是一般分类问题的特例、图腾制度提供了人类的二元对立思维模式形成的一个例证的观点，拓展了图腾制度的研究，富有启迪性。他研究现象之间的关系，寻求现象的深层结构以解释现象，给其后象征人类学、人类学对观念体系的研究开拓了新的视野。利奇认为列维－斯特劳斯对结构主义方法实质的归纳，与“图腾制度”有关。

我们同时也看到，列维－斯特劳斯对图腾制度的一些论述又令人费解，比如，说图腾算子在自然与文化之间起调节作用，什么是图腾算子？他没有解释。有些所谓二元对立形式十分牵强，如说话与不说话、住处好与住处坏、澳大利亚卡拉杰里部落由男人来梦见他未来的孩子被接纳为图腾成员而阿兰达部落则由女人来做这个梦等。利奇说他解释信码及其类似物的性质，其思想来源主要是弗洛伊德的精神分析法和信息论。格尔兹在《睿智的野蛮人：评列维－斯特劳斯的著作》一文中认为他关于图腾制度转换系统的“十分简单的转换”的表述是令人迷惑的。[①] 马文·哈里斯没有直接谈到列维－斯特劳斯的图腾制度研究，但指出“列维－斯特劳斯声言结构主义对于可验证的理论不感兴趣，而且无视因果关系、起源和历史过程。尽管如此，欧洲和美洲数以百计的训练有素的学者们仍然认为它是一种最值得穷毕生精力去研究的人类学策略”[②]。

第一，由于列维－斯特劳斯的结构主义研究强调形式而不是内容，脱

---

① （美）克利福德·格尔兹：《文化的解释》，纳日碧力戈等译，第407页，上海：上海人民出版社，1999年。

② （美）马文·哈里斯：《文化唯物主义》，张海洋等译，第191页，北京：华夏出版社，1989年。

离社会实体和经验现象的研究，对研究对象做形式分析，抽象推理，因而不能全面反映事物的本质。

第二，列维－斯特劳斯断言图腾制度属于心智范围，不是外在之物，仅存在于人的头脑中，否定图腾制度是宗教制度、图腾崇拜是宗教形式。否定图腾崇拜是一种宗教信仰形式这一面，不能解释世界上存在图腾制度及其残余地区特有的现象。本文限于篇幅，不就此问题展开讨论。

第三，图腾制度作为社会制度和宗教制度的一部分都不能予以否定。根据古今中外图腾制度及其残余存在的事实资料，图腾制度有共同的特征（尽管各地情况不尽相同，各种成分不一定同时出现），如有共同的群体图腾名称；相信群体起源于图腾祖先；有的相信图腾群体成员与图腾之间存在血缘关系；同一图腾的男女成员禁止通婚，图腾制度与社会的婚姻规范有密切联系；规定图腾禁忌；流行各种图腾神话；举行与图腾有关的仪式；等等。可以说图腾制度是思维的也是社会的。

（原载《思想战线》2004年第4期）

略论亲属制度研究

——纪念摩尔根逝世一百周年

研究民族的亲属制度，是民族学研究中的一项重要课题。自从摩尔根开创了对亲属制度的科学研究以来，许多民族学、人类学工作者进行了这方面的研究，搜集了大量资料，取得了不少成果，提出了各种理论。有许多问题值得深入研究。摩尔根的亲属制度理论是什么？它在科学研究上还有没有价值？对亲属制度的研究进展如何？本文拟就这些问题谈一点粗浅的看法，以纪念杰出的民族学家摩尔根逝世一百周年。

在摩尔根的前一个世纪，就有些旅行家和传教士在他们的著作中记载了非洲、北美一些民族的亲属称谓，描述了这些称谓的特点，但那只是些零星的资料。摩尔根是对亲属制度进行科学研究的首创者。他所著的《人类家族的血亲和姻亲制度》（1871年），被称为"不朽之作"。这卷近600页的著作，是他经过十年调查，搜集了可以代表世界一半以上的民族的亲属制，对大量的资料进行系统整理、分析、研究而写成的。在这本书中，摩尔根通过对许多民族、部落的亲属制度的研究，不仅创立了亲属制度的理论，而且提出了人类从杂交经群婚发展到一夫一妻制的家庭进化的学说。在1877年出版的《古代社会》中，他又进一步阐述了这些观点，并且系统地提出了人类社会从蒙昧时代经过野蛮时代到文明时代的社会进化理论。

摩尔根关于亲属制度的研究，在那时和以后都曾经得到过很高的评价。西方的民族学家赞扬他的新发现在理论上有极为重要的意义，是人类学史上唯一的最具有独创性的光辉成就，认为在这方面的研究前无古人，没有先行者为他开路，是他独自一人开创了亲属（科学）的研究。[①]

摩尔根的亲属制度理论，是他的社会进化理论的组成部分。《人类家族的血亲和姻亲制度》一书已经有了社会进化理论的轮廓。他的《古代

---

① G. P. Murdock, Social Structure, New York: Macmillan, 1949; W. H. Rivers, Kinship and Social Organization, London, 1914; R. H. Lowie, History of Ethnological Theory, New York, 1937.

社会》一书，把社会的进化归结为四条发展线索，按他的说法就是“各种发明和发现所体现的智力发展”、“政治观念的发展”、“家族观念的发展”和“财产观念的发展”。尽管他所用的“人类的主要制度是从少数原始思想的幼苗发展出来”的词句含混不清，有的地方看来好像把发明和发现与政治、家族和财产观念的发展并列，但在全书的论述中实际上把四条线索联系起来，以生产力的发展作为社会进步的决定性因素。他认为重大的发明或发现，如饲养家畜或熔化铁矿等，使人类的进步过程产生新的、有力的向前迈进的冲动力，“文明的基础就是建立在铁这种金属之上”①，“进步的真正时代划分是同生存的技术联系在一起的”②。他把生存技术的进步和财产的发展作为原始社会历史分期的基础。在谈到财产观念的发展时，不仅把它与生产力的发展相联系，而且着重指出它促进所有制的发展，使公有制转变为私有制，是私有财产引起的奴隶制的产生。

摩尔根论述政治观念和家族观念的发展，也是把它们同生存技术和财产观念发展的线索相联系的。他明确地说明，原始社会的社会组织是以纯人身关系即血缘为基础组成的氏族、胞族和部落，文明时代的政治组织（政治社会）则是以地域和财产为基础的国家。“家族是社会制度的产物”③，在血缘家庭和普那路亚家庭时期，由于当时人们所处的条件，必须实行共产制的生活。他以美洲印第安人为例说明对偶婚时指出，由于栽培玉米和其他植物，改善了生存条件，导致定居、使用更进步的技术、改善房屋建筑和更有理性的生活，有利于对偶家庭的普遍发展。定居农业、手工业、商业和对贸易的发展，使私有财富不断增加，一夫一妻制个体家庭的产生，是由于继承财产的需要引起的。

摩尔根从上述的基本观点出发，着重论述了从蒙昧、野蛮到文明时代的发展过程中人类的社会组织和家庭两条线索的起始与变化。他从亲属制度的研究入手，并把它作为重要的研究手段之一探索这两条线索特别是后者的演变。社会（政治）组织和家庭是两种不同的概念，两种制度不能混淆。前者指人类为生存斗争而建立起来的社会组织的发展，后者是关于人类在自身繁衍过程中婚姻形态及由此产生的家族形态的演进。但二者又

① （美）摩尔根：《古代社会》，第35、39页，北京：商务印书馆，1977年。
② C. Resek，Lewis Henry Morgan，American Scholar，p. 136～137，1960.
③ （美）摩尔根：《古代社会》，第492页，北京：商务印书馆，1977年。

互有联系，密切相关。人类通过婚姻关系，建立顺序发展的各个阶段的家庭，繁衍子孙，使社会得以生存下去。血缘延续是家族制度这条线索的中心。而在当时生产力水平很低的情况下，血缘关系又是社会组织的基础，人们必须也只能依血缘关系结成集体。原始社会早期，在共同生活的集团内部，有血缘关系的人们互相通婚，这样一个血缘内婚集团同时也是人们的社会组织的单位和生产单位。马克思和恩格斯所说的“家庭起初是唯一的社会关系”[①]，指的也是早期家庭关系和社会生产关系合而为一的状况。随着社会的进一步发展，其他社会关系和家庭关系分开了，氏族、胞族、部落等一系列的社会组织形成了，这些社会组织也都是以血缘为纽带结合起来的。社会组织和家族制度在各自平行发展的过程中，又互相影响。比如，从血缘集团内部通婚发展到族外婚之后，引起了氏族的产生，而氏族组织的发展，又使人们通婚范围和家族的规模日益缩小，最后促使群婚发展到对偶婚。

摩尔根研究了近两百种亲属制资料，探讨了婚姻、家庭和亲属称谓的关系，发现了婚姻、家庭在人类文化各个发展阶段中的不同表现形态。他认为人类自脱离了原始杂交状态之后，依次经历了血缘婚、普那路亚婚、对偶婚、一夫多妻婚（特殊形态）和一夫一妻婚五种婚姻形态，由这些不同的婚姻关系又相应地组成了依次发展的家庭形态：血缘家庭、普那路亚家庭、对偶家庭、父权制家庭（特殊形态）和一夫一妻制家庭。他第一次建立起人类家庭发展的历史，而家庭史又是人类史的一个部分。

根据摩尔根的研究，婚姻形态是家族形态的基础，家族形态又是亲属制度的基础。有什么样的婚姻、家族形态，就会产生什么样的亲属制度。“每一种亲属制度表达了该制度建立时所存在的家族的实际亲属关系，因此，它也就反映了当时所流行的婚姻形态和家族形态。”[②] 马来亚式亲属制说明血缘家庭的存在，土兰尼亚式亲属制与普那路亚家庭相适应，雅利安式亲属制则是一夫一妻制家庭的产物。摩尔根强调亲属制度为婚姻依据。为什么地球上相距很远的部落有同样形式的亲属制？为什么印度南部的泰米尔人与北美洲东部易洛魁人的亲属制有两百个以上的亲属关系本质上是相同的呢？这是由于亲属制与婚姻法则相联系的缘故。亲属制度基于

① 《马克思恩格斯全集》，第3卷，第32页，北京：人民出版社，1965年。

② （美）摩尔根：《古代社会》，第390页，北京：商务印书馆，1977年。

婚姻，这是摩尔根亲属制度理论的基本观点。

有两种亲属关系。一种是由血缘产生，称血亲。血亲又分直系和旁系。甲的血统出于乙，甲乙之间的关系就是直系血亲；甲乙二人的血统出自共同祖先，他们的关系就是旁系血亲。另一种亲属关系由婚姻关系产生，称姻亲，指姻戚关系。即使在远古的原始时代，在一个几十人共同生活的集团内，人们对团体内部的亲属关系也是理解的。至少母亲与子女的关系、兄弟姊妹的关系、母亲与女儿的子女的关系，任何时候都是可以确认的。子女虽不能确认生父，但也会把父亲一辈的男子列入同一范畴。人们创造相应的称谓来表达他们所理解的亲属关系，久而形成亲属制度。摩尔根认为："把更直接的血缘亲属排成世系的序列，采用一些方法区别这一亲属与另一亲属，表明关系的重要性，可能是人类心智的最早活动之一。"[①] 由于每一个人都在亲属团体内，因此都必须使用当时所流行的亲属制。"每一个人都是亲属制的人，所以亲属制的传导途径就是血缘。"[②]正是这一因素使亲属制得以维持得长久而稳定。而且由家族和婚姻制产生的亲属制，"要比家族本身更为持久，在家族向前发展的时候，这种制度可以继续不变"[③]。因为，"家族表现为一种能动的要素；……亲属制却是被动的；它把家庭每经一段长久时间所产生的进步记录下来，并且只是在家庭已经急剧变化了的时候，它才发生急剧的变化"[④]。摩尔根发现了这一规律并根据这一规律研究人类的家族制度，并以此为重要证据追溯原始社会的历史。马克思在复述摩尔根这一重要论点时补充说，"政治、宗教、法律和一般哲学体系也完全一样"[⑤]，指出了一个更普遍的唯物主义原理。

尽管亲属制处于消极的、变化缓慢的状态，但当一种强大的动力产生，能够促使家族制度发生根本变化时，它也会随之发生根本的变化。摩尔根认为，是普那路亚家庭的产生和氏族组织的力量使马来亚式亲属制度改变为土兰尼亚式亲属制，而"推翻土兰尼亚式制而代之以雅利安式，

① L. H. Morgan, Stytems of Consanguinity and Affinity of the Human Family, Washington: Smithsonian Institution, p. 10, 1871.

② （美）摩尔根：《古代社会》，第395页，北京：商务印书馆，1977年。

③ （美）摩尔根：《古代社会》，第526页，北京：商务印书馆，1977年。

④ （美）摩尔根：《古代社会》，第433页，北京：商务印书馆，1977年。

⑤ 马克思：《摩尔根〈古代社会〉一书摘要》，第25页，北京：人民出版社，1964年。

则需要像具体财产这样一种伟大的制度，连带财产的所有权和继承权以及该制度所创造的专偶制家族”[①]。他详细地描述了罗马式的雅利安式亲属制，这种亲属制用专门的称谓或说明性的名称精确地表明每一个人与其他人的关系，这是一夫一妻制的确立、保证了个人的确实无疑的血统这一事实在亲属制上的反映。介乎中间形态的对偶家庭和父权制家庭，由于缺乏足够的动力，未能建立一种新的亲属制。

摩尔根把亲属制分为类别式和说明式两大类。类别式亲属制把血缘亲属区分为若干大的范畴，不计亲疏远近，凡属同一范畴的人都用同一种称谓，每一辈的旁系都被纳入直系之中。说明式亲属制的血缘亲属大多把亲属关系的基本称谓结合起来加以说明，旁系从直系分出并明确地区别于直系。马来亚式和土兰尼亚式亲属制都用类别式分类法，雅利安式亲属制用说明式分类法。这两类亲属制度之所以存在根本的区别，是由于前一类属于集体的多偶婚姻，而后一类则属于一夫一妻制的单偶婚姻，“类别式和说明式这两种基本形式差不多恰好符合于野蛮民族同文明民族之间的分界”[②]。

应当着重指出，摩尔根不是单纯根据亲属制来推论家族制度。他说得很清楚，可以从社会组织中，从婚姻形态、家族形态和亲属制度中，从居住方式和建筑中，以及从财产所有权和继承权习惯的进步中，看到家族制度的发展过程。他更不是仅仅从亲属制追溯古代社会的历史，而是从经济、社会组织、家族制度等各方面作全面的论证。但是，正如恩格斯所指出的，他在经济方面的论证是很不够的。尽管如此，恩格斯仍然赞扬“摩尔根在他自己的研究领域内独立地重新发现了马克思的唯物史观”[③]。

由摩尔根开创的亲属制度研究，对当时和以后的民族学界产生了很大的影响。许多人根据摩尔根的理论和方法，在各大洲的土著民族中进行实地调查，研究他们的亲属制度。起初大多在澳大利亚、大洋洲和美洲印第安人中进行，以后遍及亚洲和非洲。一些著名的民族学家如里维斯（W. H. R. Rivers）、拉德克利夫－布朗（A. R. Radcliff-Brown）、罗维（R. H. Lowie）、穆尔多克（G. P. Murdock）、克鲁伯（A. L. Kroeber）等都

① （美）摩尔根：《古代社会》，第386页，北京：商务印书馆，1977年。
② （美）摩尔根：《古代社会》，第394页，北京：商务印书馆，1977年。
③ 《马克思恩格斯全集》，第36卷，第112～113页，北京：人民出版社，1974年。

有关于亲属制度研究的专门著述。近几十年也有不少这方面的论著。这些研究积累了大量的资料，比摩尔根那时所掌握的丰富得多，人们提出了各种各样的看法。有的赞同摩尔根的亲属制度理论，对他的研究做了补充订正；有的提出质疑；有的根本否定他的理论。

这些新的研究结果，概括起来说，主要有两个问题，一个问题是，什么是亲属称谓；另一个是亲属称谓的分类法问题。

什么是亲属称谓，它包含什么意义，在这个问题上一向都存在着分歧。早在《人类家族的血亲和姻亲制度》发表之后不久，英国法学家麦克伦南就在他的《原始婚姻》（修订本）（1876 年）中全面地反对摩尔根的理论，摩尔根在《古代社会》的附录中曾予以回驳。麦克伦南说摩尔根的亲属称谓只是一种称谓款式，一种使人们能够在问候时称呼的习惯，一种纯粹的社交礼仪规则。1882 年考茨基在《婚姻和家族的起源》中提出，人类最初无家族，部落内按辈数（年龄层）区分，亲属称谓不是反映家族制度，只意味着辈数，即同辈的全体成员一律归入一个共同名称的等级中，没有任何婚姻形态，因此也不可能在亲属制上留下任何婚姻形态的痕迹。1891 年韦斯特马克在《人类婚姻史》一书中也说，所谓亲属称谓只是一种对他人的称呼和社交关系。1920 年库诺夫在《马克思主义的历史、社会和国家学说》一书第四章中批判摩尔根和恩格斯的家庭发展观。他认为亲属称谓与生死的概念无关，许多部落的“父亲”、“母亲”等词是集体名词，仅表明年龄的区别，意味着“年长的人”、“大人”、“成年人”，是对年长一辈的统称，不能像摩尔根那样把“父亲”一词解释为“生身之父”，从而把孩子称为“父亲”的若干男人解释为可以对母亲有性的权利的人，把孩子称为“母亲”的人解释为除了母亲以外的女人都是父亲的妻子。罗维说夏威夷人并不是把舅父称为父亲，而是用同一名称来称呼父亲和舅父，不能把语言混同婚姻来解释。

近十几年研究亲属称谓的西方学者中，许多人认为，亲属称谓是根据行为和态度而不是根据血亲和姻亲来表示社会关系，一个人把他的父亲和父亲的兄弟都称作父亲，那是因为他对他父亲和父亲的兄弟态度一样，采取同样的行为，他们也都把他看作自己的孩子；与此相应的是，把母亲和母亲的姊妹都称作母亲，也是因为他对母亲姊妹的态度和对母亲的态度一样，有同样的行为，她们也把他看作自己的孩子。这是人与人之间的行为态度问题，而不是血亲和姻亲问题。以英语中的亲属称谓为例，自己与父亲的兄弟和母亲的兄弟关系虽有不同，但自己对他们二人都采取同样的行为，所以同样地称他们为 uncle。总之，亲属称谓与婚姻无关。

如果完全否定亲属制度的婚姻基础，仅仅把它看作称谓款式、社交礼仪、行为态度，实际上是只看现象，不看本质。有人说“父亲”一词最早并不包含生育者的意思，而是指给予别人生命的任何男人。其实，生育与给予别人生命这两个概念都是指人类本身的繁衍。直系亲属即亲子之间固然是血缘关系，旁系亲属也是血缘关系，都是各个世代的男女通婚产生的结果，姻亲更是由于婚姻关系而产生的亲属关系。而这种通婚关系都是按当时社会一定的婚姻规例进行结合的。如果说子女把母亲和她的姊妹都称为母亲，是由于女子对母亲和她的姊妹的行为态度相同，母亲的姊妹也把他们看作自己的孩子，那么，人们必然会追问“为什么?”母亲的姊妹不是自己的母亲，为什么对她们的行为态度同对母亲一样，使用同样的称呼?为什么马来亚式亲属制中，子女称呼父亲的姊妹与对母亲的称呼相同，称呼母亲的兄弟同对父亲的称呼一样，而在土兰尼亚式亲属制中却称父亲的姊妹为姑姑，称母亲的兄弟为舅舅呢?是什么原因引起人们行为态度的变化?夏威夷人、洛特马人、毛利人、萨摩亚人、汤加人、金兹米耳岛的一些部落，亲属制都属马来亚式；相隔万里的北美洲印第安易洛魁人、印度的达罗毗荼人、戈拉人以及非洲苏丹、班图人的一些部落，亲属制都属于土兰尼亚式，绝不是偶然的，其中的内在规律不能抹杀。原始共产主义的生产生活方式、集体的相互通婚是马来亚式和土兰尼亚式亲属制的基础，而族外婚的产生又促使马来亚式亲属制改变为土兰尼亚式亲属制。亲属制度受社会经济条件和婚姻规范所制约，不同的亲属关系决定人们应有的行为和态度。

如上所述，摩尔根对亲属制的解释以婚姻为依据，而反对他的理论的人却大多认为亲属制与婚姻无关，这是主要的分歧所在。有些人以为，摩尔根从一系列的亲属制度推论出相继出现的家族形态，他的社会进化理论以他对亲属称谓所作的解释为基础，如果他的解释错了，他的理论也就瓦解了。这里不必重复本文第一部分讲过的摩尔根的社会进化理论的依据，只需指出，即使摩尔根对亲属称谓的解释有错误，他的社会进化理论依然是站得住脚的。

近年西方民族学界有人认为，亲属制度根本不存在，它只是人类学家头脑里的东西。[1] 这种说法当然是荒谬的，大多数人不同意这种意见。人们对亲属关系是生物关系还是社会关系的问题，进行着长期的争论，有的说是前者，有的说是后者，有的认为二者兼而有之，有人还提出亲属称谓是一种符号、属于文化系统的看法。根据摩尔根的理论，人类本身的再生产是生物关系，这种生物因素直接反映到亲属关系上，但人们在长时期缓慢地然而准确地认识到各种亲属关系之后，用亲属称谓表明社会关系，亲属制度就有了重要的社会意义。以土兰尼亚式亲属制来说，它的重要特点是：对父亲及其兄弟统称父亲，对母亲及其姊妹统称母亲，而称父亲的姊妹为姑，母亲的兄弟为舅。这些特点从一个侧面反映了当时社会组织的状况，可以看出这种亲属制是在族外婚产生之后随着氏族组织的形成而出现的，在氏族产生以后还存在着。摩尔根认为，在被一夫一妻制破坏之前，土兰尼亚式亲属制"也是每个人得以追溯他本人与同氏族的其他每一个人的关系的方法"[2]。氏族成员是通过血缘关系结合起来的。氏族通行的亲属制把所有的成员相互间的亲属关系都包括在里面。一种亲属称谓决定着一定的身份、地位、财产、继承权利等等，只有氏族亲属能够享有氏族的权利，并担负应尽的义务。正如恩格斯所指出的："亲属关系在一切蒙昧民族和野蛮民族的社会制度中起着决定作用，……父亲、子女、兄弟、姊妹等称谓，并不是简单的荣誉称号，而是一种负有完全确定的、异常郑重的相互义务的称呼，这些义务的总和便构成这些民族的社会制度的实质部分。"[3] 可见亲属制度在原始社会的社会意义和作用的重要性和广泛性。

关于亲属制的分类问题，在摩尔根之后，民族学家们一直在讨论，这种讨论目前还在进行。许多人对类别式和说明式亲属制的名称和区分原则提出异议，布朗却认为，虽然这两个术语不合乎理想，但是使用已久，而且也没有人提出任何更完善的术语。有人说摩尔根的分类法是错误的，想象出来的，认为类别式亲属制有的也包含纯说明性的称谓，而欧洲各族的说明式亲属制也包含类别式的称谓。最明显的例子莫过于英语的亲属制属说明式。而 cousin 一词却包括兄弟姊妹和表兄弟姊妹，至少表示 32 种关

① Raoul Makarius, Ancient Society and Morgan's Kinship Theory 100 Years After, in Current Anthropology, December, 1977.

② （美）摩尔根：《古代社会》，第 434 页，北京：商务印书馆，1977 年。

③ （德）恩格斯：《家庭、私有制和国家的起源》，第 26 页，北京：人民出版社，1972 年。

系，uncle 一词也包括伯、叔、舅，aunt 一词包括伯母、婶母、舅母以及姑和姨。非洲苏丹的一些黑人部落的亲属制既包含说明式也有类别式。但怀特（L. A. White）始终坚持说，cousin、uncle、aunt 等称谓不是类别式，因为它们并没有把直系亲属与旁系亲属合并起来。这个解释有道理。多尔（G. E. Dole）指出，甚至一些著名的民族学家如克鲁伯、罗维、穆尔多克等也没有弄清楚类别式和说明式亲属制的区别，他们以为类别式只是把亲属称谓区分为几个范畴，忽略了它的主要特征是各旁系被纳入直系之中，因此把 cousin、aunt、uncle 误认为类别式。[①]

有些民族学家提出了自己的亲属制分类法。罗维、穆多尔克、克鲁伯等人倡议用亲属称谓的类别来代替摩尔根的分类法。罗维的分类法是：世代制（直系亲属与旁系亲属合并）；分叉合并制（每一世代分为二，旁系亲属一半合并于直系亲属）；分叉旁系制（旁系亲属区别于直系亲属，旁系亲属间亦互相区别）；直系制（旁系亲属区别于直系亲属，但旁系亲属间没有区别）。[②] 克鲁伯把亲属称谓分为八个范畴：辈分的区别；直系和旁系的区别；同辈间的年龄区别；亲属的性别区别；说话者的性别区别；因联系着亲属关系的人性别不同而区别；由婚姻关系联系起来的亲属；因联系着亲属关系人的情况不同而区别，例如对公公或岳父的称谓视丈夫或妻子在世与否而异。[③] 布朗、穆尔多克、斯皮尔（L. Spier）等都提出了自己的分类法。

在亲属制分类问题上的主要分歧在于，亲属制有没有一个发展的历史过程，亲属制的分类是否应体现发展的顺序。

与摩尔根同时代以及其后的一些民族学家，接受了摩尔根的亲属制分类法，赞成把亲属制与文化发展相联系，建立亲属制的进化序列。里维斯借用摩尔根的类别式亲属制的概念，称之为“氏族系统”，认为它包括夏威夷类型、相当于加诺万尼亚的类型以及综合二者特点的类型，并把这三种类型与原始文化相联系。他将说明式亲属制分为两种类型，认为它们与复杂的文化相适应。不久后，霍克特（A. M. Hocart）又把里维斯的夏威夷类

---

① G. E. Dole, Developmental Sequences of Kinship Patterns, in Kinship Studies in the Morgan Centennial Year, Washington, 1972.

② R. H. Lowie, Relationship Terms, in Encyclopaedia Britannica.

③ A. L. Kroeber, Classifacatory System of Relationship, Journal of the Royal Anthropological Institute, vol. 39, 1909.

型称为简单类别式，并提出土兰尼亚—加诺万尼亚的亚型，称为交错从表式。

20世纪初以后，西方民族学的各个学派相继兴起，掀起了反对摩尔根的社会进化论的浪潮。摩尔根的家庭进化学说、亲属制度发展序列的理论当然也在被反对之列。30年代前后，摩尔根的理论在西方民族学界中基本上被抛弃了。

值得注意的是，近二三十年来，西方的民族学家又重新研究摩尔根在民族学上的成就，恢复他应有的地位和声望，重新评价他在亲属制度研究上的贡献。有些人根据摩尔根的理论，研究亲属制的发展序列，提出对亲属制进行分类应该依照进化的原则。怀特认为，由于氏族制度的发展对社会生活产生的影响，使达科他—易洛魁称谓制转变为母系社会的克鲁式和父系社会的俄马哈式亲属制。多尔认为，亲属制类型是与文化发展水平相适应的，前工业文化和没有市场经济的民族大多用类别式，而有市场经济的民族则大多用说明式。她强调生存技术和经济关系对一个社会的亲属结构的深刻影响。她研究了许多民族的亲属制，把亲属称谓与社会文化发展的特点结合起来，提出了由简到繁依次发展的四种亲属制形式。[①] 列维－斯特劳斯（C. Levi-Strauss）、朗斯比利（F. Lounsbury）等人的研究实际上表达了亲属制度按发展顺序分类的见解。

目前西方民族学界对亲属制的研究大多着重于功能分析，重点研究亲属称谓模式与行为的关系。对亲属制进化顺序的研究引起了人们的注意，美国著名民族学家伊根（F. Eggan）在纪念摩尔根的亲属制研究一百周年时写的《摩尔根的制度的重新评价》一文中，也承认对亲属制进行比较研究，把亲属制置于发展序列之中，仍然是有价值的。[②] 苏联民族学家托卡列夫等探讨了土兰尼亚式的类别式亲属制的起源问题，认为集体的共同称谓在先，后起的个人称谓是从共同称谓中形成的。人们研究了许多民族中存在的土兰尼亚式亲属制，发现由于各地区的具体条件不同，基本原则相同的亲属制又有各种不同的特点。奥里杰罗格在《苏联民族学》杂志1960年第6期提出了克鲁式亲属制和俄马哈式亲属制是土兰尼亚式亲属

---

① G. E. Dole, Developmental Sequences of Kinship Patterns, in Kinship Studies in the Morgan Centennial Year, Washingto, 1972.

② F. Eggan, Lewis Henry Morgan's Systems: A Revolution, in Kinship Studies in the Morgan Centennial Year, Washington, 1972.

制的两种不同变体的看法。

尽管在半个世纪之前摩尔根的亲属制度理论被摒弃，好像是被否定了，但是实践证明，到目前为止，人们所提出的新的研究资料还不能推翻摩尔根的理论。因为，从理论上说，他的解释是合理的；证之于实践，通过对许多民族的亲属称谓及其社会结构的研究，也符合他所指出的规律。如上所述，摩尔根绝不是孤立地解释亲属称谓，单凭亲属称谓推论出家族制度，然后就提出社会进化理论的。他所说的已存在了三千年之久的雅利安亲属制与一夫一妻制婚姻和家庭形态相符合；土兰尼亚式亲属制所反映的群婚形式在世界上的某些民族中还有浓厚的残余。从马来亚式亲属制推论出来的血缘婚，也可以从某些民族中看到残余现象，神话传说也反映远古存在过血缘婚的痕迹。摩尔根把夏威夷人的普那路亚婚当作群婚的最古形式，恩格斯批评他“走得太远了”。许多人指出他把夏威夷人放在蒙昧中级阶段的错误，事实上夏威夷人的社会发展比这高得多，这个意见是对的。但世界上一些民族存在群婚残余的事实，使摩尔根对土兰尼亚式亲属制产生的基础的解释仍然有效。民族学家对大量的亲属制进行研究的结果，证明摩尔根亲属制分类原则是符合客观实际的。

科学在发展，新的研究补充、丰富了摩尔根的理论，也提出了新的问题。对于某些社会的亲属称谓，还未能做出合理的解释。比如，有人研究大洋洲努科罗人的亲属称谓，他们的亲属是指和自己分享土地权的人，这个人不一定和自己有血缘亲族关系，近亲甚至不是指后者而是前者。距努科罗人不远的卡平戛马兰纪人中，把拥有土地而自己使用他的土地的人称为长辈亲属。

摩尔根认为，由于当时对人类原始状况的知识有限，要使他所提出的包括亲属制度、婚姻家族形态等制度的发展“序列能完全确定，那必须等待将来人类学的研究工作取得新的成果”①。他并不认为自己的理论就是最后的结论，而说这是没有完全确定的，可能要修改，某些地方说不定还要作根本的改变。民族学者研究各民族亲属制度所提出的各种不同见解，必将有助于这一研究的进一步发展。

（原载《中央民族学院学报》1981 年第 4 期）

① （美）摩尔根：《古代社会》，第 396 页，北京：商务印书馆，1977 年。

拉祜族的家庭制度及其变迁

关于拉祜族的制度，已有不少的调查报告和专文论述过。[①] 本文根据已发表的资料以及笔者在1984年进行的调查，对拉祜族的母系家庭残余及其迄今的变化等问题进行探讨。

分布在云南省西南部的拉祜族，1949年以前社会发展不平衡。靠近该省内地的澜沧县东北部和双江、临沧、景谷、镇源、元江、墨江等县，占云南省总人口304174人（1982年人口普查数）的一半强的地区，19世纪末叶就已经形成了比较发达的封建地方经济，以经营水田农业为主。分布在边境地区即澜沧县西南部和孟连、西盟、耿马、沧源、勐海等县的另一半人口，主要从事刀耕火种的山地农业，在傣族封建领主土司的统治下，保持着浓厚的原始经济关系残余。

基于经济基础的差异，两类地区在政治、社会组织和家庭制度方面，发展程度和特点有所不同。前一类地区已确立父系一夫一妻制的家庭制度。在后一类地区，可以看到母系家庭、母系和父系并存的家庭、父系家庭同时存在，而各地情况又不尽相同。有一些村和乡，主要是自称为拉祜西的部分，以母系家庭为主，母系大家庭一直保留到20世纪50年代，同时有双系制的成分，并已出现少数父系家庭；自称为拉祜纳的部分，有的留存母系家庭，但双系制更加突出，同时存在父系家庭；多数村寨则以父系家庭为主，残留着母系和双系的因素。

直到20世纪中叶还保留母系家庭的拉祜族地区和人口只占少数，保留母系大家庭的则更少。澜沧县南部糯福区的南段、坝卡乃、完卡和洛勐等乡的拉祜西，约有6000人，至50年代初还保留着母系大家庭。此外，在耿马县福荣区芒美乡、孟连、沧源县的一些地区，也有少数的母系大家

---

① 中国科学院民族研究所、云南少数民族社会历史调查组编：《拉祜族简史简志合编》，北京：中国科学院民族研究所，1963年；宋恩常：《云南少数民族社会调查研究》下册，昆明：云南人民出版社，1980年；许鸿宝：《拉祜族大家庭的调查与分析》，载《云南社会科学》1984年第1期；云南省编辑组：《拉祜族社会历史调查》（一）（二），昆明：云南人民出版社，1981年；杨鹤书：《澜沧江拉祜族的母系家庭》，载《思想战线》1982年第4期。

庭存在。尽管这是历史上遗留下来的在家庭制度方面的母系制度残余，不能与原始时代的母系氏族社会相等同，但是，这种残余形态留存到现在，在当今世界各民族中也属少见。研究这种古老家庭形态的发展及其在社会主义制度下的变化，无疑有重要的学术价值。

追溯遗留至今的拉祜族母系家庭的历史线索，可以看出这样一个轮廓。拉祜族是一个有悠久历史的民族，尽管作为一个民族名称至清初才见于记录，被称为倮儸。他们在若干个世纪间由北往南迁徙。17世纪康熙《楚雄府志》卷一记载："倮儸居深箐，择丛篁蔽日处结茅而居，遇有死者，不殓不葬，停尸而去，另择居焉。"这时楚雄府所属广通县、南安州（今双柏）一带山区的拉祜族还过着原始的游动的生活。往南迁徙到云州（今云县）的部分这时开始从事初期农业。康熙《云州志》卷五说："倮儸……勤于务耕，以所食荞稗即为上品。其他草子、芭蕉、树枝、野菜及葛根、蛇虫、蜂蚁、蝉鼠、竹鼠、禽鸟，遇之生啖。"雍正《顺宁府志》卷九载，居住在顺宁府（今凤庆、云县、临沧、双江、孟连、澜沧、西盟、耿马、沧源）的拉祜族"饮食蜂蛇鼠蛤，无所不啖，然勤于耕作，妇人任力，男子出猎，多居山箐间"。也就是说农耕由女子作为主要劳动力，男子从事狩猎。据道光《普洱府志》卷十八记载，19世纪上半叶，普洱府（今普洱、景谷、墨江、思茅）的拉祜族"男女皆穿青蓝布短衣裤。……随身常带枪刀弩弓，不事耕作，以捕猎为生"。这些记载说明，自清初以后的两个多世纪，拉祜族的经济生产还很落后，从事初期农业，妇女是农业劳动的主要承担者，采集、捕猎在生活中还起着重要作用，有的地区可能还是以采集、狩猎为主。由此可以得知，这时的拉祜族社会，至少是其中的一部分还处于母系氏族制度时期。

靠近内地几个县的拉祜族，与傣、哈尼、彝等族特别是迁居到此的众多的汉族人民居住在一起，受到汉族及其他民族的影响，社会生活各方面发生了很大的变化。而沿边几个县的拉祜族，以澜沧西南部聚居区为中心，发展比较缓慢。且由于自然地理条件更差，山高箐深，交通闭塞，经济生产更加落后，因而本民族固有的社会制度长久地保留下来。但在拉祜西、拉祜纳（此外还有拉祜普等）之间又有区别。

澜沧县糯福区南段、坝卡乃等乡成为保留母系大家庭制度的中心地区，有其历史条件和地理因素。居住在这个地区的拉祜族主要是拉祜西。拉祜西比拉祜纳更多县更牢固地保留着古老的制度和习俗，这种现象在国外的拉祜族中同样可以看到。过去从我国迁到缅甸、泰国和老挝的拉祜族，约有10万人，其中拉祜西只占少数，泰国北部的拉祜西有几个氏族，婚姻关系还不很牢固。① 根据居住在我国和泰国的拉祜西关于祖先来源及迁徙路线的传说，他们的祖先曾经居住在今景谷、思茅一带。景谷、思茅都属普洱府地，从上面所引述的《普洱府志》的记载可见，这一地区的拉祜族比其他地区的拉祜族社会经济发展更缓慢一些。不过，目前还没有足够的资料来说明拉祜族不同地区社会发展不平衡的原因。澜沧县东部和东北部的雅口、谦六、东河等地的拉祜西，和大多数拉祜纳一样受汉族和其他民族的影响，经济生产发展相对较快，家庭制度多同于拉祜纳而不同于糯福区的拉祜西。这种事实的存在使我们不能不考虑到糯福区南段乡等地所处的地理环境。这里处于国境边沿，邻接缅甸，孔明山脉的支系连绵起伏，重峦叠嶂，村寨建在海拔一千多至二千多米的山巅斜坡上。以前没有公路，从一个村寨到另一个村寨，要翻山越岭。人们住在这样一个偏僻、狭小的地带，与外界很少联系，几乎处于隔绝的状态，据南段、坝卡乃的老人回忆，这里建寨已有约150年的历史，这完全可以和上述清代地方志所载的情况联系起来。19世纪上半叶还处在母系氏族制下的拉祜族，迁到南部边境的一部分，一直保留着原有的母系大家庭制度。

糯福区南段、坝卡乃、完卡等乡的拉祜西，新中国成立前夕仍然以刀耕火种农业为主，山地轮歇耕作。用砍刀、铁锄、套铁尖的竹棍来播种。从拉祜纳学会用牛耕至今只有几十年的历史。土地的最高所有者是傣族土司，拉祜族人民以村为单位向领主交纳负担。村寨所有的土地，成员可以用号地方式占用，宅地、园圃和水田归私有。在政治上，傣族土司委任拉祜族的村寨头人进行统治。

拉祜族有称为“俄折俄卡”的古老组织留存至今。勐海县布朗山巴卡囡寨，男女性各有自己的“俄折俄卡”，男性的共有8个，女性的共有10个，“俄折俄卡”内部有互助的义务，鳏寡孤儿由本“俄折俄卡”抚养；由年长者当头头，主持会议决定成员的婚姻事宜，不允许违反同一“俄折俄卡”禁止通婚等规例；财产由同一“俄折俄卡”的成员继承，因而母亲的财产传给女儿，父亲的传子。澜沧县完卡等地，至今也还有这种

---

① F. M. Lebar, Ethnic Groups of Mainland Southeast Asia, New Haven, pp. 30～33, 1964; O. Gordon Young, The Hilltribes of Northern Thailand, 2nd ed., Bangkok, 1962.

组织的遗留，人们认为“男子有男子的亲人，女子有女子的亲人”。有的调查报告认为“俄折俄卡”是“较诸氏族组织为更古和更原始的组织”①。还有的文章认为“俄折俄卡”是双系制的产物。它究竟是什么性质的组织，它与“卡”是什么关系，它出现在“卡”之前还是存在于“卡”之中，虽还没有弄清楚，但至少可以说二者不是等同的。研究者们普遍认为，“卡”在古代是氏族，本是血缘集团。由于长期的迁徙和战乱，不同血缘关系的人们迁移、聚居在一起，形成了地缘性的村寨，仍然称之为“卡”。拉祜语“卡些”一词的意义也从氏族首领变成村寨的头人。

1949年前后，在拉祜西地区，一个“卡”（村寨）之内聚居着若干个大家庭。一个大家庭包括三代至四代人，若干个小家庭。有些村寨还有一些单独居住的小家庭。南段老寨有6个大家庭，平均每个大家庭20人；芒糯寨有16个大家庭，平均每个大家庭33人；南波底寨有12个大家庭，平均每个大家庭24人；完卡寨有20个大家庭；坝卡乃寨有12个大家庭，平均每个大家庭27人，人口最多的娜期家有100多人。②

对于拉祜西家庭（包括大家庭和小家庭）的世系制问题，学者们有不同看法，有的说是母系制，有的说是父系制。笔者认为母系制是主要的，同时双系制的成分已占相当比重，仅有少数家庭行父系制，这种情况一直延续到现在。这里略作分析。

第一，普遍从妻居。拉祜西青年男女恋爱，男方父母需待女方父母先提出婚姻问题。结婚时男方亲人把新郎送到新娘家中，婚后男子在妻家居住，和妻子的父母及家人一起生活。有的就此一直到妻子的父母去世；有的则在妻妹结婚，妻妹夫到来之后，与妻子儿女在妻方寨中另建屋分居。

据1965年调查，南波底寨的55对夫妻中，从妻居的有48对，占87.3%。在南段老寨，1965年36对夫妇中有34对从妻居，占94.4%，只有一户因第二代有二男无女，故为儿子娶妻，但到了第三代又恢复从妻居。1984年该寨的59对夫妇中，有4对因丈夫的父母没有女儿，1对先从妻居后因妻之父母去世而迁到夫之父母家，1对因男子在外面当干部娶

---

① 《拉祜族社会历史调查》（二），第68页，昆明：云南人民出版社，1981年。
② 《拉祜族社会历史调查》（二），第1～25页，昆明：云南人民出版社，1981年。

汉族妻子，1 对由于丈夫的两个妹妹与汉族干部结婚离开家庭而娶妻。在南段新寨，据 1965 年调查，20 对夫妇中 16 对从妻居，占 80%。据 1984 年调查，该寨 39 对夫妇中有 34 对从妻居，占 87.2%；其余 5 对从夫居的夫妇，原来有 4 对都是从妻居，后来因妻子的父母去世、与妻子的家人不睦而回到夫家，1 对因男子在外面当干部退职而迁回父母家。

有的拉祜西村寨虽以从妻居为主，但从夫居的比例也相当大，明显地表明了双系制的特点。有儿有女的家庭都实行女招夫男娶妻，其中有个别女子出嫁，有几个儿子的家庭部分儿子出外上门。据 1965 年调查，芒糯寨 125 对夫妇中有 87 对从妻居，占 69.6%；38 对从夫居，占 30.4%。坝卡乃寨 130 对夫妇中有 78 对从妻居，占 60%；52 对从夫居，占 40%。

第二，世系以母系为主。在拉祜西地区，与普遍从妻居的情况相适应，血统根据母系继承。没有女儿的家庭虽让儿子娶妻，但下一代有了女儿则仍然由女儿继承。同时存在女招夫男娶妻的家庭实行双系继承。世系从父系的家庭属极少数。有的男子是从外村寨到女方上门的，他们的儿子同父亲一样也是外出上门，女儿则把丈夫招回家中，生下子女，同样由女性一代一代地传下去。这种情况清楚地说明世系从女性传递而不是从男子。但有的男子就在本寨到女方上门，当夫妻双方的父母去世后，这一对夫妇成为一户之主时，从表面看来，丈夫的父母就在本寨，子女现在多从父姓，这似乎是从夫居、世系从父系。其实不然，因为这是丈夫到妻方结婚并在妻方家庭生活；他们另立新户是丈夫随妻子从妻之父母家分居出来；从男方家庭看，是姐妹们留在家中招赘而兄弟们则例需外出上门从妻居。与这种婚姻、居住形式相适应，世系仍然是从母而不是从父。坝卡乃寨娜波底在 1959 年招了汉族丈夫姜学新，生下三个子女，1972 年娜波底病死，姜学新又和娜波底的表妹结婚，抚育几个孩子。如果他到别处娶妻，是不能把子女带走的，他们是自己母亲的继承者，如果没有人管，可由母方的近亲分担抚养之责。

所谓子女从父姓，是不久前才有的，不能作为世系从父的依据。拉祜族本无姓，现有的李、石、张、胡等都是借用汉姓。群众对于有无姓氏，从母姓或从父姓抱无所谓的态度。1949 年以后登记户口，有的父报一姓，子女报另一姓，有的因不明自己父母姓氏而随配偶同报一姓。目前采取自愿原则，有的随母姓，有的随父姓，也有女从母姓，子从父姓的。可以看到，虽受汉族文化影响，但反映了本民族原有的母系制和双系制的特色。

这一特点也表现在本民族的命名法上，拉祜族的名字以出生日所属十二生肖、出生时间等为标志。如“努”是牛，“拉”是虎，男名冠以“扎”，女名冠以“娜”，虎日生的男子叫“扎拉”，牛日生的女子叫“娜努”。这种命名法造成一个寨子有许多同名者。为了区别同名的人，把某人的名字与他（她）的第一个孩子即长女或长子的名称相连。比如，父亲叫扎四，母亲叫娜多，长女叫娜努，就以扎四娜努巴（巴的意思是父亲）来指明其长女叫娜努的那个扎四，以娜多娜努耶（耶的意思是母亲）来指长女叫娜努的那个娜多，同样的说法也可以指明要说的娜努是扎四或娜多的女儿。这也许是一种早期的亲子连名制方式。

第三，财产以女子继承为主，逐渐向双系继承过渡。过去南段等寨的母系大家庭，财产由女儿继承，儿子没有继承的权利。近几十年发生变化，儿子和女儿同样可以继承父母的财产。父母在世时把牲畜、生产工具等分给子女。父母的房屋和其他遗产，主要由负责赡养父母的女儿继承，她不一定是长女或幼女，父母往往选择合意者同住。

第四，在家庭和社会上，与其他行父系制的民族或地区相比较，拉祜西女子的地位比较高。在人们的观念上对女子比较重视。家长是女主人和她的丈夫，他们共同指挥全家的生产和生活。男家长组织生产，主持祭祀，对外联系，参与处理寨内外的公务等。女家长安排、从事各种副业，管理家务，决定买卖农副产品和生活所需，办婚事。男女家长的地位是平等的。人们对一家的称呼，可以把女主人的名字放在前面，如娜卡波—扎四家；也可把男主人的名字放在前面，说扎努—娜卡波家。看来过去多用前一种说法，而现在则以后一种说法更为流行。

拉祜西的母系大家庭，从历史上到20世纪80年代，经历了一系列的变迁。这些变化，与本民族社会生产的进步、周围民族的影响、国家形势的发展及其所采取的政策，都有着密切的关系。其变化的趋势，一是从大家庭转变为小家庭，二是从母系制逐渐向父系制过渡。

拉祜西的母系大家庭（拉祜语称“底页”），包括以女家长为中心按女性传递的三、四代成员，每一代女性成员都从外面招进丈夫，每一代男性成员都外出上门从妻居。大家庭中包括若干小家庭（拉祜语称“底谷”），即由一对夫妇及其未婚子女组成。母系大家庭是一个生产和消费单位，共同占有土地，集体劳动，共同分配。一个大家庭住一所栏居式长房。房子分上、下两层，用木桩柱架起，木、竹料做上层楼板和墙壁。上层住人，下层关禽畜，放置杂物。房子高七八米，宽十多米，长度不等，过去有的长达三四十米。屋内有几个以至十几个火塘。火塘两侧用木板隔成若干格，供夫妇及其子女们住宿。屋内一角存放粮食。据南段老寨老人们回忆，20 世纪初还有隔成 70 格的大房子。这种集体占有、共同劳动和消费的母系大家庭过去曾是普遍的形式，至 20 世纪 40 年代末仍有存在，但已少见了。

随着生产的发展，大家庭内部进行分工，小家庭的个体劳动起着日益重要的作用。除了集体经营大面积的耕地和集体饲养的家畜家禽之外，小块耕地、园圃地、少量的禽畜、手工业等已可以由几个小家庭联合或一个小家庭单独进行，收获物起先由集体共同消费，后来由小家庭留下一部分以至大部分。20 世纪 40 年代末，一个大家庭内同时存在着集体生产和消费、小家庭个体生产和消费的情况。南段老寨 6 户大家庭，有 4 家保持集体生产和消费，1 家两种生产和消费并存，1 家实行个体生产和消费，仅在农闲季节全家生活在大房子里。小家庭通过个体经营，有了属于自己的私有财产，单独进行商品交换。随着个体经济不断发展，各个小家庭之间占有财产逐渐不平衡，大家庭内部呈现贫富分化，以至有些大家庭成员之间产生雇佣和借贷关系。坝卡乃寨有 100 多人的娜期家，虽住在一所公共大房子内，但实际上已分成 15 个生产、生活单位，其中 7 家比较富裕，有较多的牛、刀，放债，雇短工，2 家生活可以自给，6 家生活困难，靠帮工补助。总的来说，在多数地区，小家庭私有制的发展还受着大家庭的集体经济和生活的抑制。

孕育在大家庭中的小家庭，随着私有制的发展，终于要从大家庭中分离出来。分离的途径往往经过“班考”这一环节。由于山地远离村寨，往返要走几个小时，为节省时间和缓解奔波劳累，人们在耕地上搭盖临时房屋，称为“班考”，供田间休息、饮食和居住之用。有的小家庭一年中大部时间在“班考”居住，仅在农闲时和节日回到公共房屋过集体生活。各个小家庭把收获物交到公共仓库，消费所需从公共仓库取用。通过在“班考”进行生产和生活这一方式使小家庭的个体经营发展起来，为个体家庭从大家庭分出创造了条件。小家庭具备了单独生产生活的能力，便从大家庭分离出去。一般是有若干姊妹的大家庭，各个姊妹及其后代析产分居，各自成为一个生产、生活单位。这一过程在 20 世纪 30 年代到 40 年代已经开始。

南段、坝卡乃、完卡等地的母系大家庭，大多是在20世纪40年代到50年代解体的。这些大家庭当时一般包括三代，平均20多人。到了80年代，第一、二代人大多已去世，现在的家长多数是那时的第三代人，大家庭大都变成了小家庭。如南段老寨那斯朱亿、协信提家，40年代末包括四代30多人，那斯朱亿夫妇与四个已婚的女儿和她们的丈夫及其后代同住，四个儿子外出从妻居。如今第二代只有幼女娜四夫妇还在世，与两个已婚的女儿及其丈夫、子女共10人同住，第三代结婚后都组成为一对夫妻及其子女的小家庭了。

现在的大家庭已属极少数。例如南段老寨的娜细、扎俄家。他们有五女四子，两个女儿婚后在本寨另立新户，长子在本寨上门，娜细夫妇和三个已婚女儿及其丈夫子女及三个未婚儿子共13人一起生活。另一户为娜细的妹妹娜波、扎朱家，他们和三个已婚女儿及其丈夫子女、两个未婚儿子共14人同住，两个儿子在本寨从妻居。人口最多的是扎努、娜波家，同住在大房子里的有23人，包括五对夫妇，在外工作的不计算在内。扎努是到娜波家上门的，他们有10个儿子，没有女儿，6个儿子先后去世，2个在外当干部，1个去外寨上门，次子李四娶妻，但第三代仍然实行女子招夫男子上门。大房子保持过去的形式，只是规模小得多，屋内分八格，设三个火塘。

几十年来，大家庭逐渐变小，其趋势是变为只有一对夫妇及其子女的核心家庭。1984年南段老寨包括4对夫妇以上的家庭有3户，占总户数的9.7%；包括2～3对夫妇的家庭12户，占38.7%；只有1对夫妇及其子女的小家庭16户，占51.6%。后者已占优势。南段新寨已见不到包括4对夫妇以上的家庭；包括2～3对夫妇的家庭10户，占38.4%；只有1对夫妇和子女的小家庭16户，占61.6%。小家庭的建立，通过从父母家分居的方式实现。一般是长女婚后与上门的丈夫在一起住在父母家，待次女结婚后，家中有了新的劳动力，长女便分家另辟新居，最后留一个女儿在父母身边居住。

至1949年还保留下来的大家庭，在50年代迅速解体，30年来的变化日益使核心家庭成为拉祜西的主要家庭形式。这一变化的过程及其主要原因是：第一，人民政府在这个地区采取了不进行系统的民主改革而直接向社会主义过渡的政策，领导群众大力发展生产，不断提高生产发展水平，逐步消灭封建因素，建立了社会主义的生产关系。从1956年起组织互助合作。加入互助组，在提供劳动力和产品分配上都以户为单位；建立合作社以后，加入合作社的各户以耕地、耕牛和农具入股；评工记分的管理方法对小家庭更为有利。这些都促使小家庭从大家庭分家，人们以小家庭为单位加入互助组、合作社。正是适应生产发展的需要，许多大家庭在这时分化为小家庭。这个变化过程在持续着。1980 年起全面推行大包干生产责任制，实行责任山、自留山、轮歇地包干到户，这一政策促进了生产的发展。小家庭经营得好，可以先富裕起来，生活过得更好些。因而人们更迫切地希望早日从大家庭分出来，建立小家庭。现在有些青年婚后几个月便分家，这在过去是没有的，结果造成由一对夫妇及其未婚子女组成的核心家庭比例愈来愈大的情况。第二，人们普遍认为过去为了逃避门户款和各种捐税因而不分家，这虽不是根本的但也是长期保留大家庭的原因之一。从这方面说，现在无须逃避捐税就成为大家庭解体的一个因素。第三，作为一家之长的父母亲去世，大家因而解体，有不少的大家庭由于男女家长相继去世而解体，兄弟姐妹平分财产，各自建立小家庭。第四，由于迁寨而使一些大家庭分成小家庭，或因临时居住地“班考”形成了新的村寨，大家庭中一些小家庭因长期居住“班考”而与大家庭分离。

与大家庭向小家庭转变并行的另一个趋势是，母系制向父系制的转变。

如上所述，在以母系家庭为主的拉祜西村寨，已有了男子上门后因故把妻子领回父母家生活的事实；有的寨子和家庭中母系与父系并存，开始出现少数从夫居、世系从父的情况。在人们的观念上，传宗的意识不强烈，对祖先的观念很淡薄，不论母方或父方的祖先，三代以上的都说不清楚。人死埋葬后不垒坟，也不上坟祭扫。

糯福区拉祜纳的双系制成分更多一些。男子婚后一般在妻家劳动三年，然后携妻子分居，可以在女方村寨，也可以在男方村寨，视双方劳动力的需要而定；近年有的把上门三年改为三个月或一个月，还有婚后在妻家住三天就把妻子领回父母家的。这些象征从妻居向从夫居过渡的习俗，也开始逐渐地在拉祜西地区实行起来。

勐海县布朗山上的巴卡囡和贺开寨的拉祜纳，由于地处偏僻，比大部分拉祜纳地区发展缓慢。1964 年巴卡囡寨有 18 户，其中 15 户还保留大家庭，仅有 3 户是刚从大家庭中分化出来的小家庭，平均每个大家庭 19

人，最多的34人。这些大家庭世系制已是父系制，但普遍从妻居，且明显地保留母系、父系并存的痕迹。男子结婚，必须先到妻家上门，短则几年，长则15年，然后携妻儿返父母家。女子先招夫上门，若干年后随丈夫同返其父母家。因此，在一个大家庭中生活的就包括兄弟姊妹的配偶以及他们的子女，但姊妹们是终究要走的，最后留在大家庭的是男性的后代。如扎岛陶、娜努家，老夫妇俩与四个已婚的儿子、一个已婚女儿和他们的后代共同生活，两个儿子去外寨从妻居未回，第三代已婚的两个孙女，一个在家招夫上门，一个招夫上门数年后又随夫去夫家。全家34人，由家长扎岛陶指挥，七个小家庭分工负担各种农活和副业，收获共同享用，所余钱粮由家长主持按各户劳动力分配，每逢节日各小家庭由"班考"回到公共房屋团聚。再如另一个34人的大家庭，父母已去世，已婚的兄弟四人及其后代和一个未婚幼弟共同生活，由长兄史扎迫囡当家长，一个兄弟去妻家上门未回，两个妹妹已去夫家。第三代已婚的女子，一个去夫家，两个招夫上门。①

在大部分的拉祜纳地区，世系从父系，男子婚后大多到妻家劳动三年，然后将妻子带返父母家共同居住，或在父母的寨子另建小家庭，女子出嫁的日益增多。男女都可以继承财产。澜沧县勐朗坝等地区的一些村寨，实行男子娶妻，不再到妻家上门，但要负担沉重的费用，作为免去在妻家劳动的几年的补偿。

将社会经济发展水平的高低作为参考标尺，拉祜族的婚姻居住形式和世系制的不同情况表现了依次发展的序列：第一是男子婚后从妻居，子女从母居，世系从母系；第二是从妻居与从夫居并存，母系与父系并存；第三是婚后先从妻居，后从夫居，世系从父系；第四是从夫居，世系从父系。这种顺序表明了母系制向父系制的发展，而不是相反。

拉祜族家庭由母系制向父系制的转变，还受到周围的汉、傣、哈尼、佤等民族的影响。1949年以后，不同民族之间通婚的现象增多，本民族青年外出工作和学习，其他民族干部到拉祜族山寨工作，都促进了拉祜族和其他民族的交往。周围民族都是行父系制的，因而父系制因素也就被带进拉祜族社会中。

透过拉祜族的各种不同的家庭形态，可以看到一个民族社会既保留有

---

① 《拉祜族社会历史调查》（二），第64～65页，昆明：云南人民出版社，1981年。

历史上留存下来的文化遗迹，这些遗迹甚至属于不同的时代；又有随着社会的发展而不断产生的新的变化。这些不同时代的产物同时并存，犹如被扰乱了的考古文化层，呈现得错综复杂。但通过研究分析，对其表现形态和发展线索还是能够看得比较清楚的。

（原载《新亚学术集刊》第6期，香港中文大学，1986年）

论环状联系婚与母方交错表婚

国内外有一些民族曾经存在过或目前仍存在着环状联系婚，与此并存的是母方交错表优先婚配。本文根据目前搜集到的资料，对这两种通婚关系的形式和特点与二者的联系、产生的原因、作用和变化进行初步的探讨。

一

环状联系婚是指三个或三个以上的集团互相联结联婚，形成单向循环的婚姻关系。在三个有固定通婚关系的集团中，A 集团的男子固定与 B 集团的女子通婚；但 B 集团的男子绝不能与 A 集团的女子婚配，而必须固定与 C 集团的女子通婚；同样，C 集团的男子也不得与 B 集团的女子婚配，而必须固定与 A 集团的女子通婚。如此循环往复，世代相沿。这种通婚关系如图解 I 所示：

图解 I

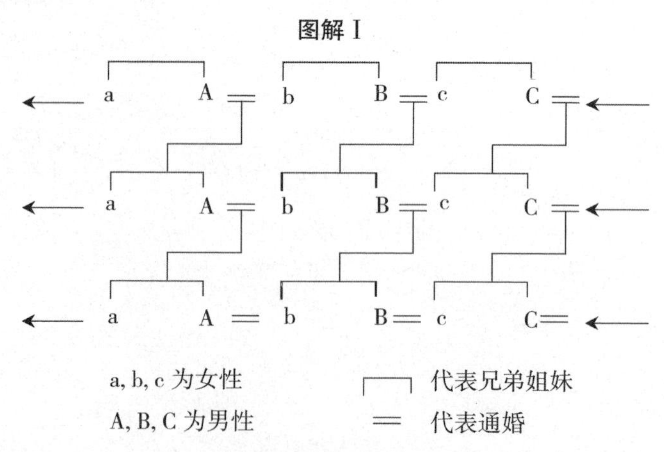

环状联系婚在亚洲、大洋洲、非洲的一些地区和民族中流行，而以东南亚为最多。我国的独龙族、德昂族、景颇族，缅甸的克钦人，泰国、老挝、越南和我国的克木人，印度尼西亚的巴达克人，苏联的尼夫赫人，澳

大利亚北部的一些土著部落，非洲中部和南部的一些班图人部落等，都有环状联系婚。独龙、景颇、克钦、克木人的环状通婚关系尤为盛行。

19世纪末，俄国民族学家施特恩堡（L. Y. Sternberg，1861—1927年）描述了居住在西伯利亚东部黑龙江下游沿岸地区和库页岛的吉里雅克人（今称尼夫赫人）的婚姻状况，恩格斯曾把他们的群婚残余作为实例附录在《家庭、私有制和国家的起源》一书中。尼夫赫人有几十个父系氏族，实行氏族外婚，一个氏族的女子嫁给另一个氏族的男子，前一氏族的男子就不能娶后一氏族的女子为妻，而必须娶自第三个氏族。例如：黑也格嫩格氏族从克格南格氏族娶妻，克格南格氏族从忒克分格氏族娶妻，忒克分格氏族又从黑也格嫩格氏族娶妻。这样，每个氏族至少要和两个氏族通婚，而且形成了三个氏族的环状通婚关系。与此相联系的是，男子可以和母亲的兄弟的女儿通婚，但不能和父亲的姐妹的女儿通婚；妻子所来自的氏族被称为丈人氏族，女儿所嫁往的氏族被称为女婿氏族。苏联著名民族学家柯斯文（M. O. Косвен）把三个氏族的循环通婚关系称为氏族的环状联系或三氏族联盟。①

印度尼西亚苏门答腊西北部山区的巴达克人，按照习惯法严格地遵守父系氏族外婚制的原则，三个氏族形成固定的环状通婚集团。他们俗称为三脚架或三块石头，用火塘上架锅烧饭的三脚架或三块石头来比喻这一环状联系通婚组织，认为它们是缔结婚姻和其他社会关系的支柱。巴达克人的男子有优先与母亲的兄弟的女儿婚配的权利。

分布在老挝、泰国、越南三国的北部和我国云南省南部的克木人，在环状联系通婚形式上有自己的特色。老挝的克木人村落，居住着若干以动物或植物作为图腾的集团。这些图腾可分为不同类型，比如有的村子的图腾分为四足兽、鸟和植物三类。属同一类图腾的集团，包括两个或两个以上的父系世系群，这些世系群彼此之间严禁通婚，只有在不同类图腾的集团之间才能缔结婚姻关系。也就是说，鸟类图腾集团的男子只能娶四足兽类图腾集团的女子为妻，前者的女子却不得与后者的男子婚配，而必须和植物类图腾集团的男子通婚。通过婚姻联系把这些图腾集团即氏族连结成一条链环。与环状婚存在的同时，流行男子优先与母亲的兄弟的女儿婚配

① （苏联）M. O. 柯斯文：《氏族的环状联系或三氏族联盟》，载《民族问题译丛》1975年第4期。

的习俗，实际缔婚不限于母亲的亲兄弟的女儿，而是包括属于相应的通婚范围的女子，即母亲的兄弟辈的女儿。老挝、泰国、越南的克木人和我国云南省勐腊县的克木人一样，认为一个男子与父亲的姐妹的女儿是兄弟姐妹，因而不能通婚。①

澳大利亚西北部的卡拉哲里部落给我们提供了4个集团组成环状通婚联系的实例。该部落行父系制，男子可以和母亲的兄弟的女儿优先婚配，而严禁与父亲的姐妹的女儿通婚。有岳母与女婿回避的习惯。② 东北部的伊尔约龙特部落和北部的穆恩津部落，分别有5个和7个父系集团循环通婚，只允许姑之子娶舅之女而禁止姑之女嫁舅之子。③

环状联系婚在独龙族地区普遍流行，而且比较完整地保留着原来的面貌。20世纪50年代，独龙族有15个父系氏族，其下有54个家庭。族外婚的规例被严格地遵守着，大多在不同氏族之间通婚，少数体现在不同家族之间。通婚关系通常在3个或更多的氏族之间进行。贡山县第四区孔当地区各自然村共有4个氏族、14个家族，形成了由3个以至7个氏族和家族环状联系通婚的关系网。这里用箭头来表示女子所嫁往的方向，可以看到这样的通婚关系，肯底→干木雷→拉佩→斯朗龙→布卡旺→学哇当→肯底，这表示由6个氏族或家族构成的环状通婚关系。这个通婚联系的顺序不能倒过来，肯底的女子应嫁给干木雷的男子，但肯底的男子不能娶干木雷的女子为妻，而只能娶学哇当的女子。一个氏族不限于和一个氏族缔结婚姻关系，而是可以和几个其他氏族缔结婚姻关系，肯底的女子除了嫁给干木雷的男子之外，还可以嫁到其他氏族去，形成了肯底→龙热阿→木切尔旺→肯底这样几个集团连环通婚，或者肯底→龙热阿→孔美→木切尔旺→布卡旺→孔当→木切尔旺→肯底的几个集团的通婚关系。其他氏族、家族的通婚情况也依此类推，形成了错综复杂的通婚关系网。与环状通婚关系紧密联系的是独龙族普遍实行的“安克安拉”婚，指外甥例应娶舅父的女儿为妻，只是在舅父没有女儿，或因兄弟多不足分配时，才向另一

---

① K. Lindell, R. Samuelson, D. Tayanin, Kinship and Marriage in Northern Kammu Villages: The Kinship Model. Sociologus Ⅰ, 1979.

② A. P. Elkin, The Australian Aborigines, p. 97, 99, Augus and Robertson Publishers, Revised edition, 1981.

③ L. S. Sharp, The Social Organization of the Yiryoront Tribe, pp. 112～113; H. W. Scheffler, Australian Kinship Classification, p. 264, 288, Cambridge University, New York, 1978.

氏族求婚，与此同时，舅之子与姑之女通婚却受到限制。[①]

景颇族和相邻的缅甸克钦人，一个村落包括若干父系氏族、姓氏或世系群，氏族、姓氏或世系群内部不通婚。三个或三个以上氏族、姓氏或世系群之间形成了多角的环状通婚。陇川县盈都寨景颇族的三个主要氏族勒西、嫩木皆和木然结成环状通婚集团，泡韦和恩孔氏族也参加通婚；缅甸克钦人的马立甫→拉涛→拉排→恩克姆→马然→马立甫这个通婚集团是以五个氏族为基础的。这种通婚联系形成了丈人种与姑爷种的关系，景颇语称为“梅尤—达玛”。梅尤是丈人的意思，达玛是女婿。一个氏族的男子娶另一氏族的女子为妻，后者成为前者的丈人种，前者成为后者的姑爷种。一个男子例应与本氏族的丈人种女子通婚，一个女子例应与本氏族的姑爷种的男子通婚。村寨中的老人们可以随时说出哪一对氏族、姓氏或世系群是丈人种和姑爷种关系。[②] 梅尤—达玛关系实质上受社会上普遍通行的婚例所制约，即姑家之子优先娶舅家之女，而舅家之子不得取姑家之女，丈人种就是舅家，姑爷种就是姑家。梅尤—达玛的婚姻关系是世代延续下去的。如果外甥不娶舅家的女儿，须向舅家送衣料、酒和鸡蛋等礼物作为补偿。这与德昂族中舅之女拒绝嫁姑之子时需要将聘礼的三分之一送给姑母意义相同。

非洲的班图部落恩孔多人有一种称为“恩基塔”的制度。乙集团的女子嫁到甲集团为妻，取得甲集团付给的牛为聘礼，然后用这份聘礼为自己的兄弟从丙集团娶妻。在南部的洛维杜人中，乙集团的女子从甲集团取得聘礼，为兄弟盖了房子，娶丙集团的女子为妻，因而兄弟的家有一扇门供她进出，她还有权要求兄弟的女儿做自己的儿媳妇。[③] 过去有些研究者认为这种通婚关系是聘礼引起的，由于娶妻要付聘礼，因而一个家族要对另一个家族承担义务。其实，单从聘礼方面来说明是不够的，这种通婚关系是环状婚和姑之子优先娶舅之女的古老婚俗的遗留，它不是聘礼引起的。

---

① 《独龙族社会历史综合考察报告专刊》，第一集，第19～20页，云南省民族研究所，1983年；《独龙族社会历史调查报告》（一），第48～49、68～69页，昆明：云南民族出版社，1981年。

② E. R. Leach，Political Systems of Highland Burma，pp. 63～85，London：The Athlone Press，1979.

③ African Systems of Kinship and Marriage，edited. by A. R. Radcliffe－Brown and D. Forde，London：Oxford University Press，1975.

从以上所介绍的环状联系婚的几个实例，可以看到：

第一，流行环状婚的民族和地区，都存在着父系氏族制或其残余。

第二，环状婚与母方交错表婚同时存在，二者有着不可分割的联系。柯斯文等学者曾指出环状婚与母方交错表优先婚配的密切关系，我国有些学者也把二者联系在一起。

母方交错表婚是指一个男子优先与母亲的兄弟的女儿婚配。在所有上述的民族中，男子毫无例外地都以舅家的女儿为当然的配偶，而被禁止与姑家的女儿相婚配，即限制父方交错表婚。在这样一个通婚规例之下，如果只有两个氏族集团是无法进行婚配的，必须至少有三个集团才能保证通婚的进行，由此而形成了三个或三个以上集团单向循环的通婚关系。也就是说，环状联系婚反映了父系氏族制下男子优先与舅家的女儿婚配而禁止与姑家的女儿结婚这一婚姻规例的通行。从下面甲、乙、丙三个集团世代相袭的环状通婚示意图（图解Ⅱ），可以清楚地看到实行母方交错表婚与环状联系婚的密切关系。按父系计算世系，己身是甲集团的男子，娶乙集团的女子为妻，而自己的姐妹则嫁给丙集团的男子。从这个通婚集团的亲属关系看，自己的妻子就是舅家之女，而姑家之女不可能是自己的妻子。该图解同样表示，如果己身是女子，丈夫就是姑家之子，而舅家之子不可能是自己的丈夫。

图解Ⅱ

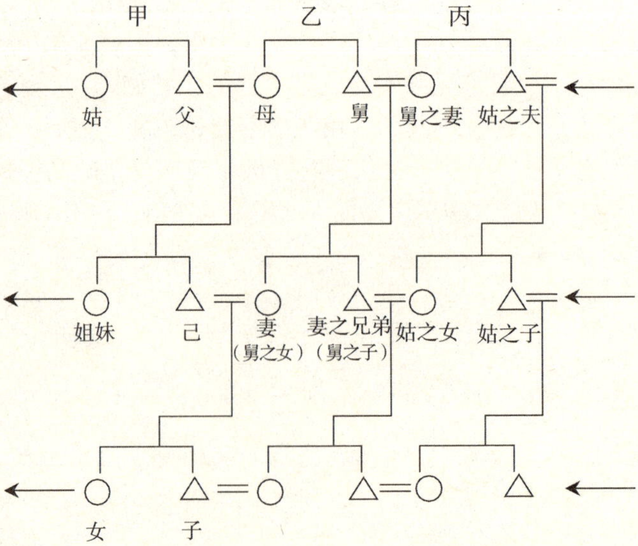

甲　乙　丙

姑　父　母　舅　舅之妻　姑之夫

姐妹　己　妻（舅之女）　妻之兄弟（舅之子）　姑之女　姑之子

女　子

通行环状联系婚的民族，在亲属称谓上也明显地反映了存在母方交错表婚而禁止父方交错表婚的事实。克木人男子对舅父与岳父同称“依姆”，舅母与岳母同称“拖”，姑称“琴”，姑之夫称“枯恩”，姑之子与姐妹夫同称“抠”，姑之女与姐妹夫之姐妹同称“科”，妻兄弟之女与儿媳同称“阿姆”；女子对姑之子与丈夫同称“涛”，舅之子与兄弟之妻之兄弟同称“科”，舅之女与兄弟之妻同称“剖”。景颇族的男子对舅父与岳父均称“尤颇”，舅母和岳母均称“尤迷”；女子对姑母和婆婆均称“林姆”，姑父和公公均称“王木”。

二

如果说环状联系婚是适应母方交错表优先婚配和禁止父方交错表婚的需要而形成的，那么，母方交错表优先婚配和禁止父方交错表婚的规例又是何时从何而起的呢?

氏族制度的一个根本原则是氏族外婚，随着氏族人口的增加，尤其在父系氏族制下，外婚制往往在下一层组织即世系群实行。上述同时存在环状婚与母方交错表婚的民族，都无一例外地按父系计算世系，实行父系氏族或世系群的外婚制。可以说，环状婚与母方交错表优先婚配以及禁止父方交错表婚的同时存在，是父系氏族制下的产物。

交错表婚，是指兄弟之子女与姐妹之子女之间可以互相通婚，在许多民族中这种通婚关系常常成为一种优先权利，甚至是强制性的。本文有时为避免与单方交错表婚相混，也称之为双方交错表婚。这种婚俗的起源，可以追溯到氏族产生的时期，两个半边之间建立世代延续的通婚关系，通婚对象就是兄弟之子女与姐妹之子女，当然，实际上并不局限于亲兄弟姐妹的子女之间，而是包括属于相应范围的男女。

在母系氏族制下，双方交错表婚的婚姻形式普遍流行，任何一方的交错表婚，包括母方交错表婚和父方交错表婚，都不会受到社会的限制。交错表婚的通行起着维系两个母系氏族的关系的作用，有助于延长母系制的寿命。

我国古代周族姬、姜两姓世通婚姻，达千年之久，反映了周族母系氏族时代交错表婚的延续。近现代保留母系制的社会，都通行交错表婚。例如云南省宁蒗彝族自治县永宁区保留母系制婚姻家庭形态的纳西族，澜沧拉祜族自治县糯福区保留母系制家庭的拉祜族，苏门答腊帕当高原上的米南喀保人，中非和南非班图人的一些部落如恩登布人和本巴人，美洲的印第安人部落如加拿大西部的卡列尔人、阿拉斯加的纳贝斯纳人、巴西的博罗罗人，澳大利亚西部的土著部落卡列拉人，太平洋的瑙鲁人、波纳佩人、拉卡莱人，等等。[①] 他们都没有母方交错表优先婚配而禁止父方交错表婚的规定，因而也不存在环状联系的通婚形式。

父系制建立之后，交错表婚还继续流行。父系制的建立改变着社会的各种制度。为了彻底地确立父系制，消灭母系制的残余势力，交错表婚也在限制之列，代替双方交错表婚的是单方交错表婚。为什么只允许母方交错表婚即姑家之子娶舅家之女，而不允许父方交错表婚即姑家之女嫁舅家之子呢？对于这个问题，试作如下的分析。

在母系氏族制下，世系由女子继承，两个氏族互相婚配，男子与父亲的姐妹的女儿（也是母亲的兄弟的女儿）通婚，在妻方居住，他们的子女从母居，是合情合理的事。而在父系氏族制下，一个男子与父亲的姐妹的女儿通婚，也就是姑之女嫁到舅家做儿媳，所生子女按父系继承，就与父系制的社会发生矛盾。姑母本是从这个氏族嫁出去的女子，她的女儿再嫁回来，生下子嗣传宗接代，意味着母系制下女子继嗣的传统仍未得到彻底消除。因此许多民族有“血不倒流”的说法，即认为女子不能嫁到自己的血统所由出的母方集团去，否则就是血统倒流。这种说法在我国广大的汉族地区和许多少数民族中都存在。满族不久以前还有舅家之女可以嫁给姑家之子而姑家之女则决不能嫁给舅家之子的婚姻规例，认为姑之女嫁到舅家做儿媳是骨血倒流。[②] 达斡尔、锡伯族有同样的习俗，认为姑之子娶舅之女才是骨血正统，反之则不吉利。云南省勐海县布朗山上拉祜族，行父系制，至今还有称为“俄吉俄卡”的古老组织，同一祖先的同性成员组成一个“俄吉俄卡”，人们认为外孙女与外婆属同一女祖先，因此外孙女不能嫁到外婆家，即不能嫁给舅家之子，而姑家之子则是最合适的人选。云南贡山县的怒族、麻栗坡县的壮族、西藏的僜人等，也认为舅家之女与姑家之子成为配偶是最美满的婚姻，而禁止舅家之子与姑家之女相婚

---

① G. P. Murdock, Atlas of World Cultures, p. 106, 12, Delhi: New Standard Publications, 1982.

② 张其卓：《满族在岫岩》，第 85 页，沈阳：辽宁人民出版社，1984 年。

配，所持理由与上述同。

父系氏族实行氏族外婚，女子出嫁到外氏族去。姑母所嫁往的氏族和自己没有血缘关系，而姑母又是自己的亲人，该氏族就成为外氏族中最理想的婚配对象，姑之子娶舅之女被认为美满姻缘。母方交错表婚符合父系制确立和发展的要求，这种婚姻形式便得以保留下来并有优先实行的权利。

根据美国人类学家穆尔多克对世界各洲部分民族、部落的统计，只允许母方交错表婚的有 20 例，只允许父方交错表婚的有 3 例，优先与母方交错表婚配同时可行父方交错表婚的有 23 例，优先与父方交错表婚同时可行母方交错表婚的有 8 例。在我国少数民族中，存在上述四种婚俗的分别有 11、2、1、5 例。这些统计虽然不够全面，但以两种单方交错表婚作比较，母方交错表婚所占比例大大高于父方交错表婚是毋庸置疑的。这有助于说明从双方交错表婚向单方交错表婚发展的趋向。

优先与母方交错表婚配的实例，除了上面已提到的之外，还见之于许多民族中。如印度的普龙人、艾莫尔人，喜马拉雅山的塞马人、洛特人，缅甸的钦人，老挝的拉棉人，印尼的凯伊人和松巴人；非洲东部的桑达韦人、奇加人，本部的基西人和门德人；大洋洲的贝卢人、瓦罗彭人；北美的卡斯卡人、图图特尼人，南美的西里奥诺人、马普切人；等等。此外还有些民族行双方交错表婚但优先与母方交错表婚配，如东非的文德人、赫赫人和卢古鲁人，南非的姆本杜人，西非的阿散蒂人、芳蒂人、班巴拉人、阿哈加伦人；亚洲有斯里兰卡的僧加罗人，印度的泰卢固人、琴楚人，印尼的森比林人、塔宁巴尔人；北美的钦西安人，南美的洛科诺人、图卡诺人等。

只允许父方交错表婚配的实例很少，过去丽江纳西族和湖南土家族实行父方交错表婚是带强制性的。纳西族舅之子可优先娶姑之女，甚至可以强娶。土家族把姑之女嫁舅之子看作生女还给母家，称为“骨种”。在那些可行双方交错表婚但优先与父方交错表婚配的民族中，如苗、瑶、布依、傈僳、哈尼等，有女出嫁先问舅，只要舅父有年龄相当的儿子，必须嫁给舅家，即使舅家无子，外甥女出嫁也要征得舅舅同意，并给舅家送“外甥钱”。如果嫁到别处，要给舅家送礼。研究者们多以舅权来解释舅父要外甥女做儿媳的婚俗。随着父系制对舅权的抑制，对不利于父系制确立和发展的各种制度的打击，母方交错表优先婚终于占了上风。

有一些刚建立起父系制的社会，对姑之女和舅之女就有不同的看法。根据研究澳大利亚土著的学者埃尔金、华尔纳等报道，卡拉哲里、伊尔约龙特和穆恩津部落，对父亲的姐妹与对父亲的称呼相同，使调查者十分惊异。在这些部落中，父亲的姐妹被看作女性的父亲，她的子女和父亲的子女就好像兄弟姐妹一样，因此一个男子决不能与姑母的女儿通婚。克木人也把姑母的子女看作自己的兄弟姐妹，认为是近亲，不得婚配。克钦人认为姑之女与舅之子通婚属乱伦，这种结合会生畸形孩子。从生物学的关系看，一个男子与姑之女和舅之女在血缘远近上是相同的，但父系氏族制这个社会关系一经确定，就有一套适应于父系社会的行为规范。从以父系为中心的观念出发，在生物学上属同等范畴的亲属关系在概念上被歪曲了。一个男子把姑之女视为亲姐妹，所以不能通婚，却可以娶舅之女，因为她是母亲娘家的人，尽管血缘很近却成了远亲，因此可以婚配。

有一些社会的婚姻规例与其存在的习俗有一定的联系。埃尔金认为禁止舅之子娶姑之女的婚俗与通行岳母女婿互相回避的规例有关。姑母虽已出嫁到别的氏族去，但仍然和侄子同属一氏族，他们的神灵同居一处，不可避免地有许多交往的机会，如果以姑母为岳母，则势必难以回避，因此，禁止父方交错表婚就可以和岳母女婿回避的习俗相适应，那些可通行父方交错表婚的地方，岳婿回避就不那么严格。这种解释虽未能从普遍意义上说明禁止父方交错表婚的原因，但指出了在该社会中这两种现象的存在有一定的联系。对岳婿回避习俗的解释众说纷纭，认为这种习俗是为了避男女之嫌，防止有可能发生的婚姻关系而产生的调节婚姻的准则，是较合理的解释。但是，无论认为岳婿回避习俗导致禁止父方交错表婚或是禁止父方交错表婚造成岳婿回避的产生，都还缺乏普遍的证据。

根据已有的实例研究，可以说母方交错表优先婚配与限制父方交错表婚是在父系氏族制下产生的。这一通婚规例导致了三个或三个以上的集团连结成环状的通婚关系。环状通婚集团起着调节婚姻的作用。它不仅保证了社会上通婚关系的进行，而且促进了通婚集团的经济联系、互相合作和友好交往。不同氏族、家族通过缔结婚姻，增进了彼此间的和谐、亲近，亲戚之间在家庭活动上可以互相帮助。这些都是社会稳定的重要因素。

并非所有实行母方交错表婚而限制父方交错表婚的民族都存在环状通婚集团，那些不存在或失去环状联系婚的地方，有其具体的原因和条件。比如，随着经济生产的发展、人口的增加、各地区联系的加强，可以通婚的外集团越来越多，环状通婚集团就由存在不明显以至最后消失。至今仍保留环状婚的民族，都居住在偏僻的山区，人口稀少，很难找到更多的外集团通婚，因而环状通婚集团长久地保留下来。

三

随着各个民族社会的发展，环状婚和母方交错表优先婚配以及限制父方交错表婚的通婚关系在形式和内容上都发生着变化。

一方面是在形式上开始冲破规定的通婚范围。德昂族在半个世纪以前就有少数人不按古老的规矩办事了，按照规定，克勒拉耐的男子与克勒宛恩的女子通婚，克勒拉耐的女子是不能嫁给克勒宛恩的男子的，但这种情况发生了。[①] 当出现舅家之子娶姑家之女的事情时，采取举行仪式让女子在名义上加入另一氏族的办法，取得合法的权利。景颇族在几十年前也开始有少数姑爷种集团的姑娘嫁到丈人种集团去的情况，即所谓“回头亲”。克钦人只是在上层人物如氏族和世系群头人中还严格遵守丈人种和姑爷种的规则。

独龙族居住在自然条件艰苦、十分闭塞的山区，和外界的接触少，人们比较严格地遵守婚姻规例，变化比较缓慢一些。有的调查报告对独龙族与固定的婚姻集团通婚的情况作了生动的描写。贡山县四区四村茂顶家族，家中有儿子要结婚，父母找到了按规定可以通婚的女子的家庭，带着酒去向女方父母求亲，边喝酒边唱道：“恳求你把姑娘许配给我的儿子做妻子吧！我们的家族过去都是娶你们家和家族的姑娘做妻子的，祖祖辈辈都是这样的啊！”女方的父母如果同意的话，就回答说：“你说的不错啊，自上而下以来我们家族的姑娘都是给你们家族做妻子的，如今亲上加亲，不给你们给谁呢?”如果女方父母不同意，又碍于对方是本氏族或家族的固定通婚集团的人，就在唱答时婉言解释说：“我们的姑娘是一定要给你们的，但是大的女儿不愿意，小的又太小，等小女儿长大了再给你们吧！”男家明白了对方的意思，就只好告退。即使在偏僻闭塞的独龙族地区，古老的婚俗也不是一成不变的。根据蔡家麒等同志的调查报告所提供的资料进行研究，贡山县孔当地区有 11 个自然村、134 户，属于 4 个氏

① 《崩龙族社会历史调查》，第 62 页，昆明：云南民族出版社，1981 年。

族、14 个家族，普遍实行只许与母方交错表通婚的原则，结成了许多个环状联系的通婚集团，只有木克央氏族斯朗龙家族与廷三氏族布卡旺家族之间发生过双方交错表婚。迪曾当地有 9 个自然村、98 户，属于 7 个氏族，只有姜荣氏族与其他氏族发生过双方交错表婚。孟登木地区有 13 个自然村、157 户，属于 7 个氏族、25 个家族，实行双方交错表婚的有 8 例，有的是在最近二三十年间发生的。总的说来，在大多数地区，“回头亲”的婚例所占比例很小，主要是少数人的特殊情况；少数地区“回头亲”发生得比较多；个别地区如龙元、先久当，各氏族互相通婚，双方交错表婚普遍流行。

发生变化的原因有多种，比如固定的通婚集团没有适合年龄的对象，男女青年反对父母由固定集团选择配偶的包办婚姻，自己选择情投意合的对象，人们在思想意识上对严格遵守古老婚俗的看法有所改变等等。

变化的趋向是交错表婚的日益减弱。乍一看来，只允许母方交错表通婚这一规例的被冲破，出现“回头亲”，似乎又导致回复双方交错表婚了。其实这是暂时的而且是少数的现象。随着父系制社会、私有制和个体婚姻的发展，被冲破的是各种形式的交错表婚。有的民族产生在交错表兄弟姐妹的子女一辈被指定通婚的规例，这个问题与交错表婚有关，但已不在本文讨论的范围之内。

另一方面的变化是，古老的婚俗在新的社会条件下增添了新的内容，这主要是私有制的发展引起的。在景颇、克钦等社会，形成了丈人种和姑爷种的关系以后，双方可以互相提出各种需要对方帮助的要求，如婚丧喜庆、生产活动以及战时的援助等。但实际上丈人种集团可以从姑爷种集团那儿享受到一定的权利，得到更多的经济利益，在各种活动中经常借助姑爷种的人力物力。姑爷种为了要娶丈人种的姑娘，须付出一份包括牛、毛毯、银饰在内的聘礼，婚后对丈人种所提出的要求，都作为义务来承担。这样就形成了丈人种优越于姑爷种的社会地位。克钦人的姑爷种似乎成了丈人种的下属。景颇族早已形成了贵族、百姓和奴隶三大等级，一般实行等级内婚制，但由于各等级人们的经济地位在不断变化，因而贵族也愿意将女儿下嫁给经济富裕的百姓，索取包括马匹、象牙等物的昂贵聘礼。如果在不同等级之间通婚，丈人种必然是高等级的一方。贵族只能把女儿嫁给百姓，而不娶百姓女儿为妻，如果娶百姓之女，百姓就会成为丈人种，贵族是姑爷种，这有损于贵族的权势和身价。

虽然每一个氏族或世系群既可以成为姑爷种也可以成为丈人种，但与丈人种和姑爷种这个关系网交织在一起的，还有其他的关系。比如，各氏族迁到一个村寨的先后，各氏族人口多寡与力量强弱，通婚集团在村寨之内还是村寨之外等因素，造成了某些氏族或世系群在某一地区占优势，加强了他们作为丈人种的优越地位，而不是权利均等。尽管如此，维系环状婚与母方交错表优先婚配的习惯法“通德拉”还是保证了丈人种的权利，而丈人种权利的存在也使这一婚姻规则长久地保存下来。

母方交错表优先婚配和与之相适应的环状联系婚，是历史上遗留下来的古老婚俗。这种婚俗只有在孤立的小整体社会中才能保持千百年之久。母方交错表优先婚配是近亲通婚的一种形式，尽管通婚对象是在属于母方交错表的分类范围之内，但也包括了血缘近亲以至亲兄弟姐妹的子女。由于通婚范围非常狭小，通婚的结果必然使一部分人生育出不健康的后代。因此，这种通婚规例是不利于民族的发展，不利于群众的身心健康的。

我国保留这种婚俗的几个民族都居住在西南边陲，建设社会主义四个现代化的任务在这里比在其他地区更为艰巨。为了培育出各民族的健康后代，促进各民族的繁荣昌盛，有必要对这些地区的群众宣传近亲通婚的危害，提倡优生优育。在提高文化科学知识水平的基础上，由群众自己改革不利于民族发展的婚俗。同时，还必须加速这些民族地区的经济建设，打破孤立的局面，扩大他们与外界的联系交往，才有可能冲破环状通婚关系网的束缚。

（原载《中央民族学院学报》1987 年第 3 期）

寻找失去的文化

——玛卡印第安保留地考察记

1992 年 5 月，笔者在美国华盛顿州西北部玛卡印第安保留地进行考察，适逢举行“波特拉赤”（一般译作“夸富宴”）仪式，有幸应邀参加，机缘难得。目睹盛会，感慨良多。

北美西北海岸印第安人文化复杂而又富有特色，其中以许多部落盛行的“波特拉赤”仪式最为引人注目。有大量的书籍描写这里的印第安人，仅美国著名人类学家博厄斯就有 175 种论文和著作写印第安夸扣特尔部落。半个世纪以来，西方人类学家有关社会文化变迁的著述中，这个地区的印第安部落常常被选作研究对象，有关“波特拉赤”仪式的变化又往往成为研究的一个焦点。

玛卡印第安保留地，位于华盛顿州奥林匹克半岛西北端，面积 114 平方千米。它的南部还有几个面积较小、互不相连的其他印第安部落保留地。玛卡语言属努特卡语。保留地内有 5 个村子，即尼阿湾、比赫达、瓦亚赤、祖耶斯和阿泽特。它们有共同的语言、传统文化和亲属关系。位于保留地北部的尼阿湾，逐渐形成为人口比较集中的小镇，各种管理机构都设在这里。据 1983 年统计，在保留地居住的玛卡人口为 1049 人，另有七八百人住在外地。

玛卡印第安保留地西濒太平洋，北临胡安德福卡海峡与加拿大的温哥华岛相望。年雨量约 254 厘米，是世界上雨量最多的地区之一，一年中有 199 个下雨天。冬季平均下雪 20. 3 厘米，时有强烈风暴。这里盛产多种海上哺乳类动物如鲸、毛海豹和各种鱼类，以鲑鱼、大比目鱼和鳕鱼为最多。高大挺拔的红雪松在玛卡人生活中起着重要的作用。

在与欧洲白人接触的 1788 年之前，猎取鲸和毛海豹是玛卡人的重要活动。猎鲸前举行仪式，祈求丰收，猎获后经祷告才宰杀，捕鲸者都被认为是部落中最有能力的人，从事这个工作是有继承特权的。猎取毛豹则没有严格规定，有能力者都可以参加，人们相信只要努力而正确地做仪式上的准备，必能获得成功。一般有三四个人参加，乘坐独木舟出猎。用鱼叉击中海豹心肺，拉上船取出内脏减轻载重量，然后提取油脂，在木箱中放入水和热石头，将浮起的油放入由海豹胃做成的容器内。陆上猎物如鸟类等也是食物来源之一，但数量不多。渔、猎都是男子的工作，妇女在退潮时拾蚌、蛤、贝类，在森林中采集草莓、草药等植物①。

玛卡人过去住长屋，屋长可达18米，宽9米，高4.5米以上。房顶几乎是平的，用厚木板搭盖，冬季将鱼肉放房顶上晒干。一所长屋居住几个家庭。考古学家于1970—1981年间在阿泽特挖掘出一个500年前的村落遗址。发现两所典型的西北岸多家庭居住的长屋，一所有10个灶，另一所有六七个灶，每个灶代表一个核心家庭居住②。斯万在1868年调查玛卡村落，一所房子住12～16人。如今玛卡人的住房和美国白人的家庭住房没什么区别，只是设备简陋一些。

玛卡人的独木舟与西北海岸各部落的独木舟类型相近，其大小和形式适于运载、战争、捕鲸及其他活动之需。有的独木舟长达7.5米，甚至可以用一根红雪松木做一只11米长的独木舟。现在独木舟只是偶尔用于短途运载和走亲戚了。

红雪松和紫杉、云杉、赤杨等树木提供了玛卡人的用材，修建房子、制作独木舟、弓箭、鱼叉等工具和各种日常用具都离不开它们。妇女精于纺织筐篮、树皮席子和毡子，男子擅长雕刻各种木器工具。

阿泽特遗址的丰富发现，已被陈列于设在尼阿湾的玛卡博物馆中，修建遗址博物馆耗资200万美元，有相当的规模。保留地已成为一个旅游点，作为印第安文化研究中心的基地，发挥着很好的作用。

在过去，玛卡地区的资源都属于头人。头人的家庭包括奴隶在内。头人和他的家庭成员占据长屋中最舒适的一角，他的兄弟和戚属住其他角落，奴隶亦同居一屋。奴隶一无所有，只有在秘密会社中才可暂时与平民和头人平等，有诉苦的机会。

笔者在参加玛卡人的“波特拉赤”仪式之前，对这一显示北美印第安文化特色的习俗作了大致的了解。

---

① Ann M. Renker and Erna Gunther, Makah, Handbook of North American Indians, Vol. 7, pp. 422～430, edited by W. C. Sturtevant, Smithsonian Institution, Washington, 1990.

② David R. Huelsbeck, The Surplus Economy of the Central Northwest Coast, Research in Economic Anthropology, Supplement 3, pp. 149～177, JAI Press Inc, 1988.

“波特拉赤”（Potlatch）源于钦努克语，意为“给出去”，转用自努特卡语“帕特沙特尔”，意为“一件礼物”。西北海岸的印第安部落，每逢节日、婚丧喜庆、战争胜利、竖图腾柱、生日命名、成年礼仪、修建房屋等，常举行“波特拉赤”。“波特拉赤”可以由部落、氏族或家庭举行。被邀请的头人带来许多人，包括奴隶，地位越高的头人带的人越多。主人盛宴款待并将礼物赠给客人，客人所得的礼物与他们所赠的礼物成正比。参加者消耗大量的食物，主人借此展示自己的财富和声望。

博厄斯曾详细地描述过最著名的夸扣特尔人的“波特拉赤”，这是19世纪末举行的一次仪式。部落或氏族头人早就为举行仪式准备和收集礼物，部落、氏族成员都要为此做出贡献。礼物中最重要的是大量的毛毡，1921年举行的最后一次也是最大规模的“波特拉赤”仪式上用了3万张毛毡。铜牌和其他铜制品在人们心目中是价值最高的财富，独木舟、鱼油以至奴隶都用于财富竞争。在仪式进行的过程中，应邀前来的各部落、氏族首领围坐在一起，头人举起一块大铜牌出售，有人出价1000张毛毡，另一个人出1200张，第三个人出1600张，第四个人出4000张。每个头人发言还价时都叙述祖先的功绩。场上的毛毡堆积如山，有人负责计算数目。铜牌终于以4200张毛毡售出了，但激烈的财富竞争赛还在于毁掉财富，烧油脂、焚毁毛毡和独木舟，或者砸烂铜器，甚至将作为劳动力的奴隶投入太平洋①。焚烧的火堆加强了一些人的特权，同时也燃起了自己所树的敌人的怒火。上层人物之间的财富竞争没有停息，相互间的仇恨引起战争。平民也可以举行“波特拉赤”，在家门口烧掉大量物品，而别的家庭比他烧得还要多。

有的人类学家认为，在一个半世纪以来印第安文化史的发展过程中，可以看到“波特拉赤”的兴衰。19世纪上半叶还没有这种仪式，那时战争频繁，血流成河。在盛行“波特拉赤”的几十年中，用羊毛毡和其他财富竞争，笑颜相对，人们觉得和平安全得多。随着欧洲人的到来，印第安人经济的衰落，文化的同化，“波特拉赤”作为一种制度崩溃了，而印

① Franz Boas, Kwakiutl Ethnography, edited by Helen Codere, pp. 77～104, The University of Chicago Press, 1966.

第安文化是应以盛行“波特拉赤”时期为代表的[①]。笔者在考察过程中体会到，“波特拉赤”的衰落，是北美西北地区印第安文化消失的体现和标志，反映了美国和加拿大政府对印第安人所采取的政策。

1776年美国独立后，欧美商人开始到西北岸。加拿大的西北毛皮公司和哈德逊公司等要占有印第安人的领地，用廉价毛毡与印第安人进行贸易。1830年英船停泊，流行性感冒在几小时内传遍整个村子。著名的海达部落在1835年还有6000人，至1915年只有不到600人了。天花流行使大批印第安人死亡，只余下1/3，有的村子甚至空无一人。加拿大政府于1884年规定，凡举行“波特拉赤”和冬季仪式（印第安人的另一个隆重节日）者要被抓起来；1951年颁布了凡违禁举行上述仪式者要受罚的法律。但印第安人仍然秘密举行，他们认为举行“波特拉赤”是使人们保存传统文化的一个途径。

美国政府自1776年至1887年间，同各印第安部落签订了370多个土地条约，其结果是印第安人被迫居住在保留地，而且地盘越来越小。玛卡保留地的大大缩小也是明证。1788年欧洲人约翰·米尔斯航行到玛卡地区抛锚，两年以后西班牙人到达尼阿湾。1852年，哈德逊公司在温哥华找到黄金以后，英国移民大批迁移至此，与之相邻的玛卡人传染上天花大批死亡，比赫达村因而荒废。玛卡人经过与华盛顿地区政府谈判，1855年签订了《尼阿湾条约》，让出了自己的土地换取教育、保健和在经常惯用的场所捕鱼的权利。政府的一系列印第安政策实质是强迫同化政策。直至20世纪70年代，还强调要世代从事海上渔猎的玛卡人在不适于耕作的地区从事农业。白人进入这个地区以后，玛卡人的渔猎经济大大改变，19世纪80年代以前，拥有帆船的白人就雇用玛卡人捕猎。火枪的使用大大地减少了海豹的数量，因而1894年有国际条约加以制止。白人在这里开设鱼罐头厂、锯木厂，大量宰杀鲑鱼，砍伐树木。1911年，美国政府规定包括玛卡人在内的印第安人还可以用土法即独木舟和鱼叉捕海豹，但玛卡人从1913年起就不再用鱼叉捕鲸了。目前，玛卡人主要从事旅游业，接待旅游者，用机船捕鱼，当伐木工人。

为了使印第安人同化，政府采取了许多强制措施。和美、加其他印第

---

① Helen Codere, Kwakiutl, Perspectives in American Indian Culture Change, edited by E. H. Spicer, The University of Chicago Press, 1961.

安部落一样，玛卡人的孩子们一律被送进基督教会办的学校和政府办的寄宿学校，以便脱离印第安人的“野蛮和迷信”。在学校里实施强制同化教育，完全用教育白人的方法来教育印第安人，禁止使用印第安语言，只能讲英语，不许穿着民族服装。人们被迫按照白人的模式生活，放弃自己的传统习俗、艺术和宗教信仰。强制同化印第安人的政策实施了100多年，其结果是今天的玛卡人同其他印第安部落一样多数不会讲印第安语，印第安文化丧失殆尽。

北美印第安人一直为失去的土地和民族生存权利而斗争。他们为居住地和森林、水产、矿产资源等权利不断向政府呼吁、谈判。现在他们有了自己的政治组织和基层政权组织，开始有了一些管理地方行政事务的权利，有了一些自由。笔者访问加拿大时，得知由于加拿大政府给印第安人一笔费用作为土地损失的补偿，玛卡人的生活也有所改善。目前，西北海岸印第安各民族人民正在觉醒，民族意识不断增强，长时期的强制同化政策激发起他们要求恢复传统文化和恢复自己民族语言的意识，他们正在努力寻找失去的文化。玛卡人采取了许多措施促进他们的文化复兴，恢复举行遗忘已久的“波特拉赤”仪式是这种强烈愿望的集中表现。

1992年5月30日，玛卡部落的帕克家族为本家族6位成员的命名举行“波特拉赤”。仪式从中午开始，至午夜结束。据老年人回忆，过去这一仪式至少持续两个星期。仪式在尼阿湾小镇上的一个供集会用的会堂举行，会堂为木结构单层建筑，面积约600平方米。会堂摆设长桌，帕克家族热情地欢宴200多位参加者，包括本家族成员和其他家族的代表，以及远道而来的客人。食物是西式的沙拉、火腿、熏肉、土豆泥、豆角、点心、水果和各种饮料，只有烟熏鱼是印第安风味。饭后撤去长桌，人们靠三面墙围坐，等待仪式开始。会场的一端作为舞台，张挂巨幅布幕，幕的正中是一个猎人，玛卡人的祖先，手持鱼叉，一旁有海豹皮做的鱼漂，两边绘有鱼和鹰，独木舟上一个人准备叉鱼。玛卡人已经没有自己的民族服装了，现在的穿着打扮一如白人。只有会场上的少数主持人穿黑色丝绒背心，镶红边，胸前背后有红色的鱼、蛇、熊和鹰图案。会堂的木板地面，绘有大幅彩色雷公鸟，两只上下相对，左右、上下有4条蛇和鱼。这些动物图案画也见于村中居民房屋及一些公共建筑的外墙板壁上，都是不久以前涂绘的。仪式组织者宣布将有专人拍摄仪式全过程，请客人们不要拍照，笔者虽不免为此感到遗憾，但完全理解玛卡人保卫自己民族文化的一片苦心。

仪式由玛卡部落一位传统头人主持，他领着大家祈祷，感谢上帝赐予饮食，帕克家族一群男女唱起家族的歌，每个家族都有自己的歌和舞，它们是属于家族的财富，不外传，家族成员必须知道本家族歌舞的来源和历史，一代传一代。歌和舞为创作者所有，家族成员可以学唱。如果创作者来不及在“波特拉赤”上把自己的歌公之于世便死去，这首歌也就随之而逝，除非它被允许流传下去。仪式上的节目以印第安歌舞为主，有合唱、独唱、集体舞和独舞，这是通过老人们的努力逐渐恢复、重建起来的。除了帕克家族之外，各个家族都贡献自己的歌舞节目。他们建立了一个专门训练印第安青年学民族歌舞的舞蹈队，舞者做了精彩的表演，使仪式增色不少。帕克家族演出的大合唱，一老者手持小木板指挥，十几个人击鼓伴奏，声势颇为雄壮。歌者大多年龄较大，用印第安语演唱，年轻人参加的很少。一位70多岁女长者的演唱最有特色，她的领唱起着指挥的作用。笔者感受到他们的真挚情感，是用自己的心在歌唱。

帕克家族的一位成员曾撰文记载19世纪中叶流传下来的一首蕴含着深沉感情的歌：“无论我如何努力尝试忘记你，你总萦回在我的心底，当你听到我的歌声时，你会知道我是在为你哭泣。”作者说，一位活到1991年的老人回忆，过去在持续两周的“波特拉赤”上，没有一首重复的歌，今天印第安人无从知晓有多少歌在流行病中、在教会和联邦政府代办处对印第安语言文化的坚决压制中消失。“我们已失掉很多，但我们还有祖先留下的文物，最重要的是有存在于人民心中的歌。”①

仪式上的面具舞独具特色，有狼、熊、鹰、鸟、鱼等各种动物面具。舞者头戴面具，身披毛毡，舞蹈反映了玛卡人的历史和过去的渔猎生活，模拟猎人猎获海豹、战争及雷公鸟舞、熊舞等，用歌声或击鼓伴舞。鼓是主要乐器，木框架、鹿皮面、鼓面有动物图像，直径1尺多至2尺多不等，高约3寸，用一只槌敲击。

在歌舞高潮中，来宾们应邀离座，踏着乐声起舞，布幕前有帕克家族的成员收受馈赠。笔者和其他客人一样，将准备好的钱作为赠礼。这是传统仪式中客人馈赠礼物的象征。

---

① Maria Parker Pascua: Ozette, A Makah Village in 1491. National Geographic, Vol. 180, No. 4, 1991.

会堂的一端，各种物品堆积如山，比100多年前头人们的印第安式的毛毡多得多，都是家庭必需的日用品，如毛毯、毛毡、床单、毛巾、炊具以至书签。今天的印第安人毛毡是买来的针织物，工厂生产的商品。只有贝壳项链是传统的印第安饰物。这些都是帕克家族准备回赠的礼物，此外还有现金。各种方式的赠礼，包括奖励，引起人们很大的兴趣。

6个年轻的家族成员是赠礼的第一批接受者。这也是“波特拉赤”上的一个最隆重的仪式。部落头人和家族主持者讲话，说明要赐给他们每人一个印第安语的名字以及名字的意义。多少年来玛卡人丧失了自己的语言文化，也失去了自己的名字。今天他们把振兴民族的期望寄予青年一代。

为帕克家族、玛卡部落和一切公共事务做过贡献的人，包括帕克家族以外的印第安人以及为这次“波特拉赤”仪式出过力的人，都受到奖励，得到礼物。每当若干歌舞节目演罢，家族主持人便宣布得到赠礼的人的名字，送上礼物，受礼人高声回答“他科！他科！”表示感谢。笔者得知，礼物并不是平均分配的，各家族的头面人物所得到的比一般人多。外来的客人也没有受到忽视，多次得到赠礼。

人类学家们对北美西北海岸的“波特拉赤”做过许多研究，对它的性质有各种议论。如果说过去的“波特拉赤”目的在于夸富和提高自己的地位，今天的“波特拉赤”则有加强民族凝聚力的作用。印第安人追回以往的传统习俗，加以改革，以利于团结人民，未尝不是好事。

玛卡人民特别是他们的知识分子和老年人一直致力于挽救自己的民族文化。玛卡保留地于20世纪60年代末就在中小学举办非正式的印第安语言文化班，由会讲玛卡语的老年人讲授。70年代由于阿泽特遗址的发现促进了文化复兴的活动。1979年建立了玛卡文化中心，成为美国最成功地实施保留印第安语言计划的地区之一。语言文化班发挥着相当大的作用，参加过学习的，至1980年占成年人的一半，1985年为57%；儿童参加学习的在1980年为33%，1985年为75%。1986年年底以前，玛卡的老年人和辅导员已为保留地的297名儿童和幼儿园的许多班级做过指导。文化中心为儿童布置了一个有印第安文化特色的环境，室外种植印第安地区常有的植物，室内的各种文字说明用印第安语和英语作对照，有印第安民族服装供孩子们表演文艺节目时穿用，陈设各种做得十分逼真的小型鸟兽，孩子们画的图画表现当地的自然环境、动植物和渔猎生活。室内外有游戏设备，将各种彩色小珠子串成各类图案花纹是印第安人的艺术之一，他们认为串珠子还可以训练儿童专心做事的毅力和意志。此外，玛卡保留地的教育部门正在组织编写一本印第安玛卡语辞典。

和西北岸其他印第安部落一样，玛卡人也有图腾柱，虽不及其他地区特别是加拿大境内的部落多。约在 20 世纪 30 年代，由于自然的或有意的损坏，图腾柱几乎没有了。后来许多图腾柱陆续被迁移到博物馆，人类学家们为保护图腾柱做出贡献。如今在笔者参观过的加拿大不列颠哥伦比亚大学的人类学博物馆、纽约的美国自然历史博物馆以及华盛顿斯密逊博物馆所保存的西北岸印第安人图腾柱都极为丰富。随着一些印第安艺术的恢复，美、加印第安人开始重新雕刻图腾柱。尼阿湾镇一些建筑外面有新竖起的雷公鸟图腾柱。有些图腾和其他艺术品保存在人民当中，是印第安人的宝贵文化遗产。

（原载广东省民族研究学会、广东省民族研究所编《广东民族研究论丛》第六辑，广州：广东人民出版社，1993 年）

重访山犁畲村　再谈民族认同

20 世纪 50 年代初期，许多少数民族地区的干部和群众向政府反映意见，要求承认他们的少数民族成分。1951 年，福建的畲民也提出了这一要求，认为畲民除了通汉语之外还有自己的语言、风俗习惯和宗教信仰，由于受到历代封建统治者的歧视压迫，大多数被迫住在偏僻的山区或单独聚居或与汉人杂居，但不同于汉人。那时，社会上俗称畲民为苗族人，这是因为过去南方少数民族往往被通称为苗人。至 1956 年以前，闽、浙地区的畲民不断表达他们不是汉族而是少数民族的意见和愿望。

1953 年，我参加畲民调查组，对福建、浙江两省畲民进行民族识别调查研究。1955 年又跟随杨成志教授和北京市、广东省的几位同志在广东罗浮山区、莲花山区和凤凰山区的博罗、增城、海丰、潮安、丰顺、饶平等县进行调查。福建、浙江的畲民有一个共同的传说，都认为畲民的祖居地在广东凤凰山区。我抱着很大的期望，希望在他们的历史源头找到畲民不同于其他民族，特别是与汉族迥然有别的民族特点。而事实上凤凰山区畲民所表现的民族特点比闽、浙畲民更加淡化，这些现象在当时使研究者们感到困惑。

1956 年年底，国务院已承认了畲民是一个单一民族。三四十年来学者们出版和发表了许多研究畲族的专著和文章①。我们在研究过程中认识到，类似畲族这样的族群，长期杂居在汉族地区，有民族名称，在相当大程度上接受了汉语和汉人的社会、文化特点，虽保留了一些独有的特点，但不如许多少数民族那样突出。这种情况给我们提出了十分有意义的研究课题，即如何区别民族特征和民族内部的地方特征，不同民族及其文化互相接触如何产生交融，通过什么途径发生变化。我曾撰文讨论民族识别问

① 施联朱、蒋炳钊、陈元煦、陈佳荣：《畲族简史》，福州：福建人民出版社，1980 年；蒋炳钊编著：《畲族史稿》，厦门：厦门大学出版社，1968 年；施联朱主编：《畲族研究论文集》，北京：民族出版社，1987 年；朱洪、姜永兴：《广东畲族研究》，广州：广东人民出版社，1991 年。

题①，文中曾举畲族为例说明，但觉言犹未尽。1995 年 1 月，与前次调查的时间相隔 40 年，我带着需要进一步思考的上述问题，重访潮安县山犁畲族村，见到当年的干部和老人。他们对我提出的问题回答得那么自然、朴实，简单的叙述却说出了明白的道理，发人深思。兴奋之余，不由得想再谈谈对畲族民族成分问题和民族认同的认识。

民族是历史上形成的稳定的人们共同体，但民族本身也不断地发展变化。在民族发展过程中，主要体现民族特征的民族文化特点也在发生变化。在这方面，畲族与国内大多数的少数民族相比较，变化显得更大。我们所见到的 20 世纪 50 年代初的畲族已深受汉文化的影响，而将粤东畲族与闽、浙畲族相比较，则前者所受的影响和发生的变化更大。新中国成立后的 40 多年当中，变化在继续，今后自然还不可避免地要变。本文着重从畲族本身发展变化的角度来看畲族的民族特征，从民族名称、迁徙和人口分布、语言、文化及民族意识几个方面作说明。

1. 民族名称

畲族在历史上很早便聚居于闽、粤、赣三省的交界地区，隋唐时期居住在这个地区反抗官府讨伐的“蛮僚”、“蛮夷”，岭南地区的“夷”、“僚”就包括畲族先民在内。唐仪凤二年（公元 677 年），潮州陈谦与“蛮”苗自成、雷万兴攻陷潮阳，为揭阳人陈元光率兵镇压。陈元光上表唐王朝在泉、潮之间的漳州设治，以控制岭表，当时漳州所辖的地区包括潮州和赣南。至 13 世纪中期，畲族开始被确称为“畲民”、“畬民”，见于南宋末刘克庄的《漳州谕畲》：“凡溪洞种类不一：曰蛮、曰徭、曰黎、曰蜑，在漳者曰畲。……畲民不悦（役），畲民不税，其来久矣。”文天祥的《知潮州寺丞东岩先生洪公行状》说“潮与漳、汀接壤，盐寇、畬民，群聚剽劫”，使州兵不能讨。“畲”字的字义是在山地上刀耕火耨，“畬”则是广东俗字，与“畲”通。宋、元、明、清的正史和地方志上所载的“畲兵”、“畲军”、“畲人”、“畲民”、“畲客”、“畲蛮”、“畲寇”、“畲贼”、“畲洞”，都是把“畲”视为一种族群。

“畲民”作为族群的名称，大概是汉人给的。这不是泛指随山种畲的人，而是指其文化特征与汉族不同的另一族群。闽、浙、粤、赣、皖畲族都住山区，多以聚居村杂于汉人之中。有的村落建于高山上，几及山顶，

① 黄淑娉：《民族识别及其理论意义》，载《中国社会科学》1989 年第 1 期。

建于山腰间的畲村，往往与汉人村落为邻；更有与汉人杂居一村之内的，但汉人把他们看作另一种人。地方志上描述畲民居地多在山水严恶之处，畲田用火耕，随山种括，去瘠就腴，善于射猎，后来学会用山溪水种稻，大多租种汉人的土地。以盘、蓝、雷为姓，三姓自相匹配，不与外人通婚。“男子椎髻，女子无裤，通无鞋履。嫁女以刀斧资送。人死刳木纳尸，……焚木拾骨浮葬之，将徙，取以去云。”①“有病没，则并焚其庐而徙居。”②“惟舂米用杵臼，以手捣之，犹沿古俗”，始祖盘瓠画像“止于岁之元日，横挂老屋厅堂中，翌早辄收藏，不欲为外人所见”③。汉人视他们为“盘瓠遗种”，说他们言语不通，风俗殊异，不与汉人同。

民族名称反映族群的意识。汉人称之为“畲”，认为有别于汉人，“畲”也被畲民用来指称本族群，未识别、确定族属以前，在凤凰山区，当有人问他们讲什么话时，他们回答说讲畲客话。各地畲民不能接受的是与“畲”字相连的侮辱称呼，以及将“畲”与“蛇”相联系。闽、浙、赣、皖的畲族自称“山客”（$san^{33}hak^{33}$）；还有的地区称 $san^{33}tak^{33}$，写作“山宅”。意思都是指住在山里的人，“客”也可以解释为后来迁入的客人，而主要的意义还在于住在山上。在广东，凤凰山的畲民没有“山客”的自称，看来这一名称是畲民从闽、粤、赣三省之交的地区向福建、浙南、安徽和赣东北迁移期间形成的。广东莲花山和罗浮山区畲民自称“贺爹”（$xo^{22}d\varepsilon^{31}$），意为“山林之人”，主要含义还是“山”。

本文不谈畲族的族源问题，对于这个问题，学者们有多种说法，例如：①畲、瑶同源，同是“武陵蛮”的后裔，有的更进一步由武陵蛮追溯到东夷中的徐夷。②畲族是“南蛮”的后裔，在“武陵蛮”南迁之前已在广东繁衍生息。③畲族始祖高辛氏即徐夷中的徐偃王。④“河南夷”的一个氏族部落。⑤越人的后裔，有的认为与“山越”关系最密切。⑥畲、瑶同源于摇越，等等。

畲、瑶是否同源有待学者们进一步研究，至少可以说历史上畲族和瑶族有着密切的关系。历史记载将畲、瑶相连，两族的历史传说，盘瓠崇拜，姓氏，畲族的《开山公据》和瑶族的《过山榜》等都足以说明这一

① 《永春县志》卷三，《风俗》，明万历刻本。

② 《广东通志》卷三三〇。

③ 《丰顺县志》卷一六，《风俗》，民国三十年（1941年）刊本。

点。联系到广东畲民的情况，罗浮山区博罗县嶂北村与莲花山区惠东县南洋村、海丰县红罗村的语言相通，属苗瑶语系的瑶语支或苗语支。[①] 他们自称"贺爹"，博罗、增城、惠东、海丰的县志都记载"瑶本盘瓠遗种"、"称瑶所止曰輋"。新中国成立之初，罗浮山区的"贺爹"认为自己是瑶人，不是畲民；莲花山区的"贺爹"则对外自称为畲民，而不知瑶的名称。凤凰山区的畲民虽无自称，事实上认同于"輋"的称呼，但语言迥异于"贺爹"，而与闽、浙畲语一致。可以说罗浮山区的畲民具有更多的瑶族特征，莲花山区的畲民介于罗浮山区与凤凰山的畲民之间，凤凰山区畲民与闽、浙、赣、皖畲民相同。

2. 从民族迁徙和人口分布看畲族的变化

畲族在闽、粤、赣交界地区居住了一个相当长的时期，从史书对历代各地的封建统治者讨伐畲民的记载，可知畲民原来广泛分布在粤东、闽南和赣南的漳、泉、汀、潮、赣诸州。从宋代起他们陆续向闽中、闽北迁移，明代大量出现于闽东北和浙南地区。至20世纪中叶，畲族约有20万人（现已增至30多万），大多分布在闽东北和浙南地区。安徽宁国县畲民1000多人是清末由浙江迁去的。江西畲族约8000人，散居在21个县市，分布偏于中北部，是明代中期以后从福建长汀迁去的。今天闽、粤、赣交界地区的畲族人数已经很少了。宁都、兴国以南的赣南基本没有畲族，福建汀、漳、泉地区的畲族也为数不多。1953年我们在长汀、上杭、龙岩一带就没有找到畲族居地。漳平县山羊嶇畲族村地处高山，只有一条羊肠小道可通山顶，这条小路十分狭窄，路两旁是树林草丛，往往只能容一人通过。从山脚攀登到村落所在地要走大半天时间，温差之大犹如从盛夏变成冬天。身临其地，可以体会到在旧社会的民族压迫政策下，畲族不得不长途跋涉远走他方，留下的长期生活在封闭的社会里，要和官军讨伐、封锁、禁运食盐等威胁作斗争才能生存下来的苦境。

广东的畲民，在族人北迁以后，留下来的分布在粤东和东北部，他们与闽、浙等四省畲民的居地相距越来越远，联系更加困难。朱洪、姜永兴的《广东畲族研究》一书说，据第四次人口普查，广东畲族人口有26438人，分布在潮州、丰顺、饶平、海丰、惠东、博罗、增城、龙川、和平、

① 见陈其光：《畲语在苗瑶语族中的地位》，载《语言研究》1984年第1期。

河源、连平、南雄、始兴、乳源等地。① 广东畲族人口从新中国成立初仅1000余人增至90年代的2万多人，绝大多数不是自然增长，而是由于民族政策的深入影响，启发了各地畲民的民族意识，在历次人口普查时恢复畲族的民族成分的。龙川、和平、河源、连平、南雄、始兴、乳源的畲族大多在明代由闽、粤、赣交界地区辗转迁来。② 全省畲族2万余人分布在14个县市，除了河源市人数较多以外，每个县多则一两千人，少则二三百人，居住分散。此外，在有些地区，地方志上曾有畲民居住的记载，如揭阳、澄海、梅县、大埔、兴宁、惠东、紫金、五华等县。可知畲族过去曾广泛散居于广东东半部的广大地区，在凤凰山、莲花山、罗浮山、九连山等山区均有分布。《广东通志》指出，"畲蛮，岭南随在皆有之"，这是符合实际的。③

各地留下了许多带"畲"字或"輋"字的地名，仅梅县就有百处以上。这些情况说明两种可能，一是反映有些地方过去间有畲民居住，如蓝盘畲、畲坑等；二是以自然条件得名，是某处的山岭或畲田的名称。有的地方志载带有輋字的为畲民所居的地名，但该地无畲民姓氏，如《大埔县志》所载輋里、黄輋、下輋坪、余水輋、下輋、彭公輋、山客輋、桃子輋、曾子輋、李湖輋、留壶輋、新村輋、五家輋、吴家輋、将军輋、澄大輋、夏輋等处均无畲民姓氏，而许多有蓝姓、钟姓畲民姓氏的村落又不带輋字，目前有畲族人居住的县没有大埔县。④ 这些情况说明畲族在长期间迁徙流动所发生的变化，部分人已融合于汉人之中。福建省带有畲字的地名更多，香港也有类似的情况。

据林天蔚研究，香港地区有带"輋"字的村名，如沙田区的上禾輋、大禾輋，粉岭区的坪輋，西贡区的南輋、南輋头、横輋，大网仔的輋头，坪洲的輋脚下，大屿山东涌的蓝輋，大帽山的大芒輋，共十处。1666年

---

① 施联朱、蒋炳钊、陈元煦、陈佳荣：《畲族简史》，福州：福建人民出版社，1980年；蒋炳钊编著：《畲族史稿》，厦门：厦门大学出版社，1968年；施联朱主编：《畲族研究论文集》，北京：民族出版社，1987年；朱洪、姜永兴：《广东畲族研究》，广州：广东人民出版社，1991年。

② 毛宗武、蒙朝吉：《试论畲话的系属问题》，载《中国语言学报》1985年第2期；朱洪、姜永兴：《广东畲族研究》，第4～6页，广州：广东人民出版社，1991年。

③ 《广东通志》卷三三〇。

④ 温廷敬：《大埔县志》卷二《地理志·乡村上下》、卷四《地理志·山川》，民国版。

的《新安县志》载除以上十处外还有上輋、下輋、大輋等，1819 年王崇熙的《新安县志》载有上下輋、大輋尾、大芒輋，1688 年靳文谟的《新安县志》有山嘴輋、新輋口（有人认为新字应是斩字）。林天蔚认为，地方志中的“輋”都是村落名称，但在族谱中记载其先人墓地，亦多有以“輋”字为名的山岭地带，如育婆輋、浪头輋、大輋、满江輋、黄泥輋、白沙湾輋等。他还认为香港輋族居地与地理有关，如坪輋为平坦的地方，蓝輋的蓝为畲民姓氏。该作者调查香港的輋村时，居民只承认是居于輋田的人，而非輋人，但作者认为“香港輋村的居民，可能是輋人后裔”①。

香港《文汇报》1982 年 10 月下旬连载《大地禾輋与菠萝輋》一文，指出康熙戊辰年（1688 年）出版的《新安县志》是根据明末崇祯时县志编成的，其上有“斩輋口”地名，而禾輋、大輋地、菠萝輋等村名则不见于该县志。嘉靖《新安县志》则载有大輋地等三村名。该文作者认为不同时期的县志说明本地区輋人在明朝时曾被大量屠杀，“斩輋口”的地名是大屠杀輋人的烙印，最后一次大屠杀在明万历年间。由于灭族式的屠杀，使大輋地等輋人乡村完全消灭，不再见于县志中。

如前所述，大批畲民从粤东向北迁徙后，居住在广东的畲民人数少了，分散居住，缺乏联系，发生了比主体部分更大的变化。有的遭到武力征伐而消灭；有的融合于汉人之中，变成汉人的一部分；更多的则散居在汉人地区，受到汉文化的涵化。从整个畲族分布看，他们人数不多，却散布在五省上百个县市，星星点点地散居在汉族主要聚居、经济文化发达的东南地区，与汉族人民有着密切的接触，他们的变化比聚居于边疆地区的少数民族迅速得多。打开中国民族分布图可以看到，居住地愈是靠近中原文明地区的民族，受到汉族文化的影响愈加强烈。汉文化具有强大的力量，使其他民族接受其文化传播，以至失去或部分失去自己固有的文化特点。

3. 从语言看畲族的变化

畲族在本身的发展过程中，一方面深受汉族文化的涵化，另一方面顽强地保留着自己的某些特点。关于前者，在语言上表现最为明显。畲族使用两种语言，广东罗浮山区、莲花山区自称“贺爹”的语言属苗瑶语族，

---

① 林天蔚：《论香港地区的族谱与方志及其记载的輋字》，见林天蔚、萧国健：《香港前代史论集》，台北：商务印书馆，1977 年。

这部分人占畲族总人口不到1%，而占总人口99%以上，分布在广东其他地区以及闽、浙、赣、皖地区的畲族，语言与“贺爹”的完全不同，接近汉语的客家方言。值得注意的是，五省的这种畲语基本一致，词语、发音相同，但不是等同于客家话，与浙南、闽北、闽南方言更不相同，只是小部分词语受各地区汉语方言的影响。黄家教研究潮安县畲话，认为畲话所使用的词语，绝大部分与汉语相同，畲话保存了许多古汉语的词语，许多与南方各方言相同，与潮州方言相同的最多，客家方言次之，广州方言又次之。但它仍有基本民族特有的词语。他认为，“畲族人民的本族语言可能在很早的年代（至少是宋元时代）便开始向汉语靠拢，近几十年来它吸收了为数甚多的汉语词，进一步‘消磨掉’了它的原有特点”①。这个看法是符合实际的，笔者曾在福建、浙江作畲语调查，认为闽、浙畲语与客家方言相近，小部分词语受当地方言影响。

看来在宋元时期畲族在闽、粤、赣交界地区与来自北方的汉人相接触，接受了他们的语言，失掉了自己原来的语言。这种情况是完全可能发生的，从中原南来的客家先民，经济文化比畲族进步，经过一段较长时期的接触，畲族接受了客家话，并在以自己的原有语言为底层的基础上，形成了不同于客家话的特点。现在五省畲语基本一致，说明这种特点是在向北迁移之前已形成了。人们迁到闽、浙以后，始终保持、使用这种语言。而留在凤凰山区的畲族人，后来又逐渐接受了相当多的当地潮州方言。山犁村一个74岁的妇女吴段告诉我，她娘家是汉族，讲潮州话，50多年前她嫁到畲族村时，讲潮州话不受欢迎，畲族人不爱搭理，那时村中男女老少都讲畲话，她必须随丈夫学讲畲话。经过几十年，现在人人会讲潮州话，年轻人已不大会畲话，畲族内部也往往用潮州话交谈了。显然，这种变化是与汉族长期接触和通婚的结果。

畲族固有的语言究竟如何，目前不清楚，缺乏足以说明问题的证据。黄家教列出一些“现在还找不到相应的汉语词的畲话语词”，笔者认为，其中有些词还是保存古汉语语音的汉语词。比如：畲话“亮”叫 hau^{53}，即“皓”，为洁白、明亮之意，今广东台山方言讲天亮为“天皓”，用“皓”来形容明亮的颜色；畲话“哪儿”叫 noi^{13} tit^{33}，台山话说 nai^{35} 或 noi^{35}；畲话“这儿”叫 kai^{11} oi^{13}，台山话说 koi^{31} 或 kai^{35}；畲话“这些”叫

① 黄家教、李新魁：《潮安畲话概述》，载《中山大学学报》1963年第1、2期合刊。

$kai^{22}nai^{53}$，台山话说 $koi^{31}nai^{55}$ 或叫 $kai^{31}nai^{55}$ 等。各地畲话“肉”叫 bi^{35}，与客家话及周围汉语地区的方言都不同。《潮州府志》卷一二“方言”条载：“畲人谓火曰‘桃花溜溜’，谓饭曰‘拐火农’。”据罗美珍的研究和解释：“桃”与博罗畲话 tbo^{4}（火）音近，“拐”与畲语 kwe^{4}（饭）音近，可能畲族过去讲的是今天博罗的畲语。①

4. 文化特点的变化

畲族表现在文化上的民族特征，明显地是在接受汉文化的同时保持了自己的特点。这在各个地区情况也有所不同。不同的族群往往以服饰相区别，清代的地方志描述畲族妇女高髻垂缨、短衣布带、裙不蔽膝。20世纪20年代，沈作乾说浙江括苍畲民妇女以径寸余、长约二寸的竹筒，斜截作菱形，裹以红布，覆于头顶之前，下围以发。这种装饰至新中国成立初还存在，而有的地区畲族妇女长年穿短裤、裹绑腿和打赤脚。妇女衣服、围裙上刺绣各种美丽的图案花纹。民国时期地方志记载畲族男子不巾不帽，短衫阔袖，椎髻跣足。新中国成立后基本上与汉人同。现在凤凰山区的畲族男女服饰都与汉人无异，而六七十年前妇女穿黑粗布衣，滚黑色或蓝色花边，有铃铛，帽子有带，穿翘头鞋，与周围汉族服饰不同。

畲族的主要姓氏是蓝、雷、钟，相传始祖盘瓠生三子一女，三子姓盘、蓝、雷，女婿姓钟。盘姓丢失了，蓝、雷、钟三姓世代互通婚姻。但在少数地区有吴、苟、李等姓，这是和汉人通婚的结果。通婚是使相互接触的族群发生涵化的重要渠道，其结果是两种文化互相影响，而且往往是一个族群更多地接受另一族群的先进文化的传播。山犁畲族老人告诉笔者，过去同姓不婚，潮安畲族村很少，如果仅与族内不同姓氏通婚，范围太窄，找不到通婚对象，因此山犁畲族早就不得不与汉人通婚。距山犁不远的岭脚畲村姓蓝，1955年时仅有6户，更不能不与汉人通婚，他们大多娶汉人女子为妻。闽、浙地区在新中国成立前畲、汉通婚的不多，在新中国成立后越来越多了。

各个方面显示了畲、汉文化的交融。畲族没有汉族那样的发达的家庭制度和祖先崇拜，但各地畲族都建有祠堂，宗祠下分各房。畲村的祠堂依照各地汉族的祠堂建筑，只是规模小一些，有少数祠堂购置少量族田。凤

---

① 罗美珍：《从语言上看畲族族源》，载施联朱主编《畲族研究论文集》，北京：民族出版社，1987年。

凰山畲村祠堂与汉族潮州人的祠堂结构相同，山犁村的雷氏宗祠为泥砖建筑，面积很小，十分简陋，现已荒废。各地祠堂都不供祖先牌位，只供设香炉。二月、八月在祠堂祭祀时，张挂绘有始祖盘瓠的祖图。闽、浙畲村多有讳名排行，由族长将本年出生的男女按辈分及出生年月给以排行，按念、大、小、千、百、万六字排辈，六代一循环，周而复始。男人死后称“郎”，女人称“娘”，列入族谱。同时，六字排行又与取自汉族的排辈方法相结合，按照“文学师传久，笃闻家道昌”等来排辈，这样就有了是文字辈同时也是千字辈的排行。讳名之外，还有法名，男子 15 岁以后可举行“醮名”仪式，改一法名，如蓝法田、雷法成等。这与瑶族男子成年后通过“度戒”取得法名相似，同样都受到道教的影响。

5. 盘瓠文化——畲族文化的核心

畲族始终保留着自己的民族文化特点，其核心是盘瓠文化。关于盘瓠的历史传说铭刻在畲族群众心中，不仅口碑相传，还将盘瓠身世绘成长幅画卷，传诸后世。盘瓠是传说中畲民的始祖、英雄，这一传说是畲族先民在原始时代的创造，盘瓠是龙犬，犬是这一族群的图腾，是畲族祖先的化身，畲族祭的祖主要不是历代祖先而是心目中的始祖盘瓠。民间保存饰有龙犬首的祖杖；“高皇歌”在山歌中占重要的地位，通过对盘瓠英雄业绩的追忆鼓舞人民。举行“招兵”仪式虽然请属于道教的法师作法事，内容却是本民族的，悬挂祖图，颂扬盘瓠，表演招各路兵马的仪式，既是纪念，也是祈求，是畲民渴望加强本身的力量以抵御外侮、求得发展的表现。过去存在一些习俗，如禁吃狗肉；忌讳用狗字，饶平县水东村按犬的毛色称为白龙、乌龙、黄龙，潮安县山犁村称犬为“四五”（狗与九发音相同）；丰顺县凤坪村祭祖，就地抓食，不用筷子；山犁出嫁女子回娘家需钻桌子才让她吃饭等等，都与对盘瓠的敬重有关。可以说，盘瓠文化是表现畲族民族特征的重要标志，是维系畲族的民族意识的最重要的纽带。各地畲民谈到畲族与其他民族的区别时都强调传说中的盘瓠。

民族文化是民族最主要的特征，民族意识植根于共同的民族文化，是共同的文化和民族意识使人们认同于同一族群。

（原载广东省民族研究学会、广东省民族研究所编《广东民族研究论丛》第八辑，广州：广东人民出版社，1995 年）

重访红罗

相隔48年之后，笔者于2003年8月重访广东省海丰县红罗畲族村。目睹今昔对比，惊叹换了人间。本文内容包括两方面，一是用实地调查资料叙说红罗的巨大变化，二是从红罗畲族的变化发展所得到的启示，探讨为什么一个生活在深山里、人数很少的畲族群体，能够作为一个族的群体延续自身、生存发展，而没有被汉族所同化。

1955年3月至5月，杨成志教授率领的广东畲民识别调查组，调查了分布在凤凰山区、莲花山区和罗浮山区7个县的12个畲族村，笔者是调查组的一个成员。莲花山区的畲族居住在海丰和当时的惠阳县（今惠东县），红罗是海丰县唯一的畲族村。我国民俗学泰斗钟敬文先生曾于1926年托友人调查惠阳畲民情况，发表《惠阳輋仔山苗民的调查》[①]，该文没有具体说明调查点的名称和所在地，但所描述的情况无疑是畲族地区。我国人类学先驱者之一的杨成志先生与钟敬文同属海丰乡籍，他领导的调查组调查了海丰红罗和惠阳的南洋磜下等村，撰写的《广东畲民识别调查》[②]，记述了有关红罗的情况，可供我们今天作对比研究。

红罗村1955年时属海丰县四区北镇乡，今属鹅埠镇。鹅埠镇在县之西南，红罗在镇的北部深山中，距镇政府所在地十余公里。罗裙山从东北向西南逶迤蜿蜒，宛如女子的罗裙，最高峰犁头山海拔611米，红罗村后遍布茂密的树林。20世纪二三十年代，海丰红色政权的革命力量在罗裙山从事活动，村子故名红罗。红罗现在是上北行政村的9个自然村之一，除红罗为畲族村外，其余8个村在山下，都是汉族村，距红罗最近的有3公里。鹅埠镇西邻惠东县，惠东县多祝镇的陈湖、平顶，增光镇的角峰、南洋等畲族村，与红罗有着密切的联系。

---

① 钟敬文：《惠阳輋仔山苗民的调查》，载《中山大学语言研究所集刊》第1集第6期，1926年。

② 杨成志等：《广东畲民识别调查》，载《中国少数民族社会历史调查资料丛刊》福建省编辑组编《畲族社会历史调查》，福州：福建人民出版社，1986年。

红罗村民说他们的先辈以前住在惠东，“翻过山去的那一边”。迁到罗裙山的这一边已有二三百年的历史，山上有道光年间的墓碑；人们拜祖先、走亲戚要走通往山那边的崎岖山路，路上的石块踏得平滑没有棱角，成为岁月磨砺的见证。

1955年民族识别组来调查时，红罗村坐落在高山深处，全村8户人家住在茅草棚里。1958年在往下一点的山腰处建村。本文称前者为旧村一址，后者为旧村二址。1999—2001年村民先后迁到现址，即红罗新村，是笔者见到的第三处村址。

红罗村的人口，根据搜集到的不同时期的数字，列表如下。

表一　红罗村人口统计

时间	户数（户）	人口（人）	户均人口（人/户）	男女比例	姓氏
1955	8	37（男23，女14）	4.6	100：60.87	蓝
1963	10	42			
1968	14				
1969	17				蓝、雷、黎
1978	19	101			
1982		112			
1986	21	134			
2003	27	183（男88，女95）	6.8	100：108	蓝、雷、黎

资料来源：1.《畲族社会历史调查》，福建人民出版社，1986。2. 2003年8月笔者的调查。

表二　红罗村人口年龄分布统计（2003年8月）

年龄（岁）	人数（人）	年龄（岁）	人数（人）
0～5	5	41～45	13
6～10	18	46～50	10
11～15	28	51～55	5
16～20	26	56～60	4

续表二

年龄（岁）	人数（人）	年龄（岁）	人数（人）
21～25	21	61～65	5
26～30	10	66～70	7
31～35	16	71～75	2
36～40	9	76～80	4
合计（人）	183		

1955 年，红罗村只有 8 户、37 人（男 23，女 14）。该村在几十年前人口比这多一倍，人口自然增加率低的原因，一是婴儿死亡率特别高，二是男子结婚率低。2003 年全村有 27 户、183 人，其中男 88 人、女 95 人，男少于女，其比例为 100：108。这与新中国成立初的情况形成鲜明的对比，那时莲花山区畲族村的男女人口比例为 100： 60.25，红罗村为 100：60.87。男多于女的主要原因是许多年龄在 20～40 岁属婚龄的男子都没有配偶，因为生活贫困，养不活妻儿。[①]

1955 年莲花山区畲族家庭人口户均 3.7 人，红罗村户均 4.6 人，数代同居的较少，三代同堂的多是独子户。2003 年红罗村户均 6.8 人，户均人口比较多，主要原因是大家庭多，核心家庭只占全村户数的 40.74%。16 岁以下的约有 50 人。前些年政府对县里这个唯一的少数民族村执行计划生育政策比较宽松，规定畲族可生三胎，已有二男一女者必须结扎，但有些家庭超过这个规定，一个现有 6 个孩子的家庭，当初生了一男一女之后，夫妇就不想再生了，但老奶奶说她只有一个独苗，要多生几个孙子。

研究广东的畲族，不免要涉及畲与瑶的关系问题。莲花山区的畲族，史书上都称之为畲。畲与輋通，粤东俗字用輋。屈大均《广东新语》载："澄海山中有輋户，男女皆椎跣，持挟枪弩，岁纳皮张不供赋，有輋官者领其族。……海丰之地，有曰罗輋，曰葫芦輋，曰大溪輋。兴宁有大信輋。归善有窑畲。……潮州有山輋。"[②] 乾隆时的《海丰县志・杂志》载：

---

① 屈大均：《广东新语》，第 23 页，北京：中华书局，1997 年。

② 屈大均：《广东新语・人语》，第 243～244 页，北京：中华书局，1997 年。

“其在海丰者，皆来自别境，……家供画像，犬首人服，岁时祀之。厥姓有五，盘、蓝、雷、钟、苟，自为婚姻，土人不与通。明初设土官领之。”《广东新语》所云海丰的罗輋也许就是指罗裙山之畲。乾隆时的《海丰县志》描述海丰的畲族有祖图，犬首人服画像即祖先盘瓠像，姓氏亦与畲族姓氏吻合。这些记载都是指畲族而非瑶族。归善（惠阳）的“窑畲”将窑（瑶）与畲放在一起，实际是指畲。练铭志研究员在《试论粤东历史上的畲族和瑶族》一文中指出，畲瑶二族同为粤东的世居民族，在粤东，畲族的历史比瑶族更悠久。畲瑶同源，有相似之处，但畲瑶有别，有不同的语言和文化特征，已分别形成为畲族和瑶族。误畲为瑶或瑶的一支始于明代中后叶，史籍所载之“畲蛮”、“畲瑶”等都是指畲族，而不是瑶族。粤东畲瑶的分布各有重点，明代畲族以潮州府为聚居中心，瑶族以广州府属三县为主，惠州府则是两族的杂居区。[①] 笔者完全同意这个看法，这符合历史记载和人类学研究的结论。

20 世纪 50 年代的调查表明，潮州府凤凰山区自称“山哈”、“山客”者，自称或他称都称畲不称瑶。惠州府莲花山区自称“活列（huo^{33} lie^{31}）”或“活聂（$huo^{33}nte^{31}$）”（意思是山人）者，靠东面的海丰、惠阳（今惠东）称畲不称瑶；靠西面罗浮山区的博罗以及属广州府的增城也自称“活聂”的，则称瑶而不称畲，民族识别调查时他们自己认为是瑶，经研究他们实际是畲族。2003 年 8 月在红罗村调查时，就畲和瑶的关系问题与村民讨论，小学教师蓝林生认为：“史书称我们为畲，民族识别前客家人也叫我们作畲，没有称为瑶的。瑶族尤其过山瑶从事游耕，畲族虽因条件恶劣也有生活不安定的时期，随山种畲，但已长期定居了。畲族对祖居地观念很强，红罗在此建村至少 300 年，生活条件很差，却一直坚持在这里生存下来。畲族主要有盘、蓝、雷姓，与瑶族有许多姓氏不同。红罗畲族保留自己的语言，与福建、浙江畲族的语言不同，本村蓝谭宝出去开会时曾见到福建、浙江的畲族，虽不能用本民族话交流，但彼此视为同族，有同一族人的感情。”红罗村村长蓝壬生曾去河源访当地畲族，见到河源畲族仿照其他地区畲族服式缝制了民族服装，也照此缝制了一套男子便服，衣裤都用蓝黑色布制，上身衣襟右衽偏中，衣襟、袖口及沿托肩镶黄布边，布纽扣，直衣领滚黄布边。

① 练铭志：《试论粤东历史上的畲族和瑶族》，载《民族研究》1998 年第 5 期。

新中国成立前的红罗畲民没有编入户籍，不供赋，居住在深山，过着极其贫困的生活，8 户人家只有 3 头牛。1954 年粮食产量不及附近平地汉人的一半。1958 年迁到下面距旧村一址一公里多处的山腰间，开出一块窄小的平地，建砖瓦房，即旧村二址。这里的自然条件仍然是恶劣的，交通不便，与外界联系困难，土地越来越少，最大的一块地只有三四分大小，农民说“一耙就耙过去了”。不施肥，产量低，一年缺三个月口粮，靠砍柴维持生计。政府给予各方面的扶持，政策上给予足够的优惠，长期免交公余粮，送给优良种籽、农药、化肥，宣传农业科学知识，保护山林，不再打猎。为了帮助畲族更好地生存发展，20 世纪末政府投资 200 万元，在距旧村二址 3 公里的山下建新村，从附近汉族村调整了部分水田给畲族耕种。现在仍以种植水稻为主，亩产达到 600 余斤，有的超千斤。有一千多亩山林，人工造林二三百亩，可以集体或私人承包造林，有的一家造林 40 余亩。在山上种荔枝、龙眼、菠萝、柚子等，目前虽质量不高，但这是一条增产致富之路。养猪、牛、鸡、鸭、蜜蜂。剩余产品如稻谷、鸡、蜂蜜、水果等可以拿到市场上出售。新村距鹅埠镇十几公里，过去逢圩期赶集，现在天天有集市。上北行政村开设了一家商店，红罗村中也有一间规模很小的商店经营烟、酒、糖果、饼干、汽水等。一些小贩用摩托车运送鱼、肉来村叫卖。男女青年出外务工的约有 30 人，多数在惠东的鞋厂做工。

如今的红罗村，新建的一座红色牌楼矗立村外，上书“红罗畲族新村”六个大字。笔者在这里远眺昔日的红罗，它隐藏在罗裙山上的树林深处，离它不远的地方有一片竹丛，这是红罗村民近年栽种的。村内三排白色楼房，整齐美观，是深山中的一颗明珠。每座小楼占地面积约 50 平方米，屋旁留有空地以备加建。室内两房一厅，有厨房、厕所，农民高兴地做一个对比，说“新中国成立前无一片瓦，全是草房，现在无一片瓦，全是楼房”。由于政府的照顾，红罗成为鹅埠镇使用自来水、普及程控电话、全村居住楼房的第一村。引山上泉水接到各家各户，山泉水甘甜又没有污染，用饮水器过滤后可以饮用。村中安装卫星天线接收电视，各家都有两部彩电，一部是迁入新村时政府送的。27 户人家有 25 家装了电话。电费降价后，农民用电和煤气为燃料，用山上拾来的柴草树枝烧水洗澡、煮猪食。过去直至 20 世纪 80 年代还没有用过蚊帐，现在家家有蚊帐。家家都有缝纫机，但人们都买成衣穿，自己不做衣服了。摩托车是主要交通工具，各家都有，多者有三部。村中建篮球场，青年们闲时打篮球，唱卡拉OK。老人们说，畲族一向勤劳朴实，遵纪守法，没有人赌博，新中国成立以来没有一个人犯法受到公安机关处理。

新中国成立前红罗没有学校，没有人上过学，没有一个人识字。老一辈人用木炭在墙上画记号或结绳记事。1952年政府给了少数民族上学的机会，蓝永清（现67岁）、蓝谭宝等4人到汉族地区上小学。蓝永清当时16岁，只有他一个人依靠政府的助学金念了10年书，回乡当了35年小学老师后退休。他说深知畲族没有文化的苦处，因而坚持供3个儿子读到高中毕业。长子林生毕业后先是在家务农，后来顶替父亲的教职，先后在畲族小学和上北小学教书；次子贤鑫在鹅埠中学教电脑课；三子在蛟湖镇任教。一家4位教师，是红罗村的知识分子家庭。

在旧村二址，曾按规定的标准（面积49平方米，有4个窗子2扇门）建了只有一间教室的小学，几个年级在一起上课，采取复式教学的办法。为了畲族的发展，20世纪90年代，政府出资并得到汉族地区一些单位和群众的捐助，花了约20万元，在旧村二址附近的山腰间建了一所畲族小学，两层楼房，颇具规模。建新村后，这所学校空置起来了，村人正在计划如何使它在生产增收上发挥作用。现在全村适龄儿童入学率达100%，全都在上北小学上学，和汉族学生一起上课，免交学费。全村有42个小学生，12个初中生，1个高中生。

国家民族平等团结的政策，给了红罗畲族人民更多的参政机会，村中有县人大代表、汕尾市政协委员和县政协委员。

红罗畲族村的变化是巨大的，笔者目睹今昔对比，惊叹换了人间。这一切是在党和政府的领导关怀扶持下取得的，只有实行民族平等团结、各民族共同发展繁荣的政策，才有红罗的今天。如今生存环境和生活虽有了很大的改善，温饱问题得以解决，但生产力水平还很低，人均年收入不过1300余元。在这个基础上发挥人的主观能动性，努力发展经济，是当务之急。村人想了一些点子开发山区，如发展种茶、扩大家畜家禽养殖场等，这里的土长鸡和蜂蜜等吸引了许多山外来客。

笔者为红罗畲族同胞半个世纪以来的巨变感到欢欣鼓舞，同时也从这里得到深刻的启示。一个外来的研究者比较容易观察到，红罗畲族在政府的扶持下，艰苦奋斗，改善了生存环境，提高了物质生活。但是值得进一步探讨的是，一个生活在深山里的人数很少的畲族群体，如何能够作为一个族的群体延续自身、生存发展？新中国成立初期只有30多人的红罗畲族孤立地被包围在汉族的汪洋大海之中，为什么没有被汉人所同化？

有关红罗畲族的历史来源，村民已说不清楚了。20世纪50年代调查时得知这里的族谱已散失。老人们说相传祖先由河南潭州迁来，这和惠阳（惠东）陈湖保存的族谱说法一致。据笔者调查福建、浙江和广东等地畲族的体会，盘瓠文化是畲族文化的特色和核心，是畲族认同的重要标志。古代畲族以犬为图腾，传说中的盘瓠祖先犬首人身，民间珍藏着绘制成数丈长的祖图，描述盘瓠祖先立战功、传后代的故事。祖图、祖杖、族谱、神话、传说故事、歌谣、服饰、习俗、信仰、祭祖仪式等各方面，都深刻地表现了畲族对盘瓠祖先的记忆，这种社会记忆世代相传，凝成畲族的民族意识，认同畲族而不是其他民族。瑶族也有关于盘瓠的传说，但不同于畲族。蓝永清回忆，听老一辈人讲过去有一本本子，封面是祖先盘瓠的图像，但不是祖图，应是族谱。历代流传盘瓠祖先的故事，有各种不完全相同的说法。旧村二址现存的蓝姓公厅（祠堂），是在20世纪50年代建的，面积约10平方米，瓦顶砖墙，外抹白灰，部分墙壁已坍塌，没有门窗。每年正月初一至初五祭祖，由族中老人组织拜祭。公厅内外没有任何文字或符号，只在祭祖时往墙上贴对联。公厅内不设祖先神位或香炉，各家也没有供奉历代祖先或已故近祖的神位。正月祭祖以及清明和八月初一扫墓，同姓各房先祭共同祖先，然后祭各自的祖先。1955年调查得知红罗在30多年前举行过“招兵”仪式，相传盘瓠往番邦取番王头时被番兵追赶，到了海边，得神兵神将之助才安然返回，人们为纪念祖先，感谢这些兵将，每三年举行一次“招兵”，向他们献祭。现在人们已经不知道这些仪式了。生孩子（不论男女）满月，家人要带孩子的衣服去公厅祭祖。男子结婚时由族中长辈在公厅为他起郎名，按大、小、百、千、万的次序排行，蓝永清结婚时在公厅起了郎名，村中记载郎名的本子在“文革”时丢失了。过去的调查材料记载，宗教经书上有“百、千、万”排行的郎名。2003年调查时得知，村人蓝显带曾在山上祖坟看到过道光年间的墓碑，刻有死者的郎名，另一处墓碑上刻雷小五娘。笔者还看到村人保存的一个小布包，里面原是一本小本子，现已碎成纸片和纸屑，但还可以看到“五娘”的字样。

人们生产物质生活资料赖以生存，同时生育后代使族人繁衍绵延。我们从系谱和户口调查着手，探讨红罗畲族的世系延续，了解他们的亲属关系、婚姻家族制度、全村各姓各家的血亲和姻亲关系。为此请来老中青年人代表调查核对。中青年人说过去不了解这些复杂关系，是通过这次调查才搞清楚的。如前所述，半个世纪前红罗住着 8 户人家，都姓蓝，即蓝苏、蓝记安（佛带）、蓝斯带、蓝显荣、蓝观孙、蓝斯明、蓝贵银、蓝显木，现在已发展为 22 户、有共同祖先的三房人。但他们不清楚每一代的祖先是谁。每一房各有共祖，也不确切知道每一代祖先的名字。比如大房的各户是由三支人传下来的，这三支不是亲兄弟，但各家的辈分却很清楚。他们起名喜欢用“谭”字，“谭”字不表示排行，也不一定同辈。三房人没有共同墓地。

除了本村大姓蓝姓之外还有雷、黎两姓，雷姓于 1969 年 3 月 7 日从惠东平顶村迁红罗，原因是有亲戚关系，而且平顶村的条件比红罗还要差。迁来时有 2 户 11 人，一户是雷显贵、雷观生兄弟家共 7 人，另一户是雷涛夫妇及其子女雷金福等，现在雷姓有雷显贵、雷观生、雷金福共 3 户 22 人。黎姓本姓来，同雷姓一起在惠东平顶村居住，两姓关系密切而同迁红罗，现在共有 2 户。

蓝姓中有的不是蓝姓血统，如二房的蓝谭宝原是其母在惠东时与丈夫雷照所生，应是雷氏子。1939 年谭宝 3 岁时随母改嫁红罗蓝斯带，改姓蓝，生二子。雷照与小妻生雷显贵，雷照死后其小妻再嫁生雷观生。从血统而论，蓝谭宝与雷显贵是同父异母兄弟，雷显贵与雷观生是同母异父兄弟。蓝谭宝及其后代成为蓝氏子孙，与蓝、雷两姓成员都有融洽的关系，因为大家都是畲族。

红罗畲族各户间通婚关系错综复杂，亲戚关系纵横交错。透过这些关系的分析，不仅看到他们如何在人口稀少、十分闭塞、生活艰苦的生存环境中繁衍后代，更重要的是看到了红罗畲族使自己作为一个族体延续、生存发展所作的斗争。这里略述如下：

第一，红罗早期以民族内部通婚为主，新中国成立前只有个别人与汉族通婚。那时与外面联系少，更重要的是对汉人信不过，“过去受歧视，被汉人辱称为‘畲哥’、‘畲仔’，汉人认为我们低一等，我们和他们是两个社会的人，我们要保住自己”。那时的重要通婚途径是惠东畲族，这是莲花山区最近的也是唯一的本民族居住区，两地联系密切，交往频繁。多与雷姓通婚，60 岁以上的人百分之百与雷姓联姻。

第二，1969 年从惠东迁来两户雷姓以后，本村蓝、雷两姓自然地成为通婚的对象。如蓝林生/雷金清、雷显贵/蓝玉红、蓝容添/雷秀媚等。黎姓迁来以后，又增加了通婚的对象。

第三，早期本村都姓蓝，同姓不能通婚。为了扩展通婚范围，后来本村蓝姓之间也通婚了，但都排斥三代以内的近亲。本村蓝姓通婚的共有4对，如蓝来运/蓝容娇、蓝容生/蓝金莲等，他们都在40岁以上。本村蓝/雷、蓝/黎、蓝/蓝通婚的共11对。从基本上与惠东畲族通婚、本村（蓝姓）不婚，到本村异姓通婚，再发展到本村蓝姓可以通婚，范围扩展了，有利于繁衍后代，但联系的范围还是狭窄的。

第四，与各地畲族一样，红罗畲族也普遍有入赘的婚俗。无子有女可以招赘；有儿子的人家，女儿也可以招婿。上门女婿可以不改姓，所生子女随母姓，也有随父姓的。现任副村长雷仁先是雷显贵的儿子，到蓝来喜家上门，不改姓，生4个孩子，其中一男一女姓蓝，另一男一女姓雷。赘婿不受歧视，同样可以分岳家财产。也有少数男子去惠东畲族村上门，但没有人去汉人家上门的，也没有汉人男子来入赘。红罗的招赘习俗实际上起了发展壮大畲族本身的重要作用。

第五，无子也有抱养子的习俗，一般过继亲房的孩子。但没有抱养汉人孩子的，汉人也不会给。有童养媳现象，有的女孩四五岁时到惠东畲族村当童养媳。没有人离婚，也没有人娶妾。

第六，红罗的大家庭较多。蓝庚顺家五代同堂，他95岁的祖母于2002年逝世后，现在是四代同堂，占全村27户的3.7%；三代同堂的主干家庭13户，占48.15%；联合家庭2户，占7.4%；核心家庭11户，占40.47%。有两个以上儿子的家庭，长子婚后不立即分家，待次子婚后，老大或老二才分出去。有两个儿子的，父母分别在两个儿子家吃饭。过去和现在的调查资料都说明这里不仅家庭成员之间亲密、融洽，为了在强大的汉人势力包围下求得生存，村人内部也非常团结，互助传统很突出。

如上所述，一个从8户发展到20多户的红罗村原本只实行民族内婚。实行民族内婚，无疑是保全自己不受汉人同化的一个重要手段。但是红罗不能永远局限在与世隔绝的深山里，人们渴望与外面的世界联系。他们不能不打破民族内婚，这一过程是渐进的。新中国成立后，民族隔阂逐渐消除，20世纪60年代从惠东娶进了3个汉人女子。改革开放后，通婚范围广了，男女青年外出打工找到的对象，有广东各县、广西、江西、云南等地的汉族女子，也有畲族和壮族女子，至今全村娶进汉族女子共23人，大多在村中务农，少数随丈夫在外。与汉族通婚是必然的趋势，村人认为娶汉人女子对孩子的成长有利，孩子不仅从小会讲畲语，还会讲客家话、普通话，与汉人通婚加强了同外面的联系，有利于各方面的发展。

与汉人通婚会不会被汉人同化？蓝林生等不认为与汉人通婚会变成汉人。他们说畲族社会男女比较平等，种田、砍柴男女都干，男子打猎，女人烧炭，但畲族是父系社会，大事由男人做主，汉族妇女嫁进来以后，一般在一两年内就学会讲畲语，以后逐渐融入畲族社会。他们深深认识保持、传承自己的民族语言对民族生存发展的重要性，这是不受汉人同化的根本性措施。

语言学者在20世纪50年代和70年代末研究了莲花山区和罗浮山区的畲语，毛宗武和蒙朝吉曾以实地调查的博罗县横河乡嶂背话为例撰文论述。他们认为博罗、增城、惠东、海丰四县使用的畲语属于汉藏语系苗瑶语族苗语支，与属苗语支的瑶族布努语的炯奈话更为接近。①

清人周硕勋主持编撰的《潮州府志》记述，“畲人谓火曰‘桃花溜溜’，谓饭曰‘拐火农’”。红罗村畲语称“火’为tao[35]，即《潮州府志》所记的“桃”；“吃饭”称neng[31] guai[13]，府志所记“拐”是“饭”，“农”是“吃”，与现代所用畲语相同。语言学者认为这几个词极为珍贵，也许潮州一带的畲族过去也是说现今博罗、增城一带的畲语的。② 长期研究福建畲语的游文良先生近著《畲族语言》一书，根据闽、浙畲语考察古畲语中的古苗瑶语词，说明畲语中的一些词源于古苗瑶语。以“臭虫”一词为例，福建罗源畲语称kon[44] pui[44]，潮州畲语称kuan[44] pi[44]，广西金秀炯奈语称pi[44]，广东梅县等地客家话称kon[33] pi[33]，惠东畲语称kon[33] pi[33]，作者认为罗源畲语“臭虫”一词的说法应是由中、晚唐时的古畲语保留下来的，源于古苗瑶语。③ 红罗畲语“臭虫”也作kon[33] pi[33]，笔者过去注意到这个词在闽、浙、粤东畲语，莲花山和罗浮山畲语，勉瑶瑶语，客家话

① 毛宗武、蒙朝吉：《博罗畲语概述》，载《民族语文》1982年第1期；《试论畲语的系属问题》，载《中国语言学报》1985年第2期。

② 同上。

③ 游文良：《畲族语言》，福州：福建人民出版社，2002年。

以及广东四邑话（台山、新会、开平、恩平）中的相似性，也认为应源于古苗瑶语。

直至目前，红罗村男女老少都会讲畲语。这里人们十分重视母语的传承，家中大人小孩都讲畲语，新中国成立后建的畲族小学，畲族老师用畲语讲解。嫁进来的汉人妇女，一般在两年内就学会讲畲语。畲族男女青年除了讲畲语外，还会讲惠东客家话、海丰（潮汕）话和普通话。这里的畲语与惠东的畲语相同。有些男子会讲“尖米”话（镇上通行，类似广府话）。近年外国学者对研究畲语感兴趣，有几位日本学者造访红罗，其中中西裕树夫妇为京都人文科学研究所研究人员，近四年每年都来访，曾邀请本村蓝贤鑫去北京记录畲语供研究，相关专著已于2003年问世。村人迫切希望有一本以红罗畲语为基础的畲语专书帮助畲族人科学地掌握和保持畲语，这直接有利于畲族的发展绵延。

各地畲族都受到周边汉族文化的深刻影响，红罗畲族也不例外。红罗保持着的一些习俗，有本民族的，也有受其他民族影响的。家中供土地神、灶神。王爷公是村子的保护神，一般设在村头树下，在土台上供一个香炉作祭坛，过去也有用一块石头代替，现在红罗村的王爷公还在旧村二址待迁来。以前村中有法师，俗称“神头”，“神头”选村中有头脑的人，传承作法技术，一代传一代，新中国成立后村中就没有“神头”了。现在人们还拜华光大帝和谭公爷，几乎家家大门上都贴“华光大帝和谭公仙圣灵符镇”。鹅埠镇有谭公庙，村里有人去拜、祈福。节日有春节，正月初一至初五过年祭祖。1955年的调查材料说过去只有法师一人主祭念族谱、叩拜，其他人只能在旁观看。现在过年早饭晚饭前烧香，长辈给晚辈红包，晚辈也给长辈红包。二月初二、四月初八、五月初五也是节日，吃得好一些。清明或八月初一扫墓。七月十六插完秧后拜土地、王爷，还有中秋节、十月初一牛王节、冬至节等。人死先行土葬，再行二次葬，二次葬一般在七八年后举行，女单男双（如女七年、男八年），待尸体腐化后将骨骼放进金坛置山间洞中。未婚或无后者可由侄辈或同房支的人进行，也有因经济困难不行此俗的。人们认为二次葬是尊敬先人、更好地保存遗骨的需要。

在2001年10月举行的广东民族研究会学术研讨会上，听了海丰县政府民族宗教科陈洪亮科长介绍红罗畲村的今昔变化，激起了我重访红罗的愿望。2003年8月，我和中山大学人类学系两位博士研究生谌华玉、王琛女士一起去红罗调查。此行得到中共海丰县委、县政府和鹅埠镇等各级领导的热情指导、关怀和接待，我们表示衷心感谢。陈科长多年来为畲族人民做了许多工作，对红罗了如指掌，提供了许多情况和看法，本文也是我们合作的成果。

（原载《广东民族研究论丛》第十二辑，广州：广东人民出版社，2004 年）

台山市附城镇香雁湖管理区南隆村黄氏宗族调查

一、地理、人口和村落布局

香雁湖管理区属附城镇，位于台城镇以东3公里处。香雁湖是香头坟、雁沙和西湖的合称，是20世纪50年代实行新的行政区划以后所用的名称。香头坟在雁沙之东约1公里处，雁沙居中，西面的西湖与雁沙接壤。雁沙包括三个村子，南隆村在中间，东面与东成村相距不远，西与仁和村相连。三个村子都姓黄，故又被称为黄屋村，但南隆村人称黄屋村是指东成村。过去，三村中以南隆村的人和事为最显耀，比如出过举人、读书人和出洋做生意或打工的人多、生活稍富裕等，使南隆村成为雁沙的中心。我们的调查就以南隆村为主要对象。

雁沙背靠一个不大的山冈，名鸦山，因而旧称老鸦埗。后来起了一个优雅、祥瑞的名字"雁沙"，因为后山的形状犹如雁落平沙，张开两只翅膀，右翼是南隆村，左翼是仁和村，雁头向前伸，正好处在两村之间。黄氏宗族十三世祖东畴的夫人温氏墓就在雁头的位置。有一个传说，说是秋季的一个黄昏，从东瓶尖山飞来了大雁群，远看如一粒粒小白点，越近越大，声闻千里，飞到南隆村东头村口时表演雁阵，时而呈一字形，时而呈人字形，如此变换多次，然后飞到村北的合水小河滩上玩水嬉戏，玩毕又从原路飞走。

南隆村坐南朝北，依山傍水。北面是广阔的田畴，源于台山东北部北峰的四九水与五十水汇合成合水，流经此地。20世纪30年代在合水架桥，名为东方桥。村外有由台城镇到四九镇的公路通过，新中国成立前便有公共汽车行驶，如今交通更加方便。人们趁圩（赶集），过去西有每逢初二、初七为圩日的台城西门圩，东有逢初四、初九为圩日的四九圩（今四九镇），东北有逢初五、初十为圩日的五十圩（今五十镇），相距都不到3公里。

南隆村村外有大榕树，村前筑青砖围墙环绕，围墙内从东到西是一片广阔平整的场地，俗称“塘基”，塘基靠村头处有一口水井。村西有鱼塘，过去建村首先要挖一口水塘。村内房屋排列整齐，从东西或从南北两个方向看去都呈一条直线。共有十二三条巷，每条巷有七八所至十多所房子不等，每隔两所房子有一条横巷。直巷和横巷都有下水道，就是下暴雨也可以很快将水排走，但历史上也发生过几次洪水淹进村前房屋的事。

全村共有六七十座房屋。传统的房屋为三开间砖瓦平房，东西两侧开门，东侧称“大门口”，西侧称“小门口”。居中的一间称“厅底”（厅堂），约占整个房屋面积的40%，两侧面积相等，形成对称的结构。村中绝大多数的房子所占地面面积相等，建筑面积约为80平方米，少数房屋只有这一半的面积，但两所房子合用一块与其他房子面积相等的地面，使全村房屋整齐划一。厅堂是全家日常活动、接待客人的地方，北面有小天井。东西两侧各有卧室，卧室外即两侧进门处，称为“廊”，设灶堂，是做饭、吃饭的地方。还在半个世纪以前，出洋谋生的华侨就回乡兴建了不少两层或三层的楼房，大多沿用传统居民的式样加以改造；少数吸取西式建筑设计，也未能突破对称的传统格局。

南隆村是侨乡，目前村人大多数旅居国外。小部分人散居在台城镇、广州和其他城市。常住人口只有33户，140多人。

这里耕地很少。一百多年前建村时，这里的田和山都归西湖村林姓所有，黄姓从林姓那里买来部分山林和为数不多的田地。直至实行联产承包制的今天，南隆村的耕地也不过百亩左右。由于耕地少，人们在19世纪末叶就出洋谋生；新中国成立前务农者不多，其中包括世仆性质的“细仔”和少数黄姓族人。抗日战争期间，侨汇断绝，有的侨眷变卖金首饰购买少量田地耕种。20世纪80年代初分田到户，全村人均分田只有七分，而相邻的西湖、香头坟等村人均在1.4亩以上。

二、源流和迁徙

黄姓为台山大姓。我国各地的黄姓都将本族的起源直接和轩辕黄帝相联系。据台山《黄氏族谱》[1] 所录宋人黄国泰的《黄氏世系源流考》说，

---

① 黄下山、黄剑父、黄稷芸等：（台山）《黄氏族谱》，香港，1959年8月。

黄帝的七世孙黄云，受封于黄国（今河南光州），因以黄为姓；云生熊启，封于江夏（今湖北武昌）；周衰而国废，子孙散居楚地，九十世祖元方仕晋，为晋安（今福建东部及南部）太守，封闽国公，子孙徙福州、莆田等地。一百零九世祖黄昌为北宋元祐三年（1088 年）进士，官南雄太守，由莆田迁广东南雄，因官而入籍保昌县（今南雄市）涉水村珠玑里。黄昌之子澄洛生二子，次子居副（亦作居富）仍居莆田，长子居正（亦作居政）居珠玑里承祖业。族谱说居正是淳熙二年（1175 年）进士并做了官，后世祀为珠玑不迁之祖。居正之墓在南雄。居正有三子，长子源深任浙江漕运使，由南雄官游冈州，因而居今新会杜阮。居正的七世孙学禄迁到台山南坑，为雁沙黄氏族人的开基祖。20 世纪上半叶，台山黄氏宗族开办了一所以先祖居正命名的中学，80 年代改为居正职业学校，仍然由黄氏宗族主办。

广东珠江三角洲汉族居民的许多姓氏都有从南雄珠玑巷南迁而来的传说，许多族谱记载宋度宗咸淳九年（1273 年）因胡妃（或称苏妃）事，珠玑里居民九十七家为避乱而向南流徙，定居于珠江三角洲地区。[①] 台山《黄氏族谱》也在《附录：历代相传珠玑巷南迁始末》中叙述了胡妃的事。胡妃被宋帝禁于冷宫，后潜逃，扮作游妇，漂泊各地，遇南雄府始兴县牛田坊人黄贮万，愿托终身。宫廷行文各府县，访查胡妃踪迹。胡妃事被黄贮万的家丁泄露。兵部尚书张英贵为免株连，上奏朝廷称有贼造反，拟在牛田坊建筑寨所，设兵镇守。珠玑巷居民罗贵得知此事，九十七家人商议南迁。这九十七家人中也包括黄姓的黄复愈等。他们历二十余天到达冈州（唐代在今新会置冈州，包括今新会、台山、开平，以及恩平大部分地方）。当时冈州人少地多，各姓便择地而居，后来子孙日繁，散居邻近各县。但在明、清时期的黄氏族谱序中并未提及胡妃和避乱南迁的事，在世系的叙述中也只说源深“官游冈州”。

与珠江三角洲各姓传说的共同之点是，都说由南雄珠玑巷南迁而来。史载宋代中原士民为逃避战乱而向南迁徙时，一支南越大庾岭，寄寓南雄，后来又从南雄南迁珠江流域一带。在宋代曾经有过两次大迁徙，一次是在北宋末、南宋初，一次是在宋末、元初。据台山《黄氏族谱》所记，

① 南雄珠玑巷人南迁后裔联谊会筹委会编：《南雄珠玑巷人南迁史话》，广州：中山大学出版社，1991 年。

黄昌在北宋元祐年间（1086—1094 年）入籍南雄珠玑巷以后，他的曾孙“官游冈州”而留居该地的时间已是南宋时期，但距离罗贵等因胡妃事件南迁还有上百年，可以推知居正之子源深落籍冈州比胡妃事件早一些。无论如何，都是源于南雄珠玑巷。族谱所列世系，在福建的族人分布于泉州、漳州等地；在广东，分布于新会、台山、开平、恩平、鹤山、南海、番禺、顺德、花县、中山、东莞、宝安、梅县、紫金、潮州等地。台山的南坑、北坑、潮境、白沙、石板潭、大江、松萌、海宴、那扶、上下泽等地均多黄姓。也就是说，居正之弟居副的后代居福建；由南雄珠玑里南迁的黄氏族人，少数迁到后来以客家民系为主的粤北地区和以潮汕民系为主的粤东地区，成为客家人或潮汕人，而绝大多数则聚居于以广府民系为主的珠江三角洲一带。

据珠江三角洲各县地方志和各地黄姓族谱记载，黄氏都以居正为始祖，但所载有出入。如《新会乡土志》说杜阮黄族出于居正，居正为淳熙进士，官天章阁待制、吏部侍郎，后来被罢官，出为广南漕运使，遂卜居新会之杜阮乡。《新会县地名志》说：“咸淳年间，南雄难民黄源深携家人至新宁定居，其六世孙从新宁迁此（指崖西京背一带）建村。”此处所云居正迁入杜阮乡、黄源深是南雄难民，与上述情况不符，在时间上也有矛盾。据新会天河横江黄氏所传《黄氏家谱序》说，居政为淳熙二年进士、南都漕运使，次子源辅迁居天河横江。这也说是居政南迁，但说明横江黄氏是源辅的后代。居正的墓在南雄，祀为珠玑不迁之祖。如果居正是淳熙二年进士，其子南迁不会是南宋末。有些研究者认为罗贵等南迁应在绍兴（1131—1162 年）初年是有道理的。《开平乡志》载：“居正宋时由福建迁居南雄珠玑巷，其子源深由珠玑巷迁新会古冈州，后由古冈州迁居新宁潮境、船步，至七世，宋末时，文思由船步迁居开平。”另有几支分别由新会杜阮、新宁船步和潮境迁入开平。[①] 据顺德龙江黄氏所传《黄氏家谱序》云：“南渡中兴，至居政为淳熙二年进士，祀为珠玑不迁之祖，三子源赞，迁居龙江。”这两段记载与上述台山《黄氏族谱》所载吻合。

不同省份的黄氏族谱都记载着远祖的一首七律诗。各处所记不尽相

① 南雄珠玑巷人南迁后裔联谊会筹委会：《南雄珠玑巷南迁氏族谱、志选集》，156 页，1994 年。

同，但内容大体一致。各地黄氏族人都把这首诗当作祖训。台山《黄氏族谱》所记的是《黄峭山公遣子诗》："策马登程出异疆，任从随处立纲常。年深外境犹吾境，日久他乡是故乡。朝夕莫忘亲命语，晨昏宜荐祖宗香。愿言苍昊乘庇佑，三七男儿永炽昌。"据近人黄剑父解释，峭山名岳，生于石晋天福元年（936 年），北宋乾德三年（965 年）进士，出为江夏太守，时逢寇乱，遣二十一子从军，临行赠诗如上。黄姓字首从廿和一，所以说三七，即二十一，祝愿子孙永世昌盛。笔者在南雄珠玑巷黄氏宗祠（指旧宗祠，现由海内外黄氏族人建一所规模相当大的黄氏宗祠）见到的黄氏先祖居正的祖训为："骏马登程往外邦，任从随处立纲常。业成外境犹吾境，吾重他乡胜故乡。早晚莫忘亲命语，晨昏须进祖先香，殷勤耕读宜安分，三七男儿总炽昌。"南雄珠玑巷人南迁后裔联谊筹委会编《珠玑吟——南雄珠玑巷诗书画印选集》收录黄居政诗，题为《由莆田县迁居南雄沙水村》："迅马登程出异方，任从随地立纲常。年深外境犹吾境，日久他乡似故乡。晓夜莫忘亲命语，晨昏须荐祖宗香。愿言苍天垂庥庇，三七男儿总炽昌。"所用词语与台山《黄氏族谱》所载更近似。偶见关于著名女作家黄宗英讲她的家训的报道①，所录家训诗云："骏马登程奔四方，任尔到处立纲常。身在异乡犹吾境，人在他乡立故乡。"黄宗英祖籍浙江温州，黄氏先祖由中原南迁，先抵江南而后入闽粤。祖训诗的出处有不同说法，有的说是黄帝的七世孙黄云之子熊启封江夏侯，娶三位夫人生二十一子，此诗源出于熊启。前述有人认为是黄峭山遣子诗，也有认为是出于居正的。可以说，这首诗反映了历史上黄氏族人由北而南的迁徙，诗中表现了乐观、开拓、创业的精神，子孙们遵承祖训，陆续移居到新的地域上，开辟疆土，繁衍生息。

台山雁沙黄氏宗族原居南坑石塘村，学禄为南坑开基祖。以居正为始祖，七世祖学禄由新会迁到新宁（台山旧称）南坑时，已是南宋末年，学禄及其子仕权、孙康祖，后世子孙都建祠奉祀。康祖的曾孙、十二世祖自真于明永乐十五年（1417 年）因里役事累监禁，堂兄弟为贼被官府查拿。其次子盛自置田百亩，隐居躬耕，自号东畴。十三世祖东畴有二子，菊庄和松庄。雁沙有三所祠堂并列，中为东畴公祠，两侧为菊庄公祠和松庄公祠，过去有围墙环绕，至"文革"时祠堂部分被毁。三所祠堂是由

① 阎纯德：《云是故乡——印象里的黄宗英》，载《光明日报》，1994 年 5 月 10 日。

东畴、菊庄、松庄在南坑的子孙兴建的，因东畴夫人葬于鸦山，人们说这里风水好，就在鸦山下建祠堂。建祠年代已弄不清楚了，有的老人说祠堂建在雁沙建村之前。雁沙黄氏大多是松庄的孙子十六世祖仲爵和仲祥兄弟的后代，至20世纪末传至三十世；也有少数是菊庄的后代。东畴的子孙分布在南坑、雁沙，以及县内的松萌和海宴等地；因年深日久，与相距遥远的海宴黄氏宗亲已少有联系。

南坑故里距石塘村不远的山上，建有仲爵的玄孙二十世祖黄尚珂房的公坟，有石刻字“尚珂黄山公祠”和“黄尚珂房公坟拜桌”，建于1930年夏。这是黄氏宗族为使族人去世之后仍可相聚一处而建的，取名祠堂山。新中国成立前，该房所属二十三、二十四、二十五、二十六和二十七世的部分死者归葬或迁葬于该公坟。坟地背靠山岗，两侧林木茂盛，山林三面环抱，犹如一把安乐椅，坟地前小溪流淌，远望一片开阔的稻田。黄氏子孙为祖先选择了一片理想的长眠之地。公坟修建得十分整齐，从上到下共有十多排，已归葬者占地不到一半。雁沙距南坑约3公里，想必是路远的关系，人们宁愿将死者葬于村后鸦山，便于祭扫。还因为20世纪50年代之后，这一习俗有所改变。新中国成立前和20世纪80年代以后，每年清明时节，尚珂房的族人各自前往尚珂公坟扫墓，归国华侨子孙回乡也必前往该地拜祭。

雁沙建村的时间大约在19世纪中叶，距今约130年。南坑故里的人口日益增多，需要寻找更好的生存处所，成明和业邦商议另立新村。缘于东畴的夫人及其子媳菊庄和松庄夫妇葬于鸦山，人们相信这里风水好。松庄的五个孙子仲豪、仲爵、仲达、仲英、仲祥的部分子孙就迁居到今雁沙三村。据风水师说，南隆村村头财丁兴旺，村之中部将出举人。仲爵的后裔，按照辈分的高低，由二十四世成明祖（房）先选了南隆村中间的地面，二十五世家乐祖（房）选取了村头，村尾则以仲祥子孙居多，仁和村为仲祥、仲豪和仲英的部分后代，仲祥房也有居东成村的。风水师的“预言”似乎很灵验，其实是人们据已有的事实编造出来的故事。建村后不久出生的黄嵩龄住在村子中部，他在清末中了举人，村头的家乐祖后代人丁昌盛，子孙很早便出外经商。嵩龄中了举人，南隆村西头立一大方石座，竖起了一支旗杆，旗杆直径为八九寸，顶端是白瓷葫芦；仁和村的黄家专是一位武举人，彪炳这位武举人功绩的旗杆竖立在村西，在大方石座上竖起的旗杆顶端镶蓝色瓷葫芦。村里出了两名举人，闻名远近，获得了举人村、旗杆村的称誉。大概在20世纪二三十年代，仁和村的旗杆被雷劈倒，只余下石座，至新中国成立后，把它当作石料派上了用场。嵩龄中举后一直在外任职，女儿赴法国学医，儿媳伍智梅曾任国民党政府的妇女会主席、国大代表、立法委员。除了两名举人之外，黄氏宗族在一百多年中还出过三名贡生。

三、宗族和家族

南坑学禄房黄氏男性世系按照下列的班辈传承，即“俊哲长发祥，兴传奕世昌，忠厚成家业，文华起廷相（南隆村有一房用‘忠厚成基远，谦逊启瑞祥’代替第三、四句），圣朝崇学道，经邦赖贤良，裔荣芳声远，兰桂缵书香”。过去男子成婚即按照所属班辈取一个号，现在海外族人仍守这一祖规。

从住房的分布可以看到，同一家庭的人家基本上是聚居在一起，亲缘越近居住距离越近。南隆村的前半部大多是仲爵祖的子孙，后半部以仲祥祖后代居多。村头的四条巷为家乐祖子孙聚居。居住的布局给予族人一种家庭的意识，人们可以清楚地分辨出谁是近亲，谁是远亲；同一近亲家族的人家联系亲密。人们习惯上视同一高祖父的后代为近亲，同一曾祖的各房内部关系当然更为亲密。对于远亲家庭，一般人已不大了解彼此之间的血缘关系了，只有以往村中的士绅和老年男性能够分辨各个家庭的系谱关系。

雁沙黄氏宗族同是十五世祖宗祐的后代，其共同血缘关系可以追溯到三四百年前；如果从东畤祖算起，距今已四五百年。过去大小祠堂都供奉祖先牌位。新中国成立前每年举行春祭和秋祭。正月初二、初六在东畤公祠举行隆重的祭祖仪式，各处子孙汇集一堂参加祭祀，凡是男子不论在乡居住还是旅居海外，一律可以分到一份胙肉。祭祖所需费用由东畤名下的族田田租收入开支。祭祖仪式由南坑石塘村故里的长者主持，负责赞礼，后因其年迈才交由南隆村的长者主持。每年正月上旬雁沙的子弟也必到南坑石塘村祖居拜祭祖先。通过祭祖缅怀先人，同时也起着联系族人、维护宗族团结的作用。

南隆村建有仲爵公祠，和村中屋宇相连，面积相当于两所住房。仲爵的子孙在村中居多数，经济条件又较好，因而为祖先建祠。

上述大小祠堂过去都供祖先神位，20 世纪 50 年代才撤除。除了祠堂供祖先牌位之外，家庭也供奉历代祖先的神位。黄姓祖先曾封于江夏，因此以江夏为堂号，称江夏堂。每个家庭在厅堂南墙设神龛，一般供“江夏堂上历代祖先”（也有书写“江夏堂上历代宗亲”的），两旁供奉户主的已故父母和祖父母的神位，用木牌刻写或用红纸书写死者的名号及某氏夫人。曾祖以上属于历代祖先，除了在家中供奉外，同时也进入祠堂供奉。新中国成立后，在几次政治运动中，家庭的祖先牌位、神龛中的观音神位等曾被拆除，改革开放后供奉祖先牌位的风气有所恢复。

新中国成立前，南隆村有几所书馆。村东头为家乐祖书馆，馆内悬挂“中书第”的牌匾。家乐没有做过官，中书令之类的官衔，是他的三子业郦用钱为他买的。与之相邻的是厚卓祖书馆。家族的书馆主要是该家族名下子孙举行有关家族活动的场所，如商议族中事、各种聚会以至群众活动等。村西头有一所称作“众人书馆”的，是村人活动之所。不仅一个家族可建书馆，个人也可以建书馆，比如仁和村武举人家专就建有书馆，当年放置各种武器，吸引了许多儿童前来玩耍。据说一把大刀长约一丈，铁柄大如小杉树，而武举人手持大刀挥舞自如。20 世纪 40 年代，村中黄英莪当教头教习武艺，许多人来此习武，南坑故里也有不少青年来当学徒。此外，南隆村业勤家也建一书馆，内有走廊、花苑，后半部作居室。还有业郦、文庆等人的书室，是他们当年读书的地方。

早在 20 世纪 20 年代，祠堂和书馆便曾作为宗族的学校之用。在三所大祠堂开办的南洲学校，便利族人和本地学子就读，后来因经费问题，学校迁回南坑故里。众人书馆也曾在 1920 年左右办过学校，请塔脚村王尧田任教，上学读书的大多是家乐祖的孙辈共十余人，一年学费一斗米二百钱，学生入学时携片糖（红糖）、韭菜和葱拜孔夫子像。一年以后，雁沙三村合办一所小学，取名雁沙学校，校舍就在仲爵公祠和众人书馆，从县中以文风鼎盛著名的浮石聘请师范学校毕业的赵润之等当教师，实行新学制，注重国文、历史、地理、算术，开设了图画、劳作、音乐、体育等课程，还教英文，开展体育活动，组织乐队。家乐祖书馆于 20 世纪 20 年代初请私塾先生来教书，一年一斗米学费。这里还曾办过女校，教师由嫁到本村的媳妇和本村未婚女子中有文化者担任，入学读书的有本村的姑娘和媳妇们。女校后来由于人数少等原因而停办。

村中公事和重要事务都由男性掌权，由保长和几个乡绅等头面人物主持一切。本村的商人、士绅为数不少，经商者大多在海外，少数人在北京（如文举人嵩龄）做过官，抗日战争期间黄鸣甫担任过县电话局局长等，常在家乡的士绅阶层也兼做生意。男人们常在书馆和一所称为“寮仔”的公用房子里叙谈议事，“寮仔”也是负责夜间保卫治安的“更夫”们避风雨的场所。

尽管本村拥有的耕地很少，但比较富裕的家族都在外乡购置族田。比如居住村头的家乐祖子孙，果然如风水师“预言”人财两旺。他们为家乐祖在台山都斛、那扶等地购置了族田，数量相当可观，土地改革时，管理族田的两名士绅被划为公尝地主。新中国成立前，每年由管理族田的人带领家族中几个年轻人往那扶等地收租，一般在当地将谷子出售，收取现金，遇谷价低时就租船运回，船可直达村北合水东方桥头。本家族各房齐集家乐祖书馆，等候管理者将部分谷子或现款进行分配。各家族的族田有的由家族长生前购置，死后作为本家族的公田。公田一般是由该家族子孙为已故的祖先购置的，如家乐的长子业邦善经商，交游广，为其父家乐、祖父成滋及曾祖父厚坚购置尝田和山坟地，这些族田遍及那扶、都斛、海宴、田坑等处，大多是土质肥沃的围田。家乐祖在广州还置有房产。

新中国成立前，宗族和家族活动比较多。如上述每年在东畴公祠举行春祭，就是南坑及其各处分支的黄氏宗族共同祭祖的活动。各个家族也有祭祖活动，比如家乐祖用族田收入支付祭祖费用，并给家庭中所有的男丁分胙肉，一般由族田管理者主持。用三牲祭祖时，杀猪后，用大铁锅将大块猪肉加入台山人喜欢吃的白菜干煮熟，肉切成块，各个家庭按男丁数领取应得的份额。

拜祭祖先的活动，除大祠堂祭祖颇具规模外，清明节扫墓也相当隆重。扫墓大多由各个家庭进行，各家以为逝去的父母、祖父母扫墓为主。新中国成立前常常有整个家族一起扫墓的，比如家乐祖的家族成员组织去尚珂公坟以及葬在别处的家乐及其父成滋、祖父厚坚的坟地扫墓。在外谋生的子孙回乡省亲，也必前去扫墓祭祖，但不一定在清明节。南隆村74岁的黄育年回忆，大约在20世纪20年代末，当时在外做官的举人黄嵩龄回乡扫墓，举人和几个有名望的士绅坐着轿子，由族中近亲随同前往，几个壮汉肩挑各种祭品，村中孩童不论是否属该家族都可以参加，场面十分热闹。新中国成立以后，扫墓祭祖活动少了。实行改革开放政策以来，许多长期侨居国外的人，虽然家人大都迁居海外，没有人在乡间居住，但都满怀思念故土之情，携带妻子儿孙回来寻根，省视祖居，祭祖扫墓。他们沿用传统的方式，祭祖用三牲（鸡、鱼、猪），扫墓用鸡、鹅、烧肉、熟鸭蛋，以及黄、白糖糕等。

台山习俗尚年节，一年之中月月有节日。每逢节日必制办各式糕点，称“做糍”。糍是各种糕点的总称，其花样繁多，如发糍、大笼金（年糕）、煎堆、弯梳（虾饺）、各种咸甜油角、鹅糍、用一种艾绒和米粉加甜馅做成的圆糍、萝卜糕、芋头糕、椰子糕等。以前过农历新年，小康之家要花两三天时间夜以继日地制备各式糍、糕；婚姻喜庆、走亲戚要“担糍”，备办若干担糍、糕和鸡鹅等，请族中妇女挑担前往送礼。不论年节、走亲戚、建新居、婚嫁或丧葬等事宜，只要主人家打个招呼，族中近亲或关系好的人家都会帮忙。“分糍”的俗例也体现了人们的家族观念，重视礼尚往来，族人联系。做大量的糍，目的不完全是自己吃，一般都要分送给家族中人。分糍的数量，以血缘远近为准则，也就是说，越是近亲，派分的分量越多些。随着经济的发展，年节家家做糍的习俗有所改变，过去一家一户自做，现在可以由市场供应，村人自己动手做糍的少了，可以到镇上买现成的。回乡省亲的人大多买饼干糖果代替糍糕，但仍然保持分赠家族中人和乡亲的习俗。村人陆续出国定居，现在村中常住的人少了，回乡探亲的人往往将礼物分赠全村各户，但在数量上仍有近亲和远亲的区别。在外面生活的人回来祭祖扫墓，不需通知，族中近亲自动前来帮忙，而省亲者也自然首先联系血缘最近的近亲。南隆村人侨居国外的占大多数，村中有一半以上的房子没有人居住，由家族中近亲代为保管。

四、“细仔”

新中国成立前，台山几乎村村有“细仔”，南隆村也不例外。“细仔”是某一家族买来的，作为家族的世代奴仆。“细仔”对主人家族有人身依附关系，子孙世代为奴。清末宣统年间下令放奴，当时台山的有识之士曾撰文指出台山的放奴仅及婢女，没有还“细仔”以自由。实际上，蓄婢现象一直保留到新中国成立前夕。至民国年间，台山北部的“细仔”在人身依附关系上逐渐松弛。像南隆村这类与外界联系很早的地方，“细仔”在早年已得到了一定程度的自由，但其地位始终十分低下，生活困苦。

南隆村的“细仔”姓梁。他们原是业勤、文雅父子蓄养的“细仔”，像各地的家族“细仔”一样，他们实际上为全村服役。如今梁氏在村中的后代只有梁景堂一家。梁景堂生于1928年。据说他的曾祖父只身到南隆村业勤家当“细仔”，婚后生如久、如琴和如友三子。如久生三子，伯遇、伯大和伯安；梁景堂是伯遇的儿子。各处“细仔”都住在村边角落，靠耕种主人家族拨给的少许土地为生。南隆村东头村边竹围内有两排小房子，是一些人家的厕所，也用以储存柴草，过去不住人，从第一巷起才是住房。梁氏几家人就住在第一巷的巷尾，是几间低矮、狭窄的房子，也有泥砖房，与厕所为邻。业勤、文雅家境富裕，拨给“细仔”几亩耕地。如友、如琴一直耕田至新中国成立以后。估计梁氏“细仔”来南隆村的时间约在建村后不久，至新中国成立时“细仔”的第四代已成年。至于他们是何方梁氏，连他们自己也不知道。梁氏“细仔”尽管属于业勤家，但必须为村中黄氏宗族所有人家服役。黄氏族人遇有婚丧喜庆、盖新房、办筵席、干粗重活，往往请“细仔”做工，给予一定报酬。“细仔”必须掌握一套烹饪手艺，以便随时为有红白事的主人家做厨工。新中国成立后，有些“细仔”回到自己的家乡生活，梁氏却无“家”可归，只能以南隆村为家。20世纪80年代，业勤的曾孙辈全部移居美国，将住房委托梁景堂管理。

过去，雁沙黄氏外出经商的人多，“细仔”得到主人家族允许可以出外打工。梁如久早死，长子伯遇十几岁就去香港，在家乐的孙子文逸的南昌隆柚木厂当工人。后因扛木头受了内伤，抗战时回乡，不久病逝，当时才四十多岁。其妻程银爱，腿有残疾，过去生活十分艰辛，村中无论哪一家要她干活，必须随叫随到。“细仔”对主人家族的人，不论大人小孩都要用尊称，男的叫“老爷”、“大爷”，女的称“安人”、“大姐”、“姑娘”。新中国成立后，程银爱的生活大大改善了，她活到1992年八十多岁才去世。如久的次子伯大十几岁时投靠其姐夫以后，再也没有回村，人们知道他还活着；三子伯安，先去香港后去泰国，在文逸兄弟的柚木厂当工人，艰苦备尝，至20世纪90年代才与侄子梁景堂取得联系。如琴有三子二女，其中两个儿子早亡；长子金裕现已八十多岁，小时在本村上过一两年小学，不久即因穷困失学，随父亲种田，二十多岁去香港，也是在南昌隆柚木厂当苦力扛木头，后来转到别处打工。如友的儿子金德十几岁就出外，先去香港后赴美国打工；次子德荣在新中国成立后在台山广海邮局工作，20 世纪 80 年代末在其兄金德帮助下移居美国。新中国成立前，梁氏“细仔”几房人生活都十分困苦，可耕的田少，终年不得温饱，即使允许“细仔”上学，他们也上不起，出外做工的大多潦倒终生。他们处于社会的最底层，备受歧视，“细仔”与“上人”之间隔着一道永远不可填平的鸿沟。“细仔”出去以后一般都不回来，所以不了解“细仔”的悲惨命运现已成为历史陈迹。

梁景堂是梁氏“细仔”中目前留在南隆村的唯一的一家。他的一个弟弟在 20 世纪 40 年代初饿死了，一姐一妹去阳江嫁了人。那时嫁到阳江务农可以勉强糊口，也算一条出路。

新中国成立后，国家实行土地改革，摧毁了封建制度，“细仔”彻底翻了身，获得了真正的自由。邻近雁沙的李姓香头坟村有谢、张、黎、谭、廖等姓“细仔”，很多人当了干部。梁景堂由于阶级出身好，也曾当了一段时间的村长。梁景堂的妻子李美爱原是廛禾田一户人家的婢女，与梁景堂的母亲程银爱为同村人。那时“细仔”不得与“上人”通婚，只能在“细仔”之间互相婚配，否则只能要有残疾者或婢女为妻。梁景堂育有二子四女，已有四个孙子，一家务农。梁景堂从 20 世纪 70 年代起便出外当建筑工人，农忙时回家耕种。实行联产承包制分到了三亩多田，生产的粮食、蔬菜可以自给。四个女儿都已出嫁。土地改革后，梁景堂一家在公尝地主的房子住了三十多年，80 年代落实华侨政策，政府补偿 3000 元让梁家迁出。梁景堂依靠他所在的建筑队和女儿女婿们的帮助，建起了一幢三层楼房。这幢崭新的楼房坐落在村前十分显眼的位置上，房地原为富商文逸所有，按政策规定无墙的房子归政府处理。新楼房的规格、质量虽不算高，但光线充足，基本的生活设施齐全，比起村中过去建造的楼房，在使用上更觉方便。李美爱说，他们以前没有梦想过能住上这么好的房子。

五、黄氏宗族在海外

正如台山旅居海外的人数多于本地常住人口一样，南隆村侨居国外和住在港澳的人数比在家乡的多得多。从实地调查体会到，要了解黄氏的宗族制度，不能局限于村里的情况，必须把视野扩展到村外的世界。

目前住在乡间的只有 140 多人，部分人住在台城镇、广州、北京和国内其他城市，但为数不多。大多数人在美国、中国香港、加拿大、新加坡、泰国和马来西亚等地。没有统计数字可作为依据，但估计在外的人数为在村中人口的若干倍是可信的。仅以村东头家乐祖的后裔为例计算，家字辈为二十五世祖，子孙现已繁衍至三十世，少数至三十一世。目前在村里居住的只有两户、不到十人；台城镇、恩平、广州、北京、天津等地有若干户，不过数十人；而旅居海外的至少在三百人以上。

为了了解侨居国外的雁沙黄氏族人的情况，我们除了在村中进行实地调查之外，还采取了通信调查的方式，都得到对方的极大支持。应该特别着重提到的是，侨居新加坡的86岁的黄统华先生，是族人中目前年龄最大的长者之一，他对我们提出的问题做了十分详尽的答复，提供了十分珍贵的资料。为适应本课题的需要，写这份调查报告时只参考了其中的某些部分，也没有逐一注明出处。我们把这些信件作为《黄统华先生回忆录(未刊稿)》保存起来，以表示对他的热情协助的衷心感谢。

雁沙黄氏族人早在19世纪末叶就漂洋过海谋生，至20世纪初，出洋的至少有几十人。他们绝大多数是工人，如卷烟工、洗熨衣工、厨工等。在工厂熨衣服，一天干十几小时，工作环境差，温度高，没有固定的休息吃饭时间，工人随身带着饭团待有空隙时吃上一口；卷烟工卷雪茄烟容易患哮喘病。这老一辈华工的儿子辈出外，多数还是打工，少数人开洗衣馆和小餐馆。个别人有机会上了大学，如黄栽华在20世纪20年代毕业于美国纽约哥伦比亚大学，后来回到台山，在台城镇开办了栽华职业学校，培养了一些人才。

无论在美国做工还是在其他地区做工，都得拼命干活，省吃俭用，谈不上有文化娱乐活动，待积蓄了一笔钱便还乡成家，有钱的盖一所房子，极少置田产。在家里住上一段时间，然后再出去。他们可以在当地注册生了几个儿子，取得儿子的出生证。儿子凭出生证出洋，没有出生证的可以买别人的出生证出去，做工挣了钱偿还。大多数人一辈子才回乡几次，有的新婚以后出去了就没有再回来，妻子在家如同“守活寡”。南隆村有一个妇女，婚后丈夫去新西兰，初期还寄点钱回来养家，以后数十年杳无音信，生死不明。有些男子出外做工，最后家人不知其去向，也不知所终。这种情况绝不是个别例子。特别是在抗日战争期间，不少家庭男人在南洋做工，穷死或病死在外，妻子儿女在家无法生活，女儿被迫跟了国民党军队流落他乡，儿子活活饿死。这些例子多至说不完。

这里描述一个家族向外发展、在海内外经商的情况。

家乐祖算是村中最富裕的家族，子孙出洋的最多，做生意的也不少，他们经营的生意，一是药材，二是木材。家乐祖有三房，长房业邦生文宗、文富、文宪、文宝和文宇，二房业邠生文池、文波、文湖和文洪，三房业郦生文适、文逸、文运、文逊和文连，业邦之子文宝于20世纪初在美国纽约州布法罗市开设了上海楼餐馆，带了两个侄子出去做工。文宝精明能干，通英文，广交游。他每数年回乡省亲一次，体察形势，认为应在香港设商号，建立向外发展的“桥头堡”，以便子侄们出外发展。香港是台山人出洋或还乡必经之地，是家乡与海外联系的纽带。文宝在国外见过世面，长了见识，有一些商业眼光。他在旅美友人梅、李、关、司徒诸姓中招股，黄氏族人也出资，于民国初年在香港南北行开办永宁堂，经营南北药材。南北行是香港中国人的早期商业中心。有了永宁堂这个桥头堡之后，本家族的人出外经商、做工，便有了一条出路，以后族中不少人都曾在家乐祖子孙开设的各商号任职。老一辈成为商人、士绅，需要后继有人，同时也是为了本家族本房的发达兴旺，有的人出资培养子侄读书，送他们去省城广州和香港上学校，如上广东高等学堂、学仁书院等。

家乐的另一个孙子、二房业邠之子文洪原在美国当卷烟工，堂兄文宝让他返香港主持永宁堂商务。他们是向外经商发展的先头部队。接着在南洋开设永福安药行。永福安药行在南洋设了许多分号，在新加坡有三家、马六甲两家、吉隆坡一家、马来西亚庇能一家、印度尼西亚棉兰一家。永福安药行及其各分号专营生熟药材，兼批发和零沽，生意兴隆，在当时东南亚药行中可算首屈一指。后来文宝逝世，把商务委托给文洪。

在1922年至1923年间，雁沙和南坑故里的黄氏族人合股在台城镇开设了大中银号，由家乐祖二房业邠的第三子文湖任总理。其时正值永宁堂、永福安的黄金时代，海外各地亲友往台山寄侨汇的很多；该银号位于县前路，距县政府很近，县府的银钱来往也常经大中，故大中银号的储蓄额很高。大中银号与永宁堂、永福安互相支持，相得益彰。20世纪20年代中期，黄氏族人在海内外发展商业，进展顺利，处于兴盛时期。

可惜好景不长，大中银号缺乏熟悉业务的专门人才，用人不善，且受省港金融业不景气的影响，最终倒闭了。大中的停业使永宁堂和永福安均大受打击，用人不当和不善经营也是后者走下坡路的因素。家乐祖三房人的子孙们商议对策，有人提议将尝田尽行变卖，用以经商获利；有些人不忍卖出。但晚一辈的人不敢逆长者意，终于卖了一部分尝田。文洪还曾和族中兄弟子侄与上海人蒋氏合营商号，将上海货推销到南洋市场，这时该商号也全归蒋氏所有。由于商场上的打击，加上当卷烟工落下的哮喘病复发，文洪于1936年逝世。一位财大气粗的堂兄在他的病榻前承诺了善后的几个条件，接收了商号，但在文洪死后他便食言。文洪的去世不仅使他的家庭以及业郊房受到很大打击，雁沙村中族人入股者也血本无归，使后人受到很大牵累，经过半个多世纪，这笔账始终也没算清。

20世纪30年代初及以后，族人又在香港南北行开设了永协成参茸行，在新加坡开设了保大药行。此外，在台山，还有业邦与人合股经营的那扶杏和堂药材店、台城和三合的当铺、新昌的瓷器店等。

除了经营药材生意之外，另一种是木材生意，主要由家乐祖的三房业郦几个儿子经营。南昌隆柚木厂开设于香港、新加坡、泰国、台城和台山的新昌等地，事业一向比较发达。他们的子孙家境普遍比较富裕。这一房人属有钱的家庭，后代也繁衍昌盛，男丁也最多。但在家庭内部也发生争端无法解决而诉诸法庭的事。据1964年1月9日和5月9日的香港某报报道，文逸、文连兄弟早在20世纪20年代合股购物业，1931年在香港合股组织顺发有限公司，业务发达。文连于1949年去世。20世纪60年代初，文连之子状告其伯父等以欺骗手段擅自结束公司，侵吞财产。香港某报用"钱迷心窍，份属至亲，欺生瞒死"为大标题报道了这一"港星（按："星"指新加坡）两地黄氏家族内案件"，说这是"本港有史以来，耗时最长久之一宗刑事案，……是一宗极复杂之商业骗案"。笔者仅从报端所披露的详情中概括出这些情况，不拟涉及具体情节。上述被告侵吞族产的事也不止这一桩。这里只是从学术研究的角度，探讨这个黄氏家族一个世纪以来向海外的发展及其事业的兴衰。无论是在乡间还是在海外，我们所看到的家族活动反映了家族中不同阶级和阶层的生活和动向，其中有和谐也有斗争。

然而，中国历史上几千年的宗族制度、家族观念影响，使人们十分重视家族这个整体。早在20世纪30年代初，雁沙黄氏族人尤其家乐的子孙寓居香港的，聚居在同一条街上，由家乡出洋的人或金山伯回唐山，往往以这里为落脚点。年节分糍的习俗，这里和雁沙本地的俗例没有什么区别。在外面出生的人，从孩提时代就听到长辈讲家族的事，耳濡目染，印象深刻。至八九十年代，移民美国的人增多。在纽约，族人每逢喜庆办筵席，需宴请在当地的本村乡亲一百多人。随着时间的推移，青年一代受西方文化的影响，对家乡的观念逐渐淡薄了。

老一辈人的家族感情、家乡观念却还是那么深厚牢固。统华先生描述，他在海外走过许多地方，不论是台山人还是其他四邑人、广府人、客家人、潮州人，黄氏同宗相遇，每谈及祖训诗，能背诵出来的就倍感亲密，有出自同根之感。海外的许多华人聚居地、唐人街都有黄氏宗亲会，如纽约有宁阳会馆，多伦多有江夏堂和云山公所，新加坡有建于1854年的黄家馆及其他黄氏宗亲组织，如台山潮沙黄氏同乡会等。这些社团组织对初到该地谋生、语言不通、生活习惯上有困难的同乡给予一定的照顾帮助。侨居海外的华人，除了通过同姓的宗亲会加强联系，追溯共同来源之外，另一种联系就是对地方群体的认同。广东的汉族三大民系，广府人、潮州人、客家人的语言和文化各有特点。广府人中的四邑人与南海、番禺、顺德的文化特点又有更细致的区分。统华先生讲述了他的一段经历。他曾访问过文莱沙白中部的一个小镇名四邑村，该地建筑组成井字形，多为两层木屋，每排有十余间店铺，有各种行业，但无旅店。某家主人姓黄，祖籍台山，得知旅游者是同乡同宗，即盛情邀请到他家居住，并邀请四邻亲友共同聚餐，席上菜肴尽是台山家乡风味。客人临别赠以酬金，主人发觉后驱车追赶送还。

六、异姓纷争

这里还要追述雁沙黄氏宗族与相邻的异姓宗族之间的关系。

香雁湖的名字是1954年建立新的行政区划时使用的，以后香头坟、雁沙和西湖一直同属一个乡、生产大队或管理区。雁沙与香头坟之间相距约1公里，中间有水田相隔。南宋义士伍隆起为部下所杀，部下持其首级投元军，陆秀夫收其遗骸，以香木刻首，葬于县城东南文逕山下，此地因名香头坟，为宁阳八景之一。雁沙黄姓与香头坟李姓一向和睦相处，虽然过去也曾有过一些纠纷。比如，20世纪20年代末为山地问题打过一场官司。香头坟村在树林边建龙母庙，相信风水对香头坟有利。这里靠近雁沙，得到黄姓的支持。但在黄姓将山嘴给他们作为安葬场所后，反而被诬告霸占土地，双方都倚仗着衙门里的关系申诉。省财政厅厅长范其务下乡视察，最后判决山嘴归黄姓，但规定黄姓不得在该地建房，李姓不得在该地埋葬。

雁沙的鸦山与西湖村的虾形山之间有小山坑，为两村分界的标志。雁沙黄姓与西湖林姓之间矛盾尖锐，几成世仇，在新中国成立后才有可能建立睦邻关系。雁沙建村之前，这里的山和田都是西湖林姓所有，西湖立村早，黄姓的山林、田地是向林姓买来的。起初，两姓相安无事，互通婚姻，家乐的女儿嫁到西湖村当媳妇，群众互相走亲戚，后因两姓为仇断绝往来。据老一辈人回忆，早在20世纪20年代初，在东畴公祠祭祖期间，有些人在附近摆摊做小买卖，也开设了赌摊。西湖村子大，人口多，平日就有数百丁在家。黄姓祭祖时，林姓一些人到此赌博输了钱，恼羞成怒，威胁要抢东西。黄姓势单力薄，宁可吃眼前亏。翌年，双方发生武斗，都有教头统领。林姓有人在冲突中死亡，向政府报了案。县政府派官兵来查，长官姓黄，因属同宗，只给以警告论处，但此后两村时起冲突。黄姓有人在台城丽芳照相馆任职，武斗时并不在家，只因他是雁沙村人，就被抓去坐牢两年，出狱后病死。那时还没有修筑公路，黄姓外出必须经西湖地界，常受阻拦，双方因此屡起争端，诉讼不止。仁和村远明妻出丧经两村交界的古道，上后山卜葬，西湖村妇女持钩镰、竹篙相阻；接着黄姓有几个人去世，也都被迫停柩于古道旁。有的为免暴棺于外而只好停棺于家中。黄姓为此向政府交涉了两三年都没有结果。南坑黄氏族人在学禄祖祠召集青年开会，准备武器和煤油，烧对方的村子，拼个你死我活；有识者认为冤家宜解不宜结，才免致酿成大祸。不久，县政府派兵到场，才得以将棺木葬于后山。

为了避免摩擦，要另寻出路，须在南隆桩东北面向北筑公路。这就要占用一部分耕地，而雁沙三村北面的田大都是林姓的。由县政府出面，以政府的名义给林姓以补偿，实际上这一大笔补偿费都由黄姓负担。雁沙三村总动员修筑这一段公路，群众热情很高，学生们更加卖力。这段公路便是后来的台冲公路的一段，也是台山早期兴建的公路段之一。由于这段路须经合水，因而又要修筑跨合水的东方桥。借助黄姓在台城开设的大中银号之力，并发动雁沙三村捐助，东方桥得以建成。

黄、林二姓的纠纷，随历史的发展而不复再。前些年由于区划设置的关系，雁沙曾属西湖大队管辖，因而将设于过去黄氏三座祠堂所在地的香雁湖小学改称西湖小学。后经侨居海外的雁沙三村乡亲提意见，人民政府善察民意，该校现已复称香雁湖小学。随着改革开放政策的实施，经济的发展，人民生活改善，两姓关系日益融洽。人们相逢在两个村庄交界的古道上，一笑泯恩仇，共同携手建设社会主义新农村。

七、今日雁沙

20世纪90年代的雁沙，公共汽车可停在南隆村东口。村口处的大榕树旁有新建的凉亭，是旅居香港的村人黄德瑞捐资兴建的，围绕南隆村的砖墙曾被拆除，近年海内外村人集资重新修复。由于移居海外的人多，留村人口少，村里显得很宁静；特别是白天，人们外出工作，只有少数老人在活动，一些儿童在嬉戏。对于笔者的访问，男女老少都给予热情的接待和支持，七十多岁的黄育年给了我们很大的帮助。

人们提起了过去。在人民公社时期集体出工，一个10工分的整工只值0.14元钱，没有别的收入，生活相当艰难。实行联产承包制分田到户，平均每人七分田，比附近一带村落都少。在家的人都种田，粮食够吃有余，吃不完可以出售。每户人家直接或间接地都有些侨汇收入。没有人养猪，但普遍养鸡。没有手工业，妇女们从制衣厂领回衣料在家加工缝制，农闲时一个月可以赚一两百元。不少女青年在制衣厂工作。男子外出打工，搞运输建筑，有人承包五金厂。有劳动力的人都有工作，村中无闲人。后山适宜种茶，农户以投标方式获得栽种权，并设茶厂。少数没有劳动力的由家庭近亲帮助，没有近亲的则由村里负责其生活。目前没有生活过不去的情况。过去村里只有一口井，现在各家在家中天井处打了井，用水泵抽水；有些家庭在井旁置洗衣机，相当方便。村中设了公厕，有人管理。农民主要用稻草和在后山捡拾的干草枯枝作为燃料。

东畴公祠等三座祠堂已修建成香雁湖小学校舍，适龄儿童都已入学，五岁可以上学前班，女孩也不例外。小学有学生二百多名，教师十一人。小学毕业保证可以升初中。香头坟树芬中学是一所初级中学，为该村旅港同胞李树芬所建，方便附近的学生入学。初中毕业后考不上高中的，多回家务农，或进工厂做工。村中会骑车的人都有自行车。家家有电视，黑白电视占多数。村中严格执行计划生育政策，但重男轻女的观念仍存在，个别人生了两个女儿以后躲在外地，直到生了儿子才回来，宁可交罚款。

村中旅居香港的乡亲，关心公众事业。过去的众人书馆被毁后，香港的乡亲，以及仁和村黄沧海等捐资兴建“仁南青年会社”，供村人集会使用。会社还设有大食堂，备有炊具食具，村人有婚嫁喜庆聚会，可以在这里备办筵席。

国内外的雁沙黄氏族人中出了不少人才。在国外的，有侨居马来西亚的著名建筑师、侨居美国的医生等，更多的人从事商业，有的沐先祖之余荫过着闲适的生活，也有在近一二十年经商致富的，相当一部分人以打工为生。“细仔”一族出外几十年，始终未能成为白领阶层。

在国内的族人，有医生、工程师、国家干部、教师，还有在科学院和高等院校工作的研究员、教授、博士生导师。他们大多数在青年时代从美国、新加坡等地回到国内，满怀热情报效祖国，为社会主义建设事业做出自己的贡献。

（原载《广东族群与区域文化研究调查报告集》，广州：广东高等教育出版社，1999 年）

田野调查与历史研究[①]

一、人类学与史学的互动：作为研究方法的历史人类学

近年历史人类学得到了学界的普遍关注，历史学界和人类学界广泛地用这个词，做了有关研究，出版了一些著作。对历史人类学的理论没有深入研究，不在这里讨论什么是历史人类学，笔者主要根据自己在实践中的体会说一说。目前关于历史人类学的定义没有一个清楚的界定，介绍西方学者的一些定义性的说法也比较难于确切理解。

中国人类学家、民族学家宋蜀华教授根据自己的实践经验，在论著中讲过什么是历史人类学。他认为历史人类学以历史上不同时期的族群及其文化为研究对象，以记述历史上各族群状况的资料为依据，着眼于过去，对当时的社会经济、生活文化和习俗信仰等进行横向的剖析和比较研究。其资料来源往往是亲身经历或当时人对当时事情的记述，比如司马迁的《史记·西南夷列传》就是他奉命去西南夷地区，根据调查和观察及传闻搜集的材料写成的。这个解释比较好理解。我们读《史记·西南夷列传》，列传的第一段就告诉我们，这些地区当时有哪些人群居住（西南夷以什数，夜郎最大）；他们的经济生活怎样，有耕田的，有畜牧的；有的部落有君长，有的没有；人们有编发、椎结等习俗。宋先生还认为，历史人类学研究历史上某个时期某个群体的过去的社会文化，对于认识、理解现代有关种族的来源、历史、社会、经济和文化，有很大的帮助，也有利于古今互证的研究。

尽管对历史人类学还没有一个明确的表述，但研究者有一个比较共通的理解，就是把历史人类学看作一种研究方法。《人类学的趋势》（译文集，中国社会科学杂志社编）翻译罗伯茨（M. Roberts）的文章《历史》，讲历史学与人类学两者相汇。《历史与人类学》这个刊物是1984年出版

---

① 2007年8月6日在历史人类学全国研究生暑期学校上的演讲。

的，20 世纪 70 年代开始就有历史学者用人类学方法从事研究。沃尔夫（E. Wolf）和萨林斯（M. Sahlins）都是比较早就进行历史人类学研究的人类学家。

笔者是学人类学的，主要从研究方法上理解历史人类学，认为这是人类学和史学的结合，是一种研究方法。在实践中有这样的体会，人类学研究如果只是用田野调查的方法会受到很大的局限，即使是对没有文字的民族的研究。比如说，我国有许多少数民族在新中国成立前没有文字，他们的文字是新中国成立后国家组织专家们给他们创制的，也有少数是以前传教士创制的，但没有文字不等于没有历史。20 世纪 50 年代初期，研究各民族的族别（确定是什么民族），要研究他们的社会结构，民族文化的各个方面，都不能不研究他们的历史，必须知道研究对象的来源，他们和周围的群体有什么关系，我们可以调查他们的现实情况，了解现在的社会文化现象，但是这些现象为什么是这样，是怎么发展来的，不了解它的历史就只能知其然而不知其所以然。他们虽然没有本民族文字，但在汉文或其他文字记载中可能有关于他们的史料，保存在历代文献里，在各地的档案资料中，还有口述历史。人类学家在 20 世纪初研究太平洋地区的岛屿民族，比如美国一位著名女人类学家米德（M. Mead）在 20 世纪 20 年代研究萨摩亚人，研究原始部落的心理，要说明人的行为是文化决定的还是生物学因素决定的，她提出了是文化决定的结论。20 多年后弗里曼（D. Freeman）再去调查，写了书要驳倒米德。那时萨摩亚人没有文字，在 19 世纪初欧洲人进去之前波利尼西亚人都是没有文字的。米德没有专门研究萨摩亚人的历史，弗里曼认识到要推翻米德的结论必须对早期萨摩亚的历史进行大量的研究，于是他去澳大利亚研究悉尼图书馆里收藏的手稿，又到伦敦研究了传教士协会的全部萨摩亚档案，那儿有殖民地官员和传教士写下来的记录，这些就是历史记载。20 世纪 80 年代，美国人类学界进行了激烈的论争，许多人类学家认为弗里曼并没有驳倒米德。我们说弗里曼是否驳倒米德是另一回事，但这个事例说明人类学者要研究没有文字的群体也不能不研究他们的历史，否则你就解释不了他们现存的社会为什么是这样。笔者调查过的一些人口不多的民族如基诺、布朗等族，都没有自己文字的历史记载，要从汉文资料中搜寻。

研究像汉人社会这样复杂的社会，更加体会到仅仅依靠人类学的田野调查方法之不足，必须与历史研究方法相结合。这一点连那些懂得一些中国历史的西方学者如弗里德曼（M. Freedman）也早在20世纪60年代就提出来了。弗里德曼在研究过程中感到不了解中国历史就无法研究汉人社会，无法深入了解中国的家族组织，他开始学习、了解中国历史，写了《中国东南宗族组织》、《中国福建广东的宗族与社会》等论著，建构他的华南地区宗族制度的理论，发表的观点比较切合实际，有较高的学术价值。受西方人类学的影响，我国早期的人类学研究主要依靠田野调查而比较忽视历史研究，后来在实际工作中为了解决需要解决的问题，认识到不能不进行历史研究。人类学是研究文化的，文化体现民族的最基本特征，世界上有两千多个民族或族群，各个族群都有自己的表现在文化上的特征。有一些其他学科也研究文化，但不像人类学那样，经过100多年的研究，提出了自己的一套文化理论。目前也还有人仅仅把田野调查认作人类学学科的标志，认为人类学就是做田野调查，忽视了它是以人类的社会文化为研究对象的，文化是它研究的中心。当然，田野调查是人类学的研究方法的特色，是人类学对世界科学的贡献。人类学早期研究世界各地的原始部落，他们多半没有历史文献资料，主要依靠田野调查去了解，但不能说人类学就是田野调查，或者仅仅把田野调查认作人类学的学科标志。人类学是以研究文化为核心的。

通过田野调查主要了解事情的现实情况，也可以通过调查追溯历史，但人类学研究只依靠田野调查是不够的。在人类学学科建立的100多年中发展出许多学派，其中一个影响很广的是功能学派。这里以功能学派文化论为例来说明人类学田野调查与历史研究的关系。功能学派起源于欧洲，以马林诺夫斯基（B. K. Malinowski）和拉德克利夫－布朗（A. R. Radcliffe-Brown）为首，研究社会文化着重讲事物的功能和结构，把文化看作一个整体，强调各个部分和整体有不可分的联系，各个部分对整体都起着自己的作用。功能论提出的文化整体论（简单说就是文化包括物质、精神、语言、社会组织四个方面，这是文化的总体），说明各个文化尽管千差万别，但本质上是一致的，都是在这几个方面表现出来。什么是文化，说法很多，泰勒（E. B. Tylor）早在1871年就提出过经典性的定义。功能学派的说法后来被表达为物质文化、制度文化、精神文化，不仅人类学，其他领域也广泛使用。文化整体论对于研究文化是有贡献的，但它忽视了事物的历史发展，在20世纪40年代就曾被批评缺乏历史幅度。功能学派理论对我国人类学影响比较大，吴文藻、费孝通先生推崇功能派，“文革”时期功能派被批得最狠。在20世纪80年代初，人类学家巴博德（B. Pasternak）访问费先生，费先生说自己过去是功能学派，现在还是功能学派。他晚年的文章说自己过去也忽视历史，是在实践当中认识人类学研究要与历史研究相结合的。费先生晚年学习、研究历史下了很大的功夫，他说“人类学是研究文化的，不懂得历史就不会懂得文化”。他从中华民族整体出发来研究中华民族形成和发展的历史，提出了“中华民族多元一体格局”的理论。后来又提出“文化自觉”的理论，要我们认识有悠久历史的中国社会和文化，提出在当今经济全球化、文化多元化的情况下，人类应如何和平相处，中华民族、中华文化应怎样与世界不同的民族、不同的文化共处。费先生将中国传统文化的研究与人类学研究相结合，从中国传统文化的天人合一观出发研究人类学的基本理论。人类学研究人、社会和文化，研究他们之间的关系，他们和自然的关系。比如，文化怎样传承的问题，过去西方人类学家用集体表象、濡化来解释，比较简单抽象，费先生从人的生物性和社会性、文化的历史性和社会性来讲，大大发展了一步。关于人类的社会行为决定于生物学因素还是文化因素，生物的和文化的因素如何协调，生物的继承如何接入文化继承之中等问题，他用中国传统文化观、天人合一的宇宙观对此做了精彩的阐释，使得这种研究进入到了哲学的层次。费先生发展了功能派文化理论，关键在于他把田野调查与历史研究方法相结合，从研究事物的历史发展角度去看问题，去总结。他认为西方功能论者观念中的整体是平面的，对研究的事物仅仅做横剖面的分析，应该把它换成垂直的，也就是说要加入历史的因素。台湾著名人类学家乔健教授认为，费先生所建立的理论可以叫作历史功能论（Historical Functionalism），他成为建立人类学、社会学或者综合来说建构现代文化理论的12位世界级大师之一（与A. R. Radcliffe-Brown，B. K. Malinowski，C. Levi-Strauss，J. Stuward，M. Sahlins，T. Parsons，E. Fromm，R. Benedict，M. Mead，R. Radfield，V. Turner11人并列）。乔先生说得很到位、很确切。台湾人类学家庄英章教授在这个学习班上讲“历史人类学与台湾研究”，着重讲了台湾汉人社会研究中人类学与史学的结合。他在《历史人类学学刊》第三卷第一期撰文指出，费孝通先生的《江村经济》发表60多年来，人类学的汉人研究有相当大的进展，关键之一就是人类学与史学的密切结合。

　　这里笔者想强调，我国人类学者运用实地调查和历史研究相结合的研究方法，是在实践中取得的进步，反映了中国人类学学科的发展，也是不同学科的结合所取得的成绩。20世纪50年代初期我国学术界有一种说法，认为调查研究是一种粗浅的知识，只有“从书中出书”才是一种深奥的学问，书上写了，有根有据；认为线装书上写的才可靠，从所谓田野调查得来的材料不能登大雅之堂。一些人类学者、民族学者和历史学者之间为此存在着隔阂，影响工作和人际关系，影响学科的发展。这是我们亲眼看到、亲身经历的情况。随着工作的开展，比如20世纪50年代民族识别调查研究、社会历史调查、给每个民族写一本历史书以及各项研究工作的开展，不同学科的学者一起工作，做调查，研究文献资料，尽管各有侧重，但逐渐产生共同认识。我们看到，人类学者认识到忽视历史研究之不足，要补课，在实践中运用历史研究的方法，学会研究问题首先找寻历史文献资料，到了调查的地方先蹲档案馆。事情总是有个来龙去脉，首先要了解源头和发展，它会提供进一步调查的线索。要解决需要解决的问题，非这样做不可。这是人类学学科的发展、不同学科的结合所取得的成绩，是在实践中取得的进步。有的文章说在一些人类学者眼中，人类学研究从来都关注历史，认为自己从来就没离开过历史。笔者对西方材料不熟悉，从中国情况看，半个多世纪以来的实践说明，中国人类学者将田野调查与历史研究的方法相结合，是对世界人类学的贡献。从历史学方面看，近二三十年，我们也看到了历史研究的人类学走向，历史学与人类学结合，将实地调查与历史和文献研究相结合，研究汉人社会，取得了显著的成绩。

宋蜀华先生提出了中国人类学研究的纵横观，这是他研究经验的总结，也反映或者说包括了人类学者多年研究的经验总结。他解释纵横观是“对研究对象进行纵向与横向、时间与空间，或者说现状与历史的研究相结合的观点和方法。它是基于中国民族的实际状况提出来的，因而可以说具有一定的本土化的倾向”。这个看法完全符合实际情况，中国的研究资源十分丰富，本土的研究经验也更值得我们去关注、总结、借鉴。我想不必拘泥于历史人类学的定义，我们要发挥各自学科的专长和互相结合的优势，发展新的研究领域，研究新的问题。

二、田野调查：磨炼意志品格的人类学探索

这里主要结合笔者个人参加田野调查工作的体会来谈。田野工作

(field work)，就是对所研究的社会做实地调查，这个 field 可以是各种各样的，如农村、城市、社区、家庭，等等。田野调查是人类学研究的最基本的方法。尽管别的学科也做实地调查，但人类学的调查研究还是有它的独特之处。中山大学人类学系的本科生都坚持田野调查实习，博士研究生作博士论文至少要做一年的实地调查，从事教学研究的教师都要有扎实的田野调查基本功。近年系里获得国家重点经费资助，师生一起进行“珠江流域的族群与文化”等课题研究，将田野调查与历史研究相结合，研究珠江流域族群的历史形成、文化变迁、族群关系，为珠江流域的“一盘棋”发展提出建议，已出版多本调查报告集。

说到我自己，我第一次参加田野实习调查是在 1950 年暑期，在内蒙古呼伦贝尔草原，以燕京大学为主，清华大学、北京大学也参加，包括社会系、经济系、历史系和东语系师生共 25 人。先学骑马，然后进入草地，住蒙古包。行进时，包括晚上住宿，都坐勒勒车，木板车上搭一个拱形木架，围上毛毡，两个大轱辘，一头牛拉着车，两个人一辆。第一次领略牧区猎区风光，躺在草地上，极目四望，看不到天边，想起“天苍苍，野茫茫，风吹草低见牛羊”。牧民教我们唱一首歌：“我们曾有过自由的时光，天涯芳草遍牛羊，自由的生活啊，哪里有水草哪里走，我们的家在马背上。”觉得学人类学很有趣。以后在课堂上谈起这些情况，同学们说多潇洒、多浪漫呀！其实在早期，以至 20 世纪八九十年代，我们的田野调查生活和工作条件都是艰苦的。除了内蒙古之行外，以后的半个多世纪，我的研究领域一直在南方。马林诺夫斯基主张要学会调查对象的语言，在调查点要等两年或更长的时间，我都未能做到，常引以为憾。那时我没有机会深造，也未能在一个点上做长期调查。只能适应各种任务的需要，起“万金油”作用。我的田野工作分为两个阶段，前 40 年研究少数民族，前期在中东南地区，如两广、湖南、浙江和福建，后期在西南地区；再以后的十几年，调来广东工作之后，主要研究汉族。过去我的调查地点多数是边疆高寒山区。60 多岁以后，远处跑不了就跑珠江三角洲。2003 年重访 48 年前调查过的广东海丰县畲族红罗村，第二年退了休，再也没有机会做调查，很遗憾。

20 世纪 50 年代，我们国家开展过两次对少数民族的大规模调查，一次是民族识别调查，另一次是社会历史调查。后一次调查是为社会改革做准备，提供情况，同时给每一个民族写一本历史书，有上千人参加调查。

这里我以参加民族识别调查为例。那时国家要确定我国有哪些民族，确定民族成分，是要让各个民族都享受到各民族一律平等的权利，实行区域自治，使各民族共同发展繁荣。参加这一调查的前后也有几百人，20 世纪 50 年代前期整整 4 年我大多数时间在少数民族地区跑，做调查，回到北京刚整理好甚至还未整理好材料，又要出发了。没能在一个地方做长期调查是遗憾，但调查面广、多跑地方也有好处。和当地少数民族群众直接接触，人类学上说的直接观察，我们住在老乡家，“三同”，同吃同住，不一定能长期同劳动，但也要做力所能及的劳动。重要的是能够亲眼看到、亲身感受到某一个群体的人民怎么生活，他们的社会文化有什么特色。这是在实践中认识的，是具体的，而不仅仅是通过历史资料、通过文字认识，那是抽象的。特别是各种社会文化制度、精神文化、艺术、宗教信仰、价值观、不同的观念体系等，不是用肉眼能够看到的，而是要透过我们亲身的体验去感觉。比较研究是人类学重要的研究方法，人类学研究不同群体文化的异同，有比较才知道是同还是不同。民族识别调查，也是对族群认同的研究，族群认同有各种不同情况，我们面对的是，在中华大地上，存在着经过几千年的历史过程、经过长期的流动分合形成的组成为中华民族的许多族体单位。当时全国申报的少数民族有 400 多个，我们的任务是要研究哪些是单一民族，哪些是某一民族的一部分，提出解决问题的建议及其科学依据，由国务院确定。我们着重研究各个群体的语言、文化特点、民族自我意识和历史来源。不仅与相邻的群体作比较，研究其异同，还比较居住在不同地域的同一群体的不同情况，比如研究云南的彝族，就调查了分布在小凉山的、中部坝区的和南部地区的彝族，这三部分地区的调查我都参加了。当时川、滇大小凉山彝族社会存在着奴隶制度，小凉山比四川大凉山还要落后，凉山彝族比其他地区的彝族保持更多的民族特色，可以作为例证供比较研究。当时凉山还是一个现存的奴隶制社会，能够亲眼看看都是个难得的机缘。过去只是从历史书上读到古代希腊、罗马的奴隶制，20 世纪中叶，却在这里看到了活生生的奴隶形象，奴隶们在山坡上给主人干活，衣衫褴褛，不少人发育不全，或身有残疾。养猪的奴隶就在猪圈和猪住在一起，生活条件之恶劣令人难以忍受。那种情景让我永远不能忘怀。参加调查亲身体会、学习我们国家解决民族问题的方针政策，这不是仅仅通过书本能够学到的。

除了云南之外，我还在广西、广东、福建、浙江、湖南等地参加民族识别调查。通过实地调查、比较研究，让我认识了区分不同民族的标志是什么，实际看到了我所调查的民族有不同的文化类型，族源、语言、生态环境、经济文化类型、社会文化特点等都是构成人文类型的重要因素，特别是具体地体会到不同民族、不同文化之间的交融、互动，这需要亲眼去看、去感受，不经过实地调查是难以认识的。20 世纪学术界几次讨论区分民族的标志是什么的问题，21 世纪初又有不少文章讨论族群认同。我们当年最初按照斯大林的民族四特征（指共同地域、共同语言、共同经济生活、表现在共同文化上的共同心理状态）来区分族别，但在工作中发觉很难照套上去，可以说实际上是参考四特征并根据中国实际情况做决定的。我的体会是：构成民族的特征主要是共同文化（包括共同语言）和民族自我意识，历史来源也是一个参考因素。前几年人类学、民族学界讨论族群认同问题，介绍外国学者的理论，如根基论、情景论、工具论、边界论等等。这些理论的提出，有反映某些地区情况的事实作为依据，但我们不能受这些理论的束缚。我们缺乏的还是对中国实际情况的研究。费孝通先生在《中华民族多元一体格局》一文中提出了一个十分重要的论断，即“中华民族作为一个自觉的民族实体，是在近百年来中国和西方列强对抗中出现的，但作为一个自在的民族实体则是在几千年的历史过程中所形成的”。前半句话好理解，梁启超也讲过中国人在与西方列强对抗中产生中华民族的民族意识。后半句话着重表明，中华民族所包含的 56 个民族是自在的民族实体，第一，他们是在几千年的历史过程中形成的，他们不断变化，分化、消亡、互动、融合，每一个民族都留下了从古代发展到今天的足迹，这是有历史资料说明的；第二，费先生说他在多年的实地调查以及和众多的少数民族的直接接触中，“深深地体会到民族是一个客观而普遍存在的‘人们共同体’”，“民族不是一个由人们出于某种需要凭空虚构的概念”。我根据亲身经历体会到，中华民族所包括的几十个民族是自在的民族实体，这是实地调查与对历史资料研究所得出的结论。那种认为中国的各民族只是由于政治的需要而认定（他们是客观存在的，不是虚构，政府给予承认是还原历史），或者说民族是政治体、族群是文化体等说法不符合历史发展和现实情况。

在少数民族和汉族地区做调查，让我认识我国各民族是客观存在，认识各族文化的多样性，认识不同的人文类型，认识区分民族的主要标志，认识不同民族之间和不同文化之间的交融。这种认识是具体的、真实的，也是理性的。

从事教学研究50多年中，田野调查经历最难以忘怀。有许多欢乐，也有许多艰辛。我的研究对象大多住在高寒山区，工作条件和生活条件都很艰苦，20世纪90年代有好转，国家经济发展了，交通条件和人民生活改善了，但是翻山越岭还是不可免，因为我的目的地是在高山上。到了方圆五百里的基诺山、方圆一千里的布朗山上，从一个村子到另一个村子，还得拄着木杖开辟前进的道路。跑田野首先要能走路、爬山，中国人类学的先驱、新中国成立前中山大学人类学系的第一位主任杨成志先生说："我们的研究路线，要由'脚'爬山开踏出来，却不要由'手'抄录转贩出去。"1952年在湘西调查，从凤凰赶路去古丈，山路崎岖难走，我发着高烧，但必须往前赶路，一天走八九十里。在云南、广西调查尽量找马帮，要赶时间，节省精力，好投入工作。从云南砚山到富宁，现在坐车几个小时的路，当年我们骑马要走7天，热带的气候，时而烈日当空，时而倾盆大雨，但不管怎样我都赖在马上不下来，下来走更累，在马上睡着了掉地上再起来。到了20世纪中期以至70年代、80年代初，情况好一些了，但还是坐车难，有车又没汽油，走路又太远，中缅边界还有老虎出没。1984年在澜沧，我和一位研究生好不容易截住了一辆拖拉机，拖拉机上装满木头，木头上面是汽油桶，我们坐在汽油桶上面行进，是有危险，但我很庆幸我们都安然无恙。在云南北部，山路很难走，都是高低不平的石头路，我们骑着马上下山，马蹄踏在石头缝隙之间，上下山都难，上山走陡坡要抱马脖子、拽马尾巴，有时一边是山一边是悬崖，我看见前面同伴骑的马马蹄距离悬崖不过几寸之遥，真是心惊胆跳。那时吃、住的条件都比较艰苦，要克服吃不饱、怕脏等难关，跳蚤、蚊虫多，有的地方用水困难，要用竹筒到山下背水，有的地方没有厕所，女同志要克服这种困难是不容易的事。我们的装备很简陋，我只有一双布鞋、一双雨鞋、一顶草帽、一件雨衣，一个组才有一部照相机，个人想用照片做田野记录很困难，错过了许多一辈子只能见到一次的画面，真是十分遗憾！

田野调查的主要对象是人，研究人和他们所创造的文化。要从人的嘴里掏出有用的资料不容易，也不是调查对象说的话都是有用的资料，要分析研究取舍。要在实践中积累有关的专业知识和学习调查方法，例如必须准备调查提纲，这一点很重要，边谈边思考，把问题引向深入，每天写调查日记，核实和整理材料等。与调查对象建立感情，取得他们的信任，是调查能否深入的关键。当然，最重要的是要有不怕艰难困苦的精神，脚踏实地、实事求是的严谨学风。我有一个很深的感受，不论是少数民族还是汉族的群众，总是对我们很热情，时间长了，自己感到能够越来越自然地和对方相处。艰苦的工作和生活是对自己的意志的磨炼，通过悬崖时，没有想掉到山沟里怎么办，只是一心一意向前赶路，去完成工作，去探索，去追求，去寻找答案。有时回忆田野调查的经历，常常心潮澎湃。田野调查的经历激励着自己对人类学事业的毕生追求。

三、田野调查与历史研究方法的结合：珠江三角洲区域文化的调查研究

20 世纪 90 年代初期开始的 10 年，我主持完成了 2 个课题，一个是广东族群与区域文化研究，一个是广东世仆制研究，以研究汉族为主。前一课题于 1999 年完成，出版《广东族群与区域文化研究》和《广东族群与区域文化研究调查报告集》。广东处于岭南地区的中心，古代住在这里的是百越民族的南越人。秦始皇、汉武帝先后征服岭南，汉人一批批地从北方南迁，大概在宋末形成了广府人、潮汕人和客家人 3 个民系。广府人讲粤语即广州话，明清两代设广州府，称广府。广州府的范围包括现在珠江三角洲周围的二十七八个县，也就是广义的珠江三角洲。现在广东人口有 7000 多万人（加上外来人口有 1 亿，可能要超过四川了），广府人约有 4000 万人，珠江三角洲是广府民系的中心地区。此外，在我国 4000 余万华侨人口中，约有 2/3 是广府人。潮汕人在粤东，1600 万人，属闽南系。客家人迁来的时间最晚，好地方让别人占了，只好住在北部山区，有 1400 万人。岭南文化很有特色，3 个民系又各有特点，要揭示这种特色，回应学界包括广东学界提出的区分 3 个民系的理论依据的问题。要探讨改革开放以来广东先走一步，特别是珠江三角洲经济迅速崛起的过程中，历史上传承下来的固有文化因素、人文精神在其中所起的重要作用。这是最适合于人类学研究的课题。我们组织了人类学系内外、中山大学校内外包括外国同行共 34 人，在全省 17 个县市进行了调查。实践证明，必须采取实地调查与历史研究相结合的方法，既要有共时态研究，也要有历时态研究，才能够说明这些问题。我们主要研究这个地区的历史发展情况，生态环境，从旧石器时代到现代各个时期的族群文化，哪些人在这里居住，社

会文化状况怎样。20世纪中叶学界讲珠江流域、华南地区以至东南沿海一带是古越人的居住地，近年提出新的证据认为这一地区是南岛语系人群的故乡，古越人与今南岛语系民族有亲缘关系，古越人及其后裔壮侗语族民族是珠江流域的土著居民，汉人是北方迁来的。历代从北方移民来的汉人，形成了汉族三民系，几个少数民族在这里发展，已经有很长的历史。对现代3个民系进行体质人类学的测量研究，过去只有零星的资料，我们的测量调查说明各民系的体质特征、不同民系及其文化的融合。语言是文化的重要构成要素，广东是我国少有的方言复杂的地方。改革开放后，语言也有急剧变化，随着经济发展，粤语有扩张趋势，对广东语言的研究极有人类学特色，不仅要研究现时的语言格局，也必须研究它的历史形成。重点研究3个民系的社会文化特点，这些特点的形成，从物质生活到文化精神、经济生活特色、发达的商业文化传统、频繁的对外交往、社会制度、生活方式、宗教、文化习俗、人们的心态等。以珠江三角洲的广府文化为中心，潮汕文化、客家文化与此作比较研究，还包括香港文化、澳门文化、水上居民文化的不同特色等。新中国建立前夕，广东一些地方宗法家族制残余保留得比较完整，而且继续发挥作用，是地方文化特色之一，很有典型意义和研究价值，可以联系到中国宗法家族制的起源和发展在广东的变化和功能，在历史上和今天的作用。还有与广东的宗法家族制密切相关的世仆制。研究广东当代经济文化变迁。进行了族群心理测试，研究文化性格。各个民系都继承了中华民族自强不息、百折不挠的精神。比较而言，广府民系的开放、兼容、务实，潮汕民系善于适应环境、精诚团结，客家民系的刻苦刚强、团结奋斗有更加鲜明的表现。以珠江三角洲为中心的广东经济能够迅速崛起，有邓小平理论指导和中央政策的支持，天时地利人和的好条件，2006年广东的国民生产总值占全国的1/8。不能无视经济发展的背后，有着历史上长期传承下来的文化因素所起的作用，我们探寻的正是这个文化因素。这个研究必须采取田野调查与历史研究相结合的方法，才能够说明其所以然。

广东世仆制是广东族群与区域文化研究的子课题，由我和龚佩华教授合作完成，并写了《广东世仆制研究》，于2001年出版。它也是可以用来说明人类学研究要用田野调查与历史研究相结合的研究方法的一个实例。世仆制是一种子子孙孙世世代代为奴的制度，它竟然一直存留在珠江三角洲，直到1949年新中国成立之后才废除。这是个很吸引人的课题，抗战时我在家乡台山度过一段少年时光，对农村存在世仆及其所受的压迫有很深刻的印象。后来读人类学，一直惦着做这个研究。以前在北方工作，没有机会，到了中山大学，20 世纪 90 年代才去做又太晚了，当过世仆的人大多去世了，所幸还能访问到 80 多岁、90 多岁的人，但一些人特别是他们的后代不愿谈这个问题，觉得不光彩，进行调查比较困难，我们总算抢救到一些活资料。

我国许多地区历史上有过世仆制，殷代已有奴、仆的称呼。西汉时男性家内奴隶称奴，女性称婢。奴婢世代为奴。世仆指男性奴仆及其妻和男性子裔，女儿要嫁出去，有可能改变身份成为自由人。据《周礼》的解释，奴婢是罪人。唐律上讲奴婢是贱人，宋代法律区分良贱，清代奴婢属于贱民等级，奴婢处在贱民等级的最底层。有关世仆的情况不记入正史，极少出现在主人宗族的族谱中，只是偶尔有一点涉及，又不容许世仆修族谱，只有地方志上的零星记载。要研究广东世仆制，必须做田野调查，了解世仆制在当代的遗迹以及世仆的特点、功能、地位，在田野调查的基础上，追溯它的文化根源，研究它的性质，以及珠江三角洲长期保留世仆制的原因。陈翰笙先生在 1936 年经大量调查用英文出版的《中国的地主和农民——华南农村土地危机研究》一书，其中有关于世仆及其性质的研究。20 世纪六七十年代，西方人类学者在香港新界地区调查研究五大家族时涉及世仆问题，他们的研究是某一个家族或社区的个案，不是专门研究世仆，也不涉及世仆的历史问题。我们体会到，对汉族的人类学研究如果只局限于田野调查，可以知道某一地区还有世仆制残余，但不了解它的发展变化，如果不进行历史的研究，往往将社会现象的现状与历史的发展割裂开来，因而不能了解事物的本质。反之，如果仅靠史料，只能知道某一个历史时期有过世仆，但不知其去向，更不了解其现状。

珠江三角洲及其周边地区，在新中国成立前存在世仆，中心地区如番禺、顺德，世仆已不见踪影，南海、东莞、中山、深圳、香港新界地区，世仆的后代还在，三水、广宁也有。四邑，即台山、新会、开平、恩平，处于珠江三角洲偏西，以台山为中心，存在世仆最为普遍。台山几乎每个村都有世仆，土地改革时估计全县有三四万人。珠江三角洲有许多单姓村，即使有其他姓氏，也以一个大姓为主，一个村子有若干户世仆。世仆在各地有不同称呼，如细仔、娣仔、家山仔、下户、下夫、细民、义男、二男仔等。

世仆制的主要特点是什么？从世仆的社会地位看：世仆是主人买来的，有卖身契。有的全家买进，属公尝所有。大多买一个男青年，结婚生子后，子孙世代成为家族奴、房族奴。世仆人身依附于主人，没有人身自由，受主人家族成员以至全村人役使。世仆是主人的财产，可馈赠、陪嫁、折债、传给后代。他们没有自己的土地，主人分给一点地耕种养家，土地属主人。按清律世仆属贱民等级，世袭。曾允许赎身，但一般赎不起。清末颁布放奴令后，世仆社会地位仍然不平等。

从世仆的实际生活看，世仆大多住主人村边小泥屋。主人家族的小孩子可直呼世仆的名字，即使对方是老人。世仆对主人家族成员则必须用尊称如老爷、大爷、安人、小姐。世仆主要从事家内服役，为主人家族的祠堂点灯，祭祖扫墓，为村人办红白喜事、拾骨重葬者服役，负责村子的清洁卫生、驱赃仪式等。最明显的标志是世仆家的一把大铜勺，主人家族成员备办宴席时，需携带炊具上门应差。干活随叫随到，械斗时为主人一方卖命。主人出外做生意，要跟班供使唤。世仆只能在贱民内部通婚。主人家族主动为世仆成婚，为了有奴产子，增加劳动力。世仆没有政治权利和受教育的权利。清初明文规定世仆只能穿粗布衣，不得穿绫罗绸缎、白衫、新衣新鞋，不得戴毡帽，以区别良贱。世仆不得离开主人村庄，逃亡者抓回来将受到严刑拷打。

我们调查过不少村子，包括不同类型。举例说，台山浮石乡赵氏是县中望族，开基祖赵必次是赵匡胤的弟弟宋太宗的十一世孙，其曾祖父随宋帝昺赴海殉难，托孤于林光山，隐姓埋名，明初才恢复姓赵，定居浮石600多年。浮石乡有6000多人，旅居海外的也有6000多。10个村子相连，风光优美，很有气派。过去有100多所祠堂，现在还有六七十所。新中国成立前族田占耕地的90%多。赵姓占总人口的90%以上。另有22个小姓，都是赵氏宗族的世仆，因祖先穷困，被卖或自卖或投靠至此为奴。赵氏各世（已传至二十七八世）有钱的都建祠堂。宗族、房族和家族的祠堂有钱的都买自己的奴，这些宗族奴、房族奴、家族奴也就是世仆。

梁启超在他的《中国文化史》一书中谈到他的家乡新会茶坑有世仆，龚姓是梁姓的世仆，称下户。经调查得知，茶坑梁姓是大户，龚姓、袁姓过去都是梁姓的世仆。目前龚姓只有几户，分散居住在梁姓中间。袁姓人数比较多，现在集中住在村中一角，主要以种菜为生。

再以孙中山的家乡中山翠亨村的世仆为例。翠亨村有70多户，杨姓是村中首富，人数最多，此外还有陆、冯、麦、孙、谭、陈、钱、梁等姓。翠亨村在19世纪上半叶已有下户，杨姓的下户钱桂随主人去夏威夷，子孙发了家，孙子钱华在民国十几年时回乡来赎了身，从主人手中取回卖身契。钱华虽已赎身，但还要脱了鞋给杨家做下人的活，将祖庙菩萨像擦拭干净，象征性地履行下户的职责。杨姓还有一家梁姓下户，后来离开翠亨不知去向。孙中山的邻居陈兴汉的祖先是冯姓的下户，陈兴汉随孙中山革命去了。陈兴汉曾说他家和村中几家是卖给村庙做奴的，他的侄孙现在还在翠亨村。

20世纪60年代，翠亨村人受访问时提到过孙中山的父亲孙达成是不是下户的问题，见中山故居纪念馆前馆长李伯新先生1996年发表的《孙中山史迹忆访录》中记述。有人说孙达成是下户，根据是家住村边，常为人做红白事，在翠亨村祖庙没有猪肉分等。有人认为不是，住村边不一定是下户，大户如杨殷家也住村边，孙达成热心助人，爱帮忙村人办红白事。据已有资料看，我认为孙中山家不是下户的一个有力说明是孙氏宗祠的存在。孙氏于乾隆年间迁至距翠亨半公里的迳仔萌，建有宗祠。下户是不允许建宗祠、修族谱的。孙中山的高祖孙殿朝迁到翠亨村，是在18世纪下半叶，没有材料说明孙殿朝及其后代在翠亨村成为下户。

为什么世仆长期存留在广东，主要在珠江三角洲？追根溯源，与中国封建文化的影响以及岭南地区的社会发展情况有关。

首先，有历史上的蓄奴制因素。奴仆、奴婢就是奴隶制度的残余和封建制度相结合的产物。岭南地区有浓厚的奴隶制残余。唐朝时，“岭南鬻口为货，其荒阻处，父子世传为奴”，王朝多次禁止岭南买卖奴婢。明清时期，中原、东南沿海士大夫拥有大量奴婢。

其次，有北方移民带来中原地区的宗法家族文化的影响。人们举族南迁，两宋时不少人以宗族家族集团的形式迁入，珠江三角洲有140多个姓氏的族谱描述了祖先从北方来到广东，散布、定居在珠江三角洲的情景。有的几十人甚至200多人一起走，带着奴仆。从浮石赵氏族谱中看到600多年前林光山从福建带来的家人郑悌，主人拨给他土地使子孙世代耕种，以供坟墓香灯之需，这个郑悌就是世仆的原型，是宗族奴，子孙世代承袭。朝廷利用宗族组织进行统治。浮石实行宗族自治，它的宗法家族组织比较完整地保留到新中国成立前夕。其他地区规模虽不如浮石，但情况基本如此。学者们通常把世仆制和宗法家族制两者分开论述，而忽略其内在的联系。我们通过实地调查和历史资料的印证，认为两者有着密切不可分的联系，是共生的。宗族之间两极分化，宗族内部也两极分化，一部分贫苦人家卖身为奴，富裕家族迫使穷困家族成为世仆。世仆虽由某一宗族或家族蓄养，却由整个宗族或家族驱使，这是依靠宗族、家族力量约束世仆的手段。小家庭蓄养世仆难以驾驭。

最后，世仆制长期存留在珠江三角洲，与这一地区的富庶有关。这里土地肥沃，物产丰饶，商业资本发展，经济繁荣，两极分化明显。宗法家族制强固保留，新中国成立前村中土地大部分甚至百分之八九十是族田，庞大的宗族地主集团的存在，是世仆制存在的基础。

关于世仆的性质，中外学者众说纷纭。陈翰笙说是“世袭佃户”（hereditary tenant），弗里德曼（M. Freedmen）认为是“隶属家庭”（servile family），裴达礼（H. Baker）认为是“世袭仆役”（hereditary servant），华琛（J. Watson）认为是“动产奴隶”（chattel slavery）。还有些研究者把世仆和佃仆相混，认为是一回事；还有的根据历史记载的资料，认为奴仆、婢仆与世仆难以区分。

我们认为，世仆不是奴隶。奴隶的人身被主人完全占有，奴隶主有生杀予夺之权。世仆对主人虽有人身依附关系，但主人不能完全占有世仆的人身，不能买卖，更不能屠杀。奴隶是社会的主要生产者，世仆从事家内奴役。奴隶属于奴隶主个人的家庭，为其服役，世仆属于主人宗族或家族，为其成员以至全村服役。世仆既然主要从事家内劳役，是不是家庭奴隶？马克思和恩格斯都论述过家庭奴隶制（家长奴隶制、父权奴隶制），家庭奴隶制以生产直接生活资料为目的，奴隶制以生产剩余价值为目的。封建社会下的世仆不是奴隶社会的奴隶，也不是原始公有制下的家庭奴隶。

有些研究者将世仆与佃仆相混，实际上，世仆不同于佃仆，佃仆也不是佃户。佃户租他人的田耕种，与地主没有人身依附关系。明代以前安徽等省流行佃仆制，穷苦农民不得不依附大地主，“种主田，住主屋，葬主山”，佃田是主要的，成为佃田之仆，有了奴的身份，但佃仆的身份实际不同于奴婢。主家对佃仆的人身只是部分占有，而对奴婢的占有是全部。历史文献记载往往把佃仆和奴相混，增加研究的困难。我们研究认为，历史资料提到的世仆大多指佃仆，只有一部分指世仆。佃仆应属封建农奴制范畴。清代的官方文献，特别是后期的，世仆是指奴仆、男性奴仆。朝廷颁发的诏令中明确区分了佃仆与世仆，世仆不是佃仆或文献上统称的非世仆的世仆，他们是世世代代传袭的奴仆（家奴、家族奴、宗族奴），可称为世仆。

（原载《中国农业大学学报（社会科学版）》2007 年第 4 期）

人类学汉人社会研究：学术传统与研究进路

——黄淑娉教授访谈录

受访者：黄淑娉　访者：孙庆忠

20世纪30年代，吴文藻先生就主张人类学应从研究原始民族扩大到现代民族，认为中国的人类学应该研究包括汉族在内的中华民族。但由于西方人类学传统和20世纪50年代以来我国政治与学术实践等原因，直至20世纪80年代中期大陆学界对汉族社会的研究仍显沉寂。作为较早倡导汉族研究并亲身实践的学者之一、著名人类学家黄淑娉教授早在人类学重建初期就力主"大力开展汉族的民族学研究"，并从20世纪90年代开始专注于"广东族群与区域文化"的研究。作为新中国人类学、民族学的全程参与者，她的专业训练、学术定位和敏锐的洞察力使她始终富有前瞻性地把握着学科发展的主脉。她有关汉人社会的研究著作，既有对南下汉人移民历史的考察、文化习俗的探源，也有对海外人类学家的中国社会研究的理性回应，更有对岭南区域文化的宏观把握和研究方法的反思。这些研究为中国人类学汉人社会研究品质的提升做出了重要的贡献。

孙庆忠（以下简称孙）：中国社会学素有人类学传统，其源头在燕京大学的社区研究。20世纪30年代吴文藻先生领导的一代社会学家使中国社会学的"燕京学派"在国际学术界享有极高的声望。您从1947年开始在燕京读书，在5年的大学教育期间，这种传统对您有哪些影响？当时，哪位先生的哪门课程对您影响最深？哪个研究领域为您所钟爱？

黄淑娉（以下简称黄）：我在燕京大学念书，入学时在生物系读医预科。读医预是准备去协和（医科大学）的，在协和学医都要先到燕京念3年预科，然后进协和读5年。我成绩不好，身体也不好，不能坚持那么长时间，那时候是动荡的年代，新中国成立后我转到了社会学系。我只念了本科，没有深造的机会，学习期间不断有政治运动，如"三反五反"、"肃清美帝文化侵略"等。新中国成立不久，我当了我们系的青年团支部书记，社会工作多，实际上没念多少书。

燕京大学创办于1919年，从1922年起建立社会学系，比首创社会学系的沪江大学晚一年。燕京大学社会学系是和美国普林斯顿大学合作兴办的，早期聘有6位美国教师，后来聘中国教师。20世纪20年代末30年代初留美归国的吴文藻、雷洁琼、严景耀和赵承信等教授在系里执教。1934年由吴文藻先生任系主任。1953年吴先生从日本回国，到中央民族学院工作，我第一次见到吴先生。吴先生最早提出“社会学中国化”，要寻找一种有效的理论构架，以此指导对中国国情的研究，培养出以此理论研究中国国情的独立科学人才。他认为功能学派对中国最有用。他在中央民族学院工作了30多年，晚年仍致力于人类学理论的研究。吴先生的学术思想对我有深刻影响，我在日后几十年的教学研究实践过程中对此有日益深切的体会。

20世纪40年代末的社会学系主任是林耀华先生。林先生开设体质人类学、社会人类学、当代社会学说和初民社会等课程。法学院院长赵承信先生开设都市社区、人口与社会等课程。严景耀先生开设社会学理论、文化接触与社会变迁、法律与社会以及犯罪学等课程。雷洁琼先生开设社会行政、妇女与社会等课程。陈永龄先生开设边疆社会、社会调查方法等课程。1950年翦伯赞先生来社会学系任教，给我们上中国社会史课，讲得十分精彩，受到热烈欢迎。刘春同志（国家民委副主任）上的民族政策课对我的影响也很大。此外还有中国史、统计学，以及政治经济学等课程。同学们可以在其他系选课。在修习的课程中，我最感兴趣的是体质人类学。林先生在哈佛大学念博士时，研究过500多个头盖骨，给我们上课时他正在写《从猿到人的研究》一书。我对体质人类学的兴趣还源于我对生物学的兴趣。林先生以辩证唯物主义和历史唯物主义的观点研究从猿转变到人的问题，翦先生运用马克思主义观点讲述中国社会史，刘春先生结合中国革命的问题讲民族政策，陈永龄先生的边疆社会等课讲边疆少数民族的社会文化。我对这些课印象很深，从中得到很大的收获。遗憾的是我没有机会读研究生，但在中央民族学院研究部工作还是有很多学习机会。时值院系调整，有许多老前辈，著名社会学家、人类学家、民族学家、历史学家及语言学家等云集研究部，我所在的中东南民族研究室先后由费孝通、潘光旦先生任主任。我的一点肤浅知识远不能胜任学术研究工作之需，我知道自己必须在工作中学习。但由于各种原因，主要是认识不足和主观努力不够，自己未能充分利用所处的优越条件向老一辈学习，至今常引以为憾。20世纪50年代末，“反右”以后，我想过今后要走的道路这个问题，我想走民族学研究（当时不叫人类学）这条路，具体来说怎么走呢？记得当时的一些零星想法，认为要在中国研究民族学，必须对中国各民族文化有所了解，还要对世界各民族的文化有所了解，这是个基础。在这个基础上进行自己感兴趣的学科理论方法的研究。因此，我必须积极参加田野调查研究，要对各民族文化有系统的知识，学习民族学、人类学的理论方法，理论联系实际。那时我想自己如果能在学术道路上走到底的话，这是一个方向。20 世纪 50 年代有很多田野调查机会，我走了南方几个省，先后在湖南、广西、福建、浙江、广东、云南和内蒙古等地调查，对不同民族的异同及其区分的标志有所体会，具体认识了什么是民族文化。1956 年，中央民族学院请来苏联专家切博克萨洛夫给研究生开设世界民族志等课程。沈家驹先生和我作为专家的助手，我们常常琢磨世界民族志课程贯穿的思想是什么。当时从西方传入的人类学被认为是资产阶级学科因而被撤销，那么，以马克思主义为指导的苏联民族学与西方人类学有什么不同呢？我认为世界民族志课程最明显的是突出了民族解放运动，而对世界各地区各民族的民族志描述同样以民族文化为中心，包括各族的语言，重视历史起源的研究。20 世纪五六十年代，苏联的苏联科学院民族学研究所出版了《世界各族人民丛书》共十几卷，对我们了解世界各民族文化起着积极的作用。学习人类学（民族学）理论在当时是困难的，人类学被撤销，民族学正在受批判，老一辈被批判，不少人在“反右”时受到不公正待遇，我们这个年龄层的人也在被批判之列。重新学习是从改革开放以后开始的。经历了蹉跎岁月，回到自己岗位的时候，虽已年近半百，还是下决心按照原来设想的方向走去。吴文藻先生主张中国人类学应研究包括汉族在内的中华民族，他提出的理论架构、针对中国国情的研究、培养人才的主张仍有实际意义。费孝通先生、林耀华先生等前辈的学术思想对我的学习和工作都有很大影响。我在工作中也深深体会到必须重视理论学习，学习各派所长，理论联系实际，深入调查研究，根据中国的实际情况解决中国问题。

孙：人类学汉人社会研究在 20 世纪三四十年代取得了辉煌的成就。费孝通、林耀华等老一辈的学术研究堪称那个时代的经典之作。然而，我在与学生进行今昔比较的讨论中，他们曾质疑学界的评论大有厚古薄今之嫌，因为与老一辈学者相比，新一代中坚力量在引介西方理论中也做出了同样的贡献，那为什么说老一辈站在了世界人类学的前沿，而评价当下学

界却说循复西方理论而缺乏独立创新？您认为个中滋味我们应该如何评说呢？

黄：老一辈学者对中国人类学、民族学的建立和发展做出了重要贡献。外国人类学家研究中国的书，没有哪一本不提费先生的《江村经济》和林先生的《金翼》的。同一时期的著作还有杨懋春先生的《一个中国的村庄：山东台头》、许烺光先生的《祖荫下》等。这些著作在国内外同行中产生普遍的影响，固然由于这些研究中国农村社会的人类学著作有其典型性、代表性，此外还有一个重要原因，就是这些书都是用英文发表的，外国人看得懂，中文书外国人大多看不懂。费先生的《乡土中国》也有重要的影响，《乡土中国》一书是研究中国基层社会的一部经典著作，直到现在还得到人们很高的评价。尽管费先生后来说当时是写一篇算一篇，得些稿费补贴生活，实际上你一篇篇地看，便体会到《乡土中国》对中国社会做了深刻的剖析，提出一些概念，帮助我们具体地理解中国社会。费先生后期提出的“中华民族多元一体格局”和“文化自觉”等，更是成为有广泛影响的概念和理论。林耀华先生的《义序的宗族研究》是他经过田野调查写成的硕士论文，是他20多岁时的作品。仔细地读，你会发现它描述的中国社会的宗族家族制度是那样的系统、完整、清晰。这是中国人类学学者实地调查研究汉族的家族、宗族制度写成的第一部人类学著作，根据现实的社会情况，解剖中国的宗族家族制结构，特别是对亲属关系进行系统的分析，通过亲属称谓网络准确细致解释宗族家族间人与人的关系，是研究中国亲属制的范例。弗里德曼（Maurice Freedman）研究华南的宗族组织，构筑宗族理论，以林先生的《从人类学的观点研究中国宗族乡村》为重要依据，这篇论文是义序调查的研究成果，弗里德曼没有看到至20世纪末才出版的《义序的宗族研究》。林先生对亲属称谓制情有独钟，我曾跟随林先生在多个少数民族地区做过调查，他很重视亲属制研究，常常由他发问，我负责记录，可惜这些资料在“文革”时全都丢失了。今天前辈学者虽已离我们远去，他们留下的学术思想却日益和我们贴近。

这些年，一些年长老师谈起人类学研究的时候，也涉及你的学生问你的问题。毫无疑问，改革开放以后，新一代中坚力量在引介西方理论方面做出了很大的贡献，也有不少人深入田野，出现了一批论著。人才多了，研究领域拓宽了，学科正在发展，人类学事业后继有人。你说的学界评论厚古薄今，为什么“说老一辈站在了世界人类学前沿，评价当下学界却说循复西方理论而缺乏独立创新”？我知道的信息很少，不了解具体的评价。就我所听到的来说，有的评论认为，早先老一辈学者学成回来后，不管倾向功能学派或者历史学派，都着重结合中国的实际，研究中国的问题。他们贯通理论，联系实际，介绍外国人的理论，也说得明明白白。与此相比，可以看到一些差距。也许可以从两个方面来说，一个是在介绍西方的新理论方面，有些翻译著作或文章中引用的译文往往晦涩难懂，有些论著文字是翻译式的语句让人看不明白，还有的不是文字表达的问题，而是作者如何理解的问题。如果国人特别是本专业的人都看不懂，读不下去，不能不说是件遗憾的事情。这些问题不仅在读的学生提出来，在研讨会上一些留过洋的老先生们也曾提出同样的困惑。人们不懂，主要不是因为他们不了解当前国外的学术动态所以不懂，正因为不懂才需要有人帮助他弄懂，要做到这一点其实要花很大的力气，这就是“功夫”。另一方面就是研究要跟中国的实际相结合。费孝通先生的论著让你感觉到很贴近现实，他将那些理论、道理结合中国的情况给你讲，你觉得很明白。吴文藻先生在20世纪20年代介绍西方人类学的文章明白易懂，所作评论言简意赅。现在有些文章让人看得很费劲，很难看明白。前几年讨论“族群理论”，非常热烈，大家很感兴趣；但研究也往往局限于介绍外国人的族群定义，或一切以此为依据，未能着重联系中国的情况进行研究，提出看法。总的说来，年轻学者已做出显著的成绩，你所引用的评价说得并不确切。

孙：从1952年您开始在中央民族学院工作，到1987年南下广州承担起发展南方人类学的重任，期间您主要从事民族识别、原始社会史和少数民族社会文化等领域的研究工作。1990年您却提出研究广东、研究汉族、研究现实问题的主张，那么，这种学术转向是基于怎样的考虑？在您看来，对广东汉族进行研究的现实意义和学术价值在哪里？

黄：我在中央民族学院工作了35年半，做了一些研究、教学和行政工作。20世纪80年代前半期花了很多时间做大百科民族卷民族学部分的审稿定稿工作。与研究生的教学工作相结合，我开始从事西方人类学理论方法的研究。很明显，在学科被撤销了30多年以后刚刚恢复，百废待兴，首先要补课，学习、研究西方的人类学理论方法。这不仅是我个人的任务，也是中国人类学复兴的需要。梁钊韬先生于1981年复办中山大学人类学系，带着他的计划书赴京，在民族学院民族研究所开会征求意见，后来又寄来教学计划，其上开设的西方人类学理论方法等课程，给我很多启发。1987 年年底，我调到中山大学人类学系，是我自己要求调来的，不是你所说的“南下广州承担起发展南方人类学的重任”，这我担当不起。1988 年夏，我与龚佩华老师赴广西贺县瑶族地区调查，酝酿了“文化人类学理论方法研究”的选题。我们对研究这个题目的必要性有共同的认识，后来得到国家社会科学研究基金的资助，得以完成。这是想说明在当时学科发展的形势下如何确定研究方向，也接上你所提出的问题。

1990 年 9 月，我被任命为人类学系主任。在上任的全系教工大会上，谈到本系要开展的研究工作时，我提出中山大学人类学系在广州，处于改革开放的前沿，我们的研究要根据自己的条件，做出自己的特色。第一，要研究人类学理论。第二，要研究广东，研究汉族。广东的少数民族研究已经进行了很多年，做了很多工作，海南分省以后，广东的少数民族人口更少了。突出的一个问题是必须研究汉族，汉族是全世界人口最多的民族，中国、外国都进行汉族研究。人类学要进行汉族的人类学研究，许多学科的研究都与汉族有关，但都不是把汉族作为一个族的群体来研究的，而且在中国民族学发展的进程中，缺乏对汉人的研究。这之前我也一直主张开展汉族的研究。第三，要研究现实问题，不能脱离实际。我们必须有自己的特点，而不是人家研究什么我们就研究什么，老是跟着别人走就永远跟不上。在系主任这个位置上必须从全系的角度看，不是说自己做就完了。

1993 年，我们的课题“广东族群和区域文化研究”得到美国岭南基金会的资助，我们组织了 34 人的研究队伍，在 17 个县市进行调查，以人类学的四领域（文化人类学、体质人类学、考古学、语言学）研究方法并与其他学科相结合，研究广东的族群，重点是汉人社会，确定同源于汉族又各具地方特色的广府、潮汕、客家民系及其文化，同时也研究少数民族。改革开放以来广东经济迅速发展，因此我们对广东区域文化的研究，其意还在探讨对广东经济发展起重要作用的文化因素，对以珠江三角洲为中心的广东经济的崛起作解释。我们认为，人类学研究提供了对经济现象探寻文化根基的解释的依据。

孙：您曾经在《从异文化到本文化》一文中，讲述了自己 50 年的田野实践。您认为前 40 年的少数民族研究为后 10 年的汉人社会研究打下了很好的基础。您的祖籍是广东，岭南文化是您熟稔的家乡文化，那么您对西南、东南等十几个少数民族研究的视野、眼光是怎样在您广东汉族的研究中得以体现的呢？

黄：我一直认为，不研究汉族的问题，少数民族研究的问题就解决不好。当然，反过来也是这样。因为汉族与少数民族从古至今都密切结合在一起，想不研究也不行。民族学研究搞了几十年，长时期都是一个一个民族地研究。对每个民族进行专门的研究是需要的，但不全面。汉族是主体民族，不研究的话在研究其他民族时许多问题就说不清楚。我们从 1993 年开始做广东族群与区域文化研究，可以说我们起步已经有点晚了，开展对广东汉族的研究，在当时来说我们也比较落后了。当时福建已经做了很多研究，福建与台湾的人类学学者一起，也做了不少工作。再看广西的情况，我们做的也不如广西，我强烈地感觉到，如果不开展对广东的研究的话就很不好办。所以我们向岭南基金会申请的时候就提出了要做广东族群和区域文化研究，研究也包括少数民族，但主要是汉族。那时及其后北方不少地区进行区域文化研究，别人看了我们的研究成果，认为广东的确很有特点。他们研究区域文化，大都着重历史研究，为了说明历史演变，也在当地做一点调查。一般的区域文化研究主要是历史学的研究方法。与此相比，广东的生态环境、人文环境都有明显的特点，有自己独特的文化，用人类学四个分支结合其他学科进行综合研究的方法，能够深入研究，突出特点。再说广东处于改革开放的前沿，“先走一步”也已经走了多年，社会、经济、文化都有巨大的发展，对这里的社会文化变迁，不能熟视无睹。再从理论方面看，尽管以前都讲三个民系，民间老百姓也都知道广府人、潮州人、客家人各有不同，但是缺乏科学研究，没有在理论上说明问题。我来广东以后参加有关学术研讨会，很多人提出来，说你们能不能从理论上说明这个问题？什么叫“民系”，不同“民系”根据什么区分呢？是根据文化吗？什么叫文化？能不能从理论上说清楚？当地学界和民间提出的这些问题，应该有人研究解决。还考虑到海外学者由于长期进不来，就在香港等地研究，研究对象主要是华南地区、广府民系，也提出了一些观点。我们可以通过自己的研究予以回应。

前 40 年研究少数民族的经验对后 10 年的汉人研究有所启迪。中国各民族的分布状况与外国如苏联等不同，我们的少数民族与汉族在居住地域和历史发展上密不可分，这是一个基本情况。学习人类学逐渐习惯从整体来看，脑子里装着一幅地图。我从少数民族的辽阔的田野转向汉人社会，尤其是回到自己的家乡做研究，特别深切体会人类学研究的整体观点和比较的观点。第一点是整体观，它使人有开阔的视野，站高一点，全面、整体地看问题，也就是用宏观的眼光做微观的研究。第二点是比较的眼光，脑子里的图像多了，自然有个比较。虽说有些东西是汉族的，甚至是自己家乡的，但过去看不到，现在看到了。亲眼目睹和感受各民族地区的不同社会文化，同一族群的多文化现象，以及不同文化的相互交融，让我特别感兴趣。我觉得，做人类学研究如果能在汉族和少数民族地区都做些田野调查是有好处的，先做少数民族的也许会更好。1955 年我在广东海丰县红罗畲族村做过调查，2003 年又有机会重访，研究的是过去 8 户人家 37 人、现在 27 户人家 183 人的一个畲族小村。过去积累的经验让我很自然地把它放在一个大背景之下，把它与整个中国联系在一起，把它跟其他地方的畲族联系在一起，跟与它相邻的汉族联系在一起（它在汉族的包围中），也跟其他民族联系在一起，从全面的整体的来看，就能够提出新问题，深入研究下去。

孙：在 20 世纪 50 年代后的 30 多年里，大陆的人类学研究是在民族研究的名下进行的，汉人社会的研究始终没有提到日程上来，直到 20 世纪 80 年代中期，汉族研究的重要性才获得学术界的认同。这期间您曾撰文，表达了从事汉族研究的必要性和迫切性。至 20 世纪 90 年代中期，"走出山野"依然是中国人类学界的期待。那么造成这种沉寂状态的原因到底是什么？是人类学研究"异文化"的传统根深蒂固，还是学者们扬长避短的研究策略？是民族工作的现实需要，还是诸如社会学、民俗学等学科占据了汉族社会的研究领域？

黄：对于这个问题，你已经提出了几种可能，其实都有点关系。是否"人类学研究异文化的传统根深蒂固"，这个是有关系的。本来民族学传入中国以后，中国的第一代学者（如果他们活到今天已超过百岁）曾多次讨论过中国人类学研究什么的问题，大多数人趋向一个共同的看法，就是研究原始社会部落，研究落后民族的异文化。西方的人类学就是研究原始部落，研究异文化的。新中国成立之初人类学被取消了，怎么办？苏联民族学重视研究原始社会史，研究原始社会史也是符合学科内容的，因为西方人类学理论主要基于对原始社会、原始部落的研究。历史学、考古学也研究原始社会的历史。民族学研究可以提供世界上各地原始社会部落的社会文化资料，有独特的作用。前述苏联专家来中国教民族学，主要讲民族志、原始文化史等。苏联著名民族学家柯斯文的《原始文化史纲》当时很流行。20世纪50年代，教育部让中央民族学院与中山大学提出《原始社会史》的编写提纲。

民族学研究长期偏重少数民族的研究，一个重要的原因是适应国家的民族工作的需要，国家确定很需要开展少数民族的研究。民族政策的核心是民族平等、团结，共同发展繁荣。我国到底有多少个民族，各少数民族在新中国成立前夕处于哪种社会形态，必须进行研究，根据每个民族的具体情况进行社会改革，一个是民主改革，一个是社会主义改造。还要给每一个少数民族写一本历史。人类学者、民族学者在这些工作中起着重要的作用。近年有的文章否定马克思主义的社会形态学说，我不赞成。因为当时民族工作的需要，所以着重研究少数民族，而来不及研究汉族。我的体会是“来不及”，因为没有人认为不该研究汉族。几十年中，男女老少的民族学者，都没有人反对研究汉族。改革开放后，越来越多的人感觉到，而且公开表态，必须开展汉族的人类学研究。在研究少数民族的过程当中，由于缺乏对汉人社会的研究，缺乏对研究对象周边汉人地区情况的了解，影响了研究的深入。总之，学者们认为应该研究汉人社会，但是还必须继续研究少数民族。是不是社会学、民俗学研究占据了汉族社会的研究领域？社会学、民俗学、人类学、民族学关系很密切，但社会学不是对汉族进行人类学研究，它注重研究当前社会存在的一些现实问题，民俗学注重研究民俗文化。民俗学研究民俗文化，既可以研究少数民族的民俗，也可以研究汉族的民俗。

在中国民族学（人类学）的整个进程当中，由于上述原因，逐渐形成了民族学主要研究少数民族这样一个局面，这并不是学科的定位。1956年费孝通、林耀华联名发表的《当前民族工作提给民族学的几个任务》一文中说：“以为民族学是一门科学，把少数民族和汉族分开来作为两门学科的研究对象是没有根据的。……肯定民族学的研究对象是包括一切民族在内的，在中国的范围里，不但要研究少数民族也要研究汉族。”《中国大百科全书·民族》也没有说民族学不研究汉族。费孝通先生说民族学只研究少数民族不研究汉族在理论上说不通。

孙：在人类学的汉人社会研究领域，中山大学和厦门大学一直处于先锋地位，能否称其为“人类学的华南学派”？在您看来，为什么这两个研究机构能够独树一帜，并在闽台汉人、华人华侨、广东汉族的研究方面各领风骚？

黄：能不能称为“人类学的华南学派”？我没想过。以前我看过2000年12月22日《光明日报》发表的蔡志祥、程美宝教授的文章《海外学者的“华南研究”》。这篇文章概括介绍了学者们（包括中外学者）把历史学与人类学相结合，以华南为基地，对华南区域社会文化进行研究，做出了显著的成绩。也看到有学者把这种研究方法称为华南学派的文化实践的研究方法。

厦门大学在汉人社会研究上比中山大学先走一步，他们开始得早。他们除研究福建的主要少数民族畲族之外，比较早就开展汉人社会的研究。改革开放以后，又与台湾学者合作，开展“闽台社会文化比较研究”，进行实地调查，出版了一批研究成果。我们在20世纪90年代初深感在广东进行汉人社会研究的必要性，需要争取解决经费问题，需要有人领头来做这个课题，团结、组织一班人共同奋斗。《广东族群与区域文化研究》及其调查报告集是我们研究的开端，其后继续进行并出版了《广东世仆制研究》、《当代华南的宗族与社会》、《族群与族群关系》等著作。20世纪20年代，葛学溥（Daniel H. Kulp）在粤东潮安县凤凰村进行研究，写了《华南乡村的生活》；四五十年代，杨庆堃（C. K. Yang）先生调查广州郊区南景村，写了《向共产主义转化前期的中国村落》。周大鸣在葛学溥之后于七八十年代重访凤凰村，在杨庆堃之后半个世纪回访南景，写成了博士论文，让世人看到了凤凰、南景的变化发展，展示了人类学研究的魅力；何国强研究客家人及其文化，其博士论文《围屋里的宗族社会——广东客家族群生计模式研究》出版后获得好评；有的老师对农民工的研究已进行了多年，重点是珠江三角洲地区，也包括邻近广东的南方几省。汉人农村社会调查自然涉及乡村都市化问题，这方面的研究受到关注。水上人（疍民）研究多年来受到大家的重视，出版了20世纪八九十年代系内教师所做的调查研究成果，整理出版了前辈伍锐麟教授所做的调查研究报告，完成了几篇研究疍民的博士论文，还有几位外国留学研究生正在进行疍民研究。这里主要说的是汉人社会研究，系内老师同时还进行对少数民族的研究，发表了研究藏族、维吾尔族以及苗族等西南地区少数民族的论著。考古学专业老师发表的大量论著都不在此列。近年进行的珠江流域各族历史社会文化的研究，从珠江之源开始，把生活在珠江流域的汉族和少数民族都纳入研究视野。目前的研究似乎有偏重于汉人社会的趋势，但我认为少数民族研究也应受到同样的重视。人类学系本科学生的人类学田野调查实习地点，20 世纪八九十年代多在瑶族、壮族、畲族和海南黎族地区，近几年的调查实习包括汉族地区和少数民族地区。我认为，这两类地区的实地调查经验对学生同样宝贵。境外相邻地区族群的研究也即将启动。

孙：20 世纪 50 年代至 70 年代，海外学者因无法亲临大陆进行田野研究，于是将台湾和香港作为中国研究的替代品。陈绍馨先生称台湾是中国人类学研究的“实验室”，王崧兴先生从浊大计划入手进行汉人社会研究，并提出了“从周边看汉人的社会与文化”的理论主张。而此时的大陆人类学研究是沉寂的。今天看来，这一时期港台汉人社会的研究为大陆学界提供了哪些宝贵的经验？应该怎样评价他们的历史贡献？

黄：李亦园先生的《民族志与社会人类学：台湾人类学研究与发展的若干趋势》（1993），王崧兴先生的《台湾汉人与社会研究的反思》（1991），乔健、高怡萍的《台湾人类学的现况与发展：评述与建议》（1996）和黄应贵先生的《几个有关人类学在台湾之发展的议题》（1999）等文章，都对人类学在台湾地区的研究状况进行了全面的介绍，其中讲到了研究阶段的分期、研究方向转向汉人社会的原因等问题。

你问“港台汉人社会研究为大陆学界提供了哪些宝贵的经验”，这也是我十分关注的问题。20 世纪 80 年代以来，台湾学者与大陆学者进行学术交流的机会越来越多，交往频繁，合作研究。我看到了他们的不少著作，他们的很多经验可以供我们借鉴。他们前期研究少数民族（高山族应包括 10 个民族），后期多研究汉族，做调查非常细致，研究深入，出版了很多著作，积累了大量的资料，对台湾社会的研究做出了宝贵的贡献。台湾学者对少数民族和汉人社会的研究都给我们提供了许多经验。李亦园认为，台湾人类学研究的发展过程，如与大陆的人类学、民族学研究配合在一起观察，其间有许多交叉转换互为增长的现象存在。1965 年之前的 15 年是高山族研究的民族志学时代，研究方向是大陆“南派”传统的延续。1965 年以后出现了汉人乡村社区研究的热潮，使人想起大陆“北派”人类学传统由费孝通先生所代表的“乡土中国研究”。李亦园说自己与王崧兴间接地受费先生的很大影响。黄应贵文中说，20 世纪 40 年代末由大陆迁台湾的人类学家属历史学派，以汉人为主要研究对象的燕京大学社会学派没有迁台。王崧兴认为，研究台湾汉人社会，一方面来自欧美人类学界，带来了当代人类学的理论方法，“在潜意识上则很难否定有一种企图，就是想去继承燕京大学建立的社会人类学的传统”，“战后台湾汉人社会的人类学研究，自一开头就是大陆本土研究的延伸”。20 世纪 80 年代以后的台湾人类学研究仍不出社会人类学的范畴，并提倡不同学科之间的综合研究，提出用中国观念去研究中国社会文化。对高山族文化的研究努力摆脱重建过去文化的手法，而着重于现代实质社会与文化的探讨。乔健先生更提出人类学研究的理论化，“一是在分析与解释上能广泛引用现有人类学理论，同时又能提出创新的独特见解；二是针对人类学理论中所关切的基本问题能够提供新的民族志材料或者新的诠释模式”。

有一次我跟李亦园先生说，看来两岸的人类学研究走着一条共同的道路。从具体时间上看，似乎在重点研究少数民族或汉族上有所不同，呈现交叉转换，实际上走的路基本一致。两岸都有少数民族和汉族，少数民族人口都属少数，汉人都是多数。1949 年以后，两地情况虽有不同，但都需要先研究少数民族，然后开展源汉族的研究。我在前面谈到大陆这方面的情况，20 世纪 50 年代初，为使各民族能够享受到民族平等的权利，必须首先开展对少数民族的调查研究，提出科学的依据，确定中国有哪些民族。20 世纪五六十年代为各民族地区进行社会改革以及为每个少数民族写一本历史，使研究少数民族的工作延续了十几年。1966 年“文化大革命”开始，研究停顿下来，只有少数人还在边疆进行调查，20 世纪 70 年代后期是一个恢复阶段。迁台学者前期主要研究高山族，延续历史学派的传统也是原因之一。两地学者开展汉族的人类学研究也有相似的因素，尽管具体的时间不完全一致。就大陆而言，人类学既然要研究中华各民族，汉民族的研究必须提上日程。20 世纪 80 年代中期，中国民族学会下设汉民族研究分会。社会文化人类学理论方法研究的复兴，与台湾人类学者的学术交流，海外人类学者在港台地区汉人社会的研究等，都在不同程度上起了促进的作用。台湾学者研究汉人社会也给我们提供了很多经验，两地的情况还可以相比较，特别是台湾的汉人与华南地区的汉人还有渊源关系，两岸的客家人、福佬，还有少数的广府人，他们的文化特性都相似。汉人迁台及其后在当地的发展，宗族家族制的变化，唐山祖和开基祖，婚姻制度、民间宗教信仰等问题的研究，对海外华人的研究等，都引起我们很大的兴趣。全中国面积很大，民族很多，历史文献资料浩如烟海，是开展人类学研究的理想园地，50 多年来我们的民族志研究虽已有不少成绩，但还有待深入调查研究，并随着社会的发展提出新的研究课题。台湾学者也在大陆做田野调查，研究少数民族，也研究汉族，乔健先生研究瑶族，也研究山西汉族地区的乐户。台湾学者的好经验，都值得我们学习。两地情况虽有所不同，运用人类学的理论方法与实际却是共同的。我注意到 20 世纪 70 年代台湾人类学学者曾经提出过不能过于跟随西方。记得 1984 年中山大学人类学系召开过一个国际人类学学术研讨会，我来参加会议，聆听了郑德坤先生在大会上的报告。其中有两点给我很深的印象，其一是说“南派”和“北派”的合流，其二是认为不能过于紧跟西方。关于后者，20 世纪八九十年代在香港和内地举办的几届“现代化与中国文化”研讨会，大陆和港台学者共同讨论中国观念的问题，有着广泛的影响。老一辈学者给我们的提示至今还有现实作用。要用中国观念去研究中国社会文化，做到中国化而不是西方化。

孙：20 世纪 70 年代末以来，开放的大陆使海外人类学学者得以走入中华文化的核心区域，村庄民族志也因此再度成为解读中国社会的有效路径。从乡村聚落的描述到都市化进程对农民命运的改写，不仅展现了丰富的“地方性知识”，也实现了海外中国研究范式的创新。您认为海外人类学的大陆乡村研究对汉人社会研究，乃至整个的人类学研究有什么重要的启示？

黄：海外人类学学者的研究对我们是有推动作用的。20 世纪六七十年代，在我们的研究停滞的时候，海外人类学学者因不能进入大陆进行研究，多在台湾地区和邻近广东的香港新界地区做调查，出版了一些在西方学界很有影响的著作。比如，波特（Jack M. Potter）对新界屏山坑尾村邓氏宗族的研究（《资本主义与中国农民——一个村庄的社会经济变迁》，1968），华琛（James L. Watson）对香港新界新田村文氏宗族（《移民和中国宗族：文氏在香港和伦敦》，1975）和裴达礼（Hugh D. R. Baker）对上水村廖氏宗族的研究（《一个中国宗族村落：上水》，1968）等，展现了华南地区的中国宗族村庄的今昔，叙述 20 世纪 50 年代后这些宗族乡村的历史性变化。这一类型的村庄在广东尤其珠江三角洲很有代表性。波特夫妇（Sulamith H. Potter & Jack M. Potter）于 1979 年至 20 世纪 80 年代前期调查研究东莞茶山镇增埗，出版了《中国农民——革命的人类学》（1990），书中细致地描述了在 20 世纪 40 年代至 80 年代一个乡村社会的历程。萧凤霞（Hellen F. Siu）研究新会环城乡，1989 年出版了《华南的代理人和受害者——农民革命的协从》，从权力、国家与社会的视角解读中国社会，功不可没。波特在前一本书中研究了资本主义对中国农民社会经济产生的变化，引述了费孝通先生在 *Earthbound China* 一书中所说的，西方工商业进入通商口岸的城市，倾覆了农村经济的不稳定的平衡，导致农民的破产。在后一本书中，波特重申他的观点，进一步分析加入世界经济体系后中国农村社会的深刻变化，认为外来资本伤害但也刺激了中国的农村经济，并没有导致中国农村经济破产和破坏民族工业，反倒给农村经济带来了巨大的发展空间。茶山镇的例证没有支持费先生的观点。其实费先生所提出的看法也是中国学界的普遍看法，在旧中国，西方工业扩张，中国工业主要是乡村手工业迅速衰亡；20 世纪 80 年代中国实行改革开放的政策，引进外来资金为我所用，两个不同时代有着本质的区别。这些问题的进一步探讨都有助于解释中国的现实问题。应该说，我们从海外人类学者的研究中得到了很多启发，同时也在我们的研究中提出了与之商榷的事实资料和看法。

孙：您曾经论述过，将田野调查与历史文献相结合是中国人类学对世界人类学的贡献。汉人社会的文献资料浩如烟海，无论是地方史志还是野史文献，使得迈向田野的历史学与回归文献的人类学都有了新的生长点。近几年，历史人类学获得了学界的普遍关注，也出版了一批有影响的著作。那么，历史人类学的研究取向将对汉人社会研究有着怎样的推动？

黄：关于历史人类学的定义有各种解释，我主要从研究方法上理解历史人类学。我们着重体会，而且在实践中也认为如果我们的人类学研究只是用田野调查方法将受到局限，特别是汉人社会研究，不采取与历史研究相结合的方法很难奏效。外国学者弗里德曼在 20 世纪 60 年代就提出来了，他认为汉人社会是个复杂社会，汉人的文献很多，你不懂中国历史，怎么研究这个（汉人社会）？实际上从 20 世纪 50 年代初开始，我国民族学者研究少数民族，也都重视研究他们的来源和历史发展进程，注意搜集古代的社会文化史料，因为研究一个民族的社会文化现象，不能仅仅依靠田野调查了解现存的情况，必须了解它的历史发展，才能知其所以然。研究汉人社会，更加能体会仅仅依靠人类学的田野调查方法之不足，需要与历史研究相结合。我认为宋蜀华先生做得很好，可以看他的著作《中国民族学理论探索与实践》和《中国民族学纵横》等，特别是他讲的中国民族学的纵横观。他认为历史人类学研究历史上某个时期某个民族、族群社会文化的过去，这一研究有助于研究该群体的现在和未来。宋先生的研究对象主要是少数民族，自始至终都贯穿着一个纵横观，纵横研究相结合，也就是说历时性的研究与共时性的研究相结合。历时性研究可以就研究对象进行纵深的研究，共时性研究不仅通过实地调查了解研究对象的现实情况，还可以进行跨文化的比较研究。宋先生对我国西南民族特别是傣族有精深的研究，用自己的研究实践证明人类学（民族学）研究必须与历史研究相结合，这是他研究人类学（民族学）数十年的最重要的经验，也是中国民族学（人类学）研究的一个重要的经验总结。我这里是举例而言，实际上许多前辈和年轻学者的研究都提供了类似的经验。

历史学借鉴人类学的田野调查方法，关注平民社会与文化的研究，尤其在社会史、文化史研究方面，近年出版了一批有影响的著作。我们注重人类学研究方法与历史学研究方法的结合，历史人类学的研究方法对汉人社会研究将起推动作用。不同学科的交流合作，发挥各自的学科特长，相互借鉴，将大大加强研究的深度和广度。

孙：海外中国研究具有跨学科合作的特点，近年来大陆的汉人社会研究也呈现了这种特色。这种不同地域、不同学科学者的共同参与，是否意味着对汉人社会的跨区域类比研究更有建树？您认为，人类学汉人社会研究的前景如何，前路何在呢？

黄：我相信汉人社会的研究有广阔的前景。我国地域辽阔，汉人人口众多，社会文化复杂多样，不同地区各有特点，自古就有丰富的资料记载。要有不同学科的整合，不同区域的比较研究，才能掌握汉人社会文化的特点。要认识中华文化，必须研究区域文化，进行不同区域文化的比较研究。近年各地进行的区域文化研究，如黄河文化、长江文化、珠江文化、关东文化、中原文化、齐鲁文化、三晋文化、岭南文化、吴越文化、巴蜀文化、湖湘文化、徽州文化、徽商文化和晋商文化等，出版了许多有关文化史的论著。大多数研究倾向于根据历史资料，研究历史上的情况，对于读者认识中国历史文化大有帮助。进行跨学科研究，互动互补，将使研究深入开展。各门学科都有自己的优势，人类学研究区域文化也可以发挥自己的专长，人类学更关注对人的研究。各个地区的人群受不同生态环境的影响，他们形成的生活方式也各有自己的特色，展现在物质的、非物质的以至精神领域。汉族分布广，汉文化有共同的特性，不同地区也各显风采。研究汉人社会还可以看到，在历史进程中汉族与不同民族、族群及其文化相互吸收交融。研究不同族群的文化如何汇成洪流，发展成为中华文化，是一个很大的课题。

（原载《中国农业大学学报（社会科学版）》2009 年第 1 期）

附录

黄淑娉主要著述目录

一、专著

[1]《团结与平等》(合著),北京:外文出版社,1977年。
[2]《金太阳照亮了西双版纳》(合著),北京:人民出版社,1978年。
[3]《原始社会史学的奠基人摩尔根》(与庄孔韶合著),北京:商务印书馆,1981年。
[4]《中国原始会史话》(合著),北京:北京出版社,1982年。
[5]《原始社会史》(合著,林耀华主编,黄淑娉副主编),北京:中华书局,1984年。
[6]《中国少数民族常识》(合著,统编),北京:中国青年出版社,1984年。
[7]《中国大百科全书·民族》(民族学分支学科副主编),北京:中国大百科全书出版社,1986年。
[8]《文化人类学理论方法研究》(与龚佩华合著),广州:广东高等教育出版社,1996年,2013年第4版。
[9]《广东族群与区域文化研究》(合著,主编),广州:广东高等教育出版社,1999年。
[10]《广东族群与区域文化研究调查报告集》(合著,主编),广州:广东高等教育出版社,1999年。
[11]《广东世仆制研究》(与龚佩华合著),广州:广东高等教育出版社,2001年。
[12]《黄淑娉人类学民族学文集》,北京:民族出版社,2003年。

二、论文

[1]《摩尔根以来的原始社会研究的发展简况》(合著,执笔),载《思想战线》1978年第6期。
[2]《摩尔根以来的原始社会研究》(合著),载《国外社会科学》1979

年第3期。
[3]《伟大的民族学先驱——摩尔根》（与庄孔韶合著），载《化石》1980年第1期。
[4]《略论亲属制度研究》，载《中央民族学院学报（哲学社会科学版）》1981年第4期。
[5]《发展我国的民族学是社会主义建设的需要》，见中国民族学研究会编：《民族学研究》（第一辑），北京：民族出版社，1981年。
[6]《〈家庭、私有制和国家的起源〉对原始社会史研究的贡献》，载《民族研究》，1984年第5期。
[7]《关于血缘家庭》，见中国民族学研究会编：《民族学研究》（第七辑），北京：民族出版社，1984年。
[8]《关于早期婚姻家庭形态的几个问题》，见中央民族学院民族研究所编：《民族研究论文集》（第二集），1984年。
[9]《中国解放前保留原始公社制残余的少数民族及其向社会主义的过渡》（合著，执笔），见中国民族学研究会编：《民族学研究》（第六辑），北京：民族出版社，1985年。
[10]《浙江景宁县东衖村畲民情况调查》（合著），见：《畲族社会历史调查》，福州：福建人民出版社，1986年。
[11]《L. H. 摩尔根》，《摩尔根〈古代社会〉》，《马克思〈摩尔根“古代社会”一书摘要〉》，《恩格斯〈家庭、私有制和国家的起源〉》，《婚姻》，《杂交》，《群婚》，《内婚制》，《外婚制》，《级别婚》，《妻姊妹婚》，《夫兄弟婚》，《转房》，《交错从表婚》，《平行从表婚》，见《中国大百科全书·民族》，北京：中国大百科全书出版社，1986年。
[12]《拉祜族的家庭制度及其变化》，见：《新亚学术集刊》（第6期），香港中文大学，1986年。
[13]《论环状联系婚与母方交错表婚》，载《中央民族学院学报（哲学社会科学版）》1987年第3期。
[14]《民族识别及其理论意义》，载《中国社会科学》1989年第1期。
[15]《大力开展汉民族的民族学研究》，见袁少芬等主编：《汉民族研究》（第一辑），南宁：广西民族出版社，1989年。
[16]《进化学派的人类学与马克思——读〈马克思人类学笔记〉》，载

《社会科学辑刊》1990 年第 6 期。
[17]《中国民族学要有自己的特色》，见中国民族学会编：《民族学研究》（第九辑），北京：民族出版社，1990 年。
[18]《中国人类学源流探溯》，见中山大人类学系编：《梁钊韬与人类学》，广州：中山大学出版社，1991 年。
[19]《论人类学的产生和发展》，载《中山大学学报（社会科学版）》1991 年第 2 期。
[20]《略谈民族文化特点研究》，载《广西民族研究》1991 年第 2 期。
[21]《人类学的进化观及其批评的辨析》，载《中山大学学报》（社会科学版）1992 年第 2 期。
[22]《改革开放中两个苗寨的变迁——黔东南西江、金井苗寨调查报告》（与龚佩华合著），载《贵州民族研究》1992 年第 3 期。
[23]《试以黔东南民族文化变迁论民族文化交融的过程与条件》（与龚佩华合著），载《广西民族研究》1992 年第 4 期。
[24]《文化变迁与文化接触——以黔东南苗族与美国西北海岸玛卡印第安人为例》，载《民族研究》1993 年第 6 期。
[25]《寻找失去的文化——玛卡印第安保留地考察记》，见广东省民族研究学会、广东省民族研究所编：《广东民族研究论丛》（第六辑），广州：广东人民出版社，1993 年。
[26]《评西方“马克思主义”人类学》，载《中山大学学报（社会科学版）》1994 年第 4 期。
[27]《广东台山“细仔”制度研究发凡》（与龚佩华合著），见中山大学人类学系编：《人类学论文选集》（三），广州：中山大学学报编辑部，1994 年。
[28]《重访山犁畲村　再谈民族认同》，见广东省民族研究学会、广东省民族研究所编：《广东民族研究论丛》（第八辑），广州：广东人民出版社，1995 年。
[29]《从西方学者看中国民族学说起》，见中国民族学学会编：《民族学研究》（第十一辑），北京：民族出版社，1995 年。
[30]《耀华师为建立和发展中国民族学作出重大贡献》，见马启成、白振声主编《民族学与民族文化发展研究——庆祝林耀华教授从教六十二周年纪念文集》，北京：中国社会科学出版社，1995 年。

[31]《广东台山“细仔”制》，载《岭南文史》1995 年第 3 期。
[32]《广东“细仔”制度研究》（与龚佩华合著），载《中山大学学报（社会科学版）》1995 年第 4 期。
[33] The Criteria of Ethnic Identification in China. In Racial Identities in East Asia, The Hong Kong University of Science and Technoloty, 1996.
[34]《批判地继承，积极地创新》，载《云南民族学院学报》1996 年第 1 期。
[35]《广东与香港的区域文化研究——人类学个案研究浅析》，载《思想战线》1997 年第 4 期。
[36]《珠玑巷·冈州·四邑文化》，见广东炎黄文化研究会编：《岭峤春秋——珠玑巷与广府文化》，广州：广东人民出版社，1998 年。
[37]《〈高姓群体的历史与传统〉评介》，载《广东史志》1998 年第 2 期。
[38]《人类学中国化的理论、实践和人才》，载《广西民族学院学报（哲学社会科学版）》1999 年第 4 期。
[39]《汉族的一个群体——水上居民》，见袁少芬主编：《汉族地域文化研究》，南宁：广西人民出版社，1999 年。
[40]《广东汉族三大民系的文化特征》，载《广西大学学报（哲学社会科学版）》1998 年第 6 期。
[41]《台山市附城镇雁湖管理区南隆村黄氏宗族调查》，见黄淑娉主编：《广东族群与区域文化调查报告集》，广州：广东高等教育出版社，1999 年。
[42]《从体质特征和文化传承看广东族群关系》，见广东省民族研究学会、广东省民族研究所编：《广东民族研究论丛》（第十辑），广州：广东人民出版社，2000 年。
[43]《从广东汉族三民系的文化习俗看古越人的文化传承》，见陈志明、张小军等编：《传统与变迁——华南的认同与文化》，北京：文津出版社，2000 年。
[44]《中国人类学逸史——从马林诺斯基到莫斯科到毛泽东》序（顾定国著、胡鸿保等译），北京：社会科学文献出版社，2000 年。
[45]《童养媳婚不能为韦斯特马克的“性嫌恶论”辩解》，见邓晓华等主编：《中国人类学的理论与实践》，香港：华星出版社，2002 年。
[46]《广东族群与区域文化研究——多学科综合研究方法的尝试》，载

《广西民族学院学报（哲学社会科学版）》2001 年第 1 期。
[47]《我的人类学人文观》，见王文章等主编：《中国学者心中的科学、人文》（人文卷），昆明：云南教育出版社，2002 年。
[48]《从一个村庄看侨乡台山社会变迁》，见周大鸣等主编：《侨乡移民与地方社会》，北京：民族出版社，2003 年。
[49]《从异文化到本文化——我的人类学田野调查回忆》，见《黄淑娉人类学民族学文集》，北京：民族出版社，2003 年。
[50]《历史文献与田野调查相结合研究方法的范例——读宋蜀华〈中国民族学理论探索与实践〉》，见中央民族大学民族学与社会学学院、中国少数民族研究中心编：《中国民族学纵横》，北京：民族出版社，2003 年。
[51]《回忆田野工作》，2003 年 3 月 14 日在香港科技大学华南研究中心的讲话，载《华南研究资料中心通讯》（第 33 期），2003 年 10 月 15 日。
[52]《图腾的意义——读列维－斯特劳斯〈今日图腾制度〉》，载《思想战线》2004 年第 4 期。
[53]《重访红罗》，见广东省民族研究学会、广东省民族研究所编：《广东民族研究论丛》（第十二辑），广州：广东人民出版社，2004 年。
[54]《林耀华教授对中国民族识别的贡献》，见庄孔韶主编：《汇聚学术情缘——林耀华先生纪念文集》，北京：民族出版社，2005 年。
[55]《深切怀念费孝通师》，载《广西民族学院学报（哲学社会科学版）》2005 年第 3 期。
[56]《走向深处：中国人类学中国研究的态势——人类学者访谈录之三十六》（徐杰舜问，黄淑娉答），载《广西民族学院学报（哲学社会科学版）》2005 年第 5 期。
[57]《红罗寻踪》，载《文化学刊》2006 年第 1 期。
[58]《费孝通先生对中国人类学的理论贡献》，载《中央民族大学学报（哲学社会科学版）》2007 年第 4 期。
[58]《田野调查与历史研究》，载《中国农业大学学报（社会科学版）》2007 年第 4 期。
[60]《人类学汉人社会研究：学术传统与研究进路——黄淑娉教授访谈录》（孙庆忠问，黄淑娉答），载《中国农业大学学报（社会科学版）》2009 年第 1 期。